序

渗流引起的工程安全问题广泛存在于水利、土木、交通与环境工程等众多领域。渗流问题研究的最终目的是正确、合理地利用渗流理论，计算和分析渗流各要素对工程安全性的影响，提出合理的工程渗控措施，保障工程安全与正常运行，并合理控制工程造价。水利工程中坝基渗流控制是工程设计的关键技术之一，国内外因坝基渗流分析不到位、渗控措施不合理所引起的水库渗漏及渗透失稳案例并不鲜见；土木、水力、交通等领域中边坡失稳绝大多数与边坡中的渗流场改变直接相关；油气资源的大规模水封地下储存的关键技术也与地下水渗流状态息息相关。渗流理论研究及工程应用已成为相关行业科技人员越来越关注的重要课题之一。

本书作者之一冯树荣教授级高级工程师常年工作在水电设计与研究工作的第一线，主持过龙滩、向家坝等国家重大水电工程的设计工作，主持了国家科技支撑计划课题“石油储备地下水封洞库工程安全技术”等众多科技项目。在这些研究中，大量工程技术难题都与渗流相关。针对这些工程中的渗流问题，冯树荣教授级高级工程师与长沙理工大学的蒋中明教授合作，从渗流理论出发，在岩土体渗流特性、基本规律及渗透变形机理、机制的研究基础上，发展了岩体现场高压渗透试验方法，提出了渗透变形应力相关性试验方法并开发了相关仪器设备，应用数值方法研究了坝基、边坡与各类地下工程的渗流规律和渗流控制措施以及渗流控制标准等。本书涉及的大多数理论与实践研究成果，已在国内多个大中型水电工程、地下水封石油洞库工程中得到成功应用，取得了显著的经济效益。上述成果的取得，对于推动渗流理论在工程实践中的应用起到了很好的示范作用，同时也为渗流理论体系的完善作出了有益贡献。

本书系统地介绍了作者十多年来从事渗流理论及渗流控制技术的研究成果，总结了工程实践中的经验和教训，阐述了渗流分析的基本理论与方法，对于工程渗流问题的分析、渗流控制措施的设计与施工都具有指导意义。

中国工程院院士 王思敬

2017年12月

前　言

渗流是流体通过孔隙介质的流体运动，岩土介质是一种典型的多孔介质。水利、交通、油气藏及环境工程等领域的许多关键性问题都与渗流相关，例如坝基及堤防工程渗流安全评价、降雨引起水利及交通工程中的滑坡灾害研究、水库蓄水引起的坝基及岸坡非常规变形安全评价、大型水封石油洞库水封性能以及核废料长期地质储存可靠性分析等都与岩土介质中的渗流分析息息相关。在这些工程中，对渗流场的正确认识在渗流控制技术解决方案中起着决定性作用。工程领域不同，渗流分析的目标也不相同，因此，工程渗流分析需要基于渗流基本理论，结合具体工程渗流问题，对工程渗流介质特性以及渗流场的时空变异特性进行深入研究后，才能提出合理可行的渗流控制措施，为工程安全建设与正常运行提供强有力的保障。

目前，相关领域对工程渗流问题的研究都取得了丰硕的成果，也推动了渗流理论与渗控技术的发展。然而，由于岩土介质及渗流问题本身的复杂性，采用渗流理论解决水利、交通等领域与渗流相关的问题时，仍然面临诸多技术难题，阻碍了渗流理论在工程实践中的应用。

随着计算机硬件技术的飞速发展，基于渗流理论的数值方法与计算软件日益完善，推动了复杂工程渗流问题的研究，为工程渗流控制技术的优化研究与渗控效果的定量评价提供了保障，也为推动工程渗流理论在工程实践中的应用奠定了基础。

水利、交通、油气藏及环境工程领域对渗流理论与渗流控制技术的需求围越来越广。对于具体工程渗流问题来说，如何利用渗流理论为工程技术或工程措施的研发服务是科研工作者及工程技术人员必须要回答的问题。工程目标不同，人们采用的渗流工程措施也不相同。例如，在油气开采工程中，人们采用各种手段来增大油藏介质的渗透性来提高油气的产量；而在水利工程中，人们则通过多种防渗技术来减小坝基的渗透性从而降低水库的渗漏量。由此可见，全面系统地认识渗流介质的渗流特性、掌握渗流运动基本规律、探索渗流相关的实验方法、了解工程渗流机理和渗流场的时空演化过程，对解决工程渗流问题具有十分重要的理论与实践意义。

1. 工程渗流问题

本质上讲，地下工程渗流理论主要阐述地下水在岩土介质孔隙中的流动特性、流动规律以及渗流效应等方面的知识。工程中的岩土介质既可以是包含“气和水”的三相介质，也可以是只包含“气或水”的两相介质。当岩土体中孔隙中同时存在气水两相流时，岩土体中的渗流为非饱和渗流；而当岩土体孔隙中完全由水充满时，渗流则是饱和渗流。土体的饱和渗流与非饱和渗流特性存在显著的差别。在研究非饱和渗流特性对工程有重要影响的工程时（例如边坡工程渗流），就需要考虑边坡土体的非饱和渗流特性对渗流场的影响。而在研究坝基渗流场的空间分布时，由于坝基岩土体完全淹没在水库水位之下，采用饱和渗流分析理论则可以较好地解析坝基渗流场的空间变化。

对工程渗流而言，大多数工程（边坡及坝基工程等）的渗流场都是随时间的变化而变化的。实际工程中严格的恒定渗流场是不存在的；但某些情况下，渗流场的变化幅度可能很小，此时的渗流场可以简化为恒定渗流场，例如正常蓄水条件下的坝基渗流场就属于这种情况。越来越多的研究表明，工程渗流风险发生在非恒定渗流阶段，因此，对控制渗流灾害问题而言，研究工程非恒定渗流特性更有实际意义。

饱和软黏土地基固结是岩土类孔隙介质流固耦合作用的最显著、最常见的现象。事实上，当各种流体在孔隙介质中运动时，固体孔隙介质和流体介质之间都会存在相互作用、相互影响的现象，即耦合效应。对不同的工程来说，流固耦合效应的强弱程度也不相同。例如，饱和软黏土地基、高压引水隧洞等岩土体的流固耦合效应很强，工程分析时必须考虑流固耦合效应的影响。对于一些低水头作用下的堤防工程或低坝地基而言，其耦合效应相对较弱，工程分析时，可以不考虑耦合效应对工程安全带来的影响。

热胀冷缩是自然界中一切物质都具有的自然现象。温度变化导致固体介质产生热胀冷缩变形，这种变形受到约束时，就会在固体内部形成温度应力。过大的温度应力也可以导致岩土类孔隙介质产生破坏。对于渗流环境中的岩土介质，孔隙流体和固体介质之间的热胀冷缩程度不同还会导致渗透压力的改变，进而影响到流体与固体之间的耦合效应。因此，研究热传导引起的温度变化对流体和固体物理力学性能的影响也是必须要考虑的问题，而热流固耦合理论对于此类问题的分析提供了理论基础。

综上所述，工程渗流问题一般都比较复杂，涉及饱和非饱和渗流、恒定非恒定渗流、多相耦合渗流以及非等温渗流等。渗流理论研究的目的是为工程渗流问题分析和渗控技术方案的确定提供基础理论支撑。

2. 渗流问题研究方法

工程渗流理论的科学研究起始于法国人亨利·达西，他经过长期实验，于1856年总结出了水在砂土中的流动规律，即著名的达西定律。达西定律描述了渗透速度与水力坡度之间的线性关系，称线性渗透定律。自从达西奠定了渗流计算理论的基础之后，渗流理论取得了长足发展。1889年，茹可夫斯基首先推导出了渗流微分方程；1922年，巴甫洛夫斯基提出了求解渗流场的电模拟法，为解决比较复杂的渗流问题提供了一个有效工具，并由电模拟法逐步发展到电网模拟法；1931年，Richards将达西的线性渗流理论推广应用到非饱和渗流中，从此开始了非饱和渗流的研究，水流控制Richards方程很快便建立起来；随后，基于Richards控制方程的饱和-非饱和渗流得到了深入研究，并成功地应用到许多实际工程中。

20世纪后期至今，由于工程建设的需要，渗流理论研究得到了进一步发展，例如饱和非饱和渗流理论、分形渗流理论、流固耦合渗流理论及非等温条件下的渗流理论都取得了较为丰富的研究成果。对工程渗流问题的研究主要有以下几种方法。

（1）解析法。解析法是在一定的物理背景下，建立所求解渗流问题的数学模型，直接用渗流计算公式求出渗流要素的方法。工程渗流分析的解析公式一般较为简单，使用方便，在对工程渗流问题的宏观把握时经常采用。其不足之处是计算成果的精度较低。

（2）物理模型试验法。物理模型试验是在实验室条件下，按照原型用不同比例尺模型，对工程问题或现象进行研究的一种科学方法。作为工程科学研究的一种手段，该方法在水利工程领域的应用范围很广。通过物理模型试验，可以揭示和分析工程渗流现象的本质和机理，验证理论分析成果，并解决工程实际问题。

（3）现场试验法。工程渗流问题分析的关键在于获取渗流分析的基本参数，例如渗透系数、临界水力坡降等。现场试验能更好地接近工程原始条件，获得的数据也接近真实情况，因此其成果的可靠度较高。现场试验不足之处是耗资巨大、测试条件复杂、环境恶劣。

（4）数值分析法。随着计算机技术的进步，利用数值模拟方法研究复杂工程渗流问题越来越为广大科技工作者所认同。数值模拟过程是在一定的物理条件下建立数学模型，然后用有限元法、有限差分法以及有限体积法等数值方法，将渗流区域进行离散求解，最后得到渗流问题的数值解。数值分析能克服物理试验的不足，节约时间与经费。

3. 本书内容安排

本书遵循基本理论研究、试验研究和工程实践研究的逻辑及思路进行编写。

渗流工程问题的分析与研究离不开渗流理论这块基石。渗流基本概念、基本原理、基本规律等理论知识是分析工程渗流问题本质的关键所在。为此，本书第1章首先介绍岩土类孔隙介质渗流基础理论，重点介绍了孔隙介质中流体和固体的基本物理性质以及渗流基本方程。第2章在介绍孔隙连续介质的力学性质基础上，研究了岩土类孔隙介质的多相多场耦合理论。

试验研究是获取岩土类材料工程渗流性质最直接和最可靠的方法之一。针对高水头电站对高坝坝基岩体和高压引水隧洞围岩的抗渗性要求高的特点，为深入认识岩体在高渗压作用下的渗透特性，本书第3章首先研究了岩体高渗压作用下的渗透系数计算方法，然后提出了岩体渗透性的高压压水试验方法，并将该方法应用在黑麋峰抽水蓄能电站高岔管围岩高压渗透性试验研究中，分析了该工程岔管区围岩在高渗压条件下的渗透性变化规律。同时，为了了解岩体在渗压作用下的水力劈裂特性，基于上述压水试验成果，第4章在研究裂隙岩体水力劈裂机理的基础上，分析了岩体水力劈裂扩展过程，提出了岩体水力劈裂压力的分析方法。

渗流作用下岩土体的渗透变形及渗透破坏现象是水利工程中常见的渗流灾害之一。现有的土体渗透变形理论的研究成果丰富，第5章在现有渗透变形理论的基础上，通过理论分析和试验手段，研究了考虑应力状态影响的岩土体渗透变形特点，提出了渗透变形的应力相关性理论，为分析处于较高应力状态中的高坝坝基岩体及高压引水隧洞围岩的渗透变形机理及抗渗强度参数的确定提供了新思路。

数值分析方法是全面认识岩土介质渗流效应的有效手段。第6章利用非恒定渗流数值分析方法，研究了高压引水隧洞非恒定渗流场的时空演化特性以及高压引水隧洞断层带置换处置措施对渗流的控制效果，评价了引水隧洞局部不良地质体处置措施的合理性。第7章针对复杂坝基工程的渗流特性，提出了坝基渗透性数值计算分析的空间差异性数学描述方法，采用恒定渗流数值分析法，结合工程实测渗流监测资料，全面深入地分析向家坝水电工程典型坝段的扬压力分布规律、防渗帷幕及排水孔幕等措施的渗控效果。第8章针对重力坝坝基抽排系统的运行控制标准问题，采用数值分析方法进行了深入研究，基于排水孔出流量与坝基扬压力和水力坡降的关系，提出了重力坝排水孔出流量控制标准的研究方法，得到了向家坝典型坝段排水孔的出流量控制标准。

降雨是引起边坡失稳、形成滑坡灾害的重要因素之一。国内外大多数滑坡都是降雨诱发的。降雨引起边坡渗流场发生变化，改变了渗透力的空间分布，导致边坡安全性降低。第9章从边坡土体非饱和渗流特性研究入手，分析了边坡降雨入渗的基本规律，提出了复杂三维边坡非饱和渗流数值分析方法，得到了典型工程边坡的饱和非饱和渗流场的时空演化规律。

水库蓄水引起大坝坝基及近坝库岸边坡产生抬升变形现象受到越来越多的重视。第10章全面综述了国内外抬升变形的案例，总结了水库蓄水岸坡及坝基抬升变形的特点，利用流固耦合数值分析方法研究了抬升变形机理，重现了向家坝左岸近坝边坡抬升变形过程，评价了抬升变形对工程安全性的影响。

理论上，渗流环境中的岩体都存在流固耦合效应，然而这种耦合效应只是在高渗压环境条件下才比较突出。第11章结合黑麋峰抽水蓄能电站现场试验成果，研究了高渗压岩体渗流作用下岩土体的流固耦合效应。第12章结合现场试验资料，研究了核废料地质储存库围岩的热流固耦合效应，分析了核废料放射作用下围岩温度升高引起的温度场、渗流场、应力场和变形的演化规律。

大规模水封石油洞库的建设在我国是一个全新的领域，在工程实践中还存在诸多悬而未决的问题。本书第13章采用渗流数值分析方法，揭示了大型水封石油洞库区地下水位的变化过程，合理地评价了石油洞库的水封能力。通过理论研究和数值分析，提出了水封石油洞库安全运行的水封新准则，并进行了合理性验证。

总之，本书所涉及的内容绝大多数都是作者近十多年来的研究工作总结与升华。编写本书的目的之一在于分享作者在渗流理论研究与工程实践方面的一些经验与教训，也期望为同行在遇到类似问题时提供可借鉴的思路、理论与方法。

由于作者水平的限制，书中的不足和欠妥之处在所难免，恳请读者批评指正。

作者

2017年12月

目　录

第1章 渗流分析基础理论

1.1 渗流和渗流力学

渗流（fluid flow in porous media）是流体通过多孔介质的流动。其流体是符合牛顿剪切定律的气体、液体、气-液混合物等普通牛顿流体以及部分具有简单流变方程的非牛顿流体（牛顿流体可谓是黏度为常数的流体，其常数的意义指的是黏度与速度场无关，但可以是温度的函数）。

在渗流工程中，多孔介质表面作用明显，流体流动过程中任何时候必须考虑黏性的作用；地下渗流中通常具有较高的压力，压力变化亦比较明显，需要考虑流体和介质的压缩性；孔道结构复杂，有时需要考虑毛管力的作用；某些情况下还需要考虑吸附、解吸、弥散等物理化学作用。

渗流力学（mechanics of fluid flow in porous media）是研究流体在多孔介质中运动规律的科学。它是流体力学的一个独立分支，是流体力学与岩石力学、多孔介质理论、表面化学和物理化学以及生物学交叉渗透形成的一门应用基础学科。

研究流体渗流过程的方法有流体力学方法、水动力学方法和实验方法。流体力学方法用严格的数学语言来描述流体运动规律，将实际问题抽象为具体的数学模型，追求问题的精确解；水动力学方法则针对某些比较复杂的实际问题，将流体力学的某些结论与实验或试验观察结果相结合，采用数理分析等统计方法，力求做出定量的解释，给出能够满足工程实际要求的近似解；实验方法是在复杂渗流条件下，理论上常常不能解决具体问题，通过实验模型模拟实际渗流发生的条件和过程，以确定流体渗流的规律。

渗流系统：一般情况下，渗流力学只研究所关心的多孔介质的一部分，称这部分多孔介质地层为渗流系统（system of porous flow），称其余部分为渗流环境（circumstance of porous flow）。如果渗流系统和渗流环境之间有自由的质量和能量交换，则这种渗流系统为开放系统（open system）；如果渗流系统和渗流环境之间没有质量和能量交换，称这种系统为封闭系统（closed system）。

1.2 流体介质的物理性质

流体介质是指分布在岩土体孔隙或裂隙中的可流动、扩展的液相或气相介质，包括孔隙水、裂隙水、石油、天然气以及煤层中的瓦斯等。对土木工程和水电工程中的岩土体渗流而言，流体介质一般是水或空气，或者水和空气的混合物。

从力学分析的意义来讲，流体与固体的最主要差别在于它们对外力的抵抗力不同。固体在受到外力的情况下，将产生相应的变形来平衡外力。而流体在受到外力作用的时候，也可以产生变形来抵抗外力，但其最大特点是不能承受拉力，同时处于静止状态的流体也不能承受剪切力。当流体在很小的剪切力作用下，它可产生连续不断的变形，也就是流动，直到剪切力消失。流体的这种性质称为可流动性。

1.2.1 密度和重度

流体和固体一样，密度是其最基本的物理指标之一。一般情况下，作为连续介质的流体，其密度往往在渗流分析中被看做是一个固定不变的量，实际上，在多孔介质中做渗流运动的流体，其密度在空间分布上的变化是比较大的。空间上任意一点 P 的密度可以表示为

$$\rho_f = \lim_{\Delta V \to \Delta V_*} \frac{\Delta m}{\Delta V} \tag{1.1}$$

式中：ρ_f 为流体的密度；ΔV 为流体元的体积；ΔV_* 为流体特征体元；Δm 为流体元体积内的质量。

如果流体是连续的，则对于任意相邻的两点 P_1 和 P_2，有

$$\rho_f(P_1) = \lim_{P_2 \to P_1} \rho_f(P_2) \tag{1.2}$$

4℃的蒸馏水密度为 1000kg/m^3。

重度是工程上表征流体的物理性质的另外一个物理量，它指的是单位体积的流体的重量，与密度之间的关系为

$$\gamma_f = \rho_f g \tag{1.3}$$

式中：γ_f 为流体的重度；g 为重力加速度。

1.2.2 黏滞性

流体在运动状态下具有一定程度的抵抗剪切变形的能力，这种性质称黏滞性。黏滞性的大小，一般采用黏滞系数 μ 来度量，其单位是 Pa·s 或 N·s/m^2。

当液体之间存在相对运动时，液体之间会产生一种摩擦力阻碍液体的相对运动，这种力叫黏滞力（内摩擦力）。它随相对运动的产生而产生，消失而消失。

黏滞力的大小可以用牛顿内摩擦定律来加以描述，见图 1.1。

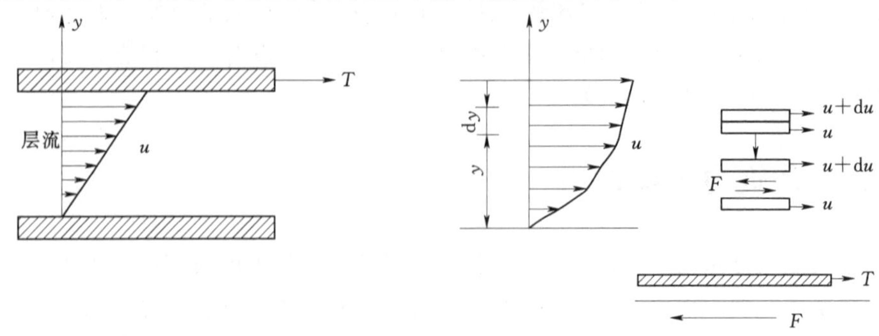

图 1.1　流速分布图

设 F 为流体内的剪切力，$\boldsymbol{u}$ 为流体运动速度，如果流体满足下述假定：

（1）F 与 $\mathrm{d}\boldsymbol{u}/\mathrm{d}y$ 成正比。

（2）F 与液体的接触面积成正比。

（3）F 与液体的性质有关。

（4）F 与接触面上的法向应力无关。

则有 $F=\mu A\mathrm{d}\boldsymbol{u}/\mathrm{d}y$，其中 μ 是流体的动力黏滞系数，A 是面积。于是流体内单位面积上的内摩擦力（或称剪应力）可以表示为

$$\tau=\frac{F}{A}=\mu\frac{\mathrm{d}\boldsymbol{u}}{\mathrm{d}y}(\text{层流}) \tag{1.4}$$

当 μ 为常量时，流体称为牛顿流体；当 μ 是变量时，称为非牛顿流体。式（1.4）就是孔隙流体在层流状态下著名的流体牛顿内摩擦定律。

流体黏滞系数有以下性质：①μ 的大小表示液体黏性的强弱。②不同的液体 μ 不同。③温度是影响 μ 的主要因素。④运动黏滞系数为流体的黏滞系数与流体的密度之比，

$$\upsilon=\mu/\rho_f \tag{1.5}$$

运动黏滞系数的单位为 $\mathrm{m^2/s}$。

1.2.3　压缩性

流体中的压强增高时，流体分子间的距离减小，流体宏观体积减小，这种性质称为压缩性。流体温度升高或压力降低时，流体宏观体积增大，为膨胀性。流体不能承担拉力，一般不用弹性而用压缩性来表示其在外力作用下的变形能力。

设压缩前体积为 V，压强增加 ΔP 后，体积减小 ΔV，体应变为 $\dfrac{\Delta V}{V}$，则流体压缩系数定义为

$$\beta=-(\Delta V/V)/\Delta P \tag{1.6}$$

式中：β 为体积压缩系数，$\mathrm{m^2/N}$。

$$K=\frac{1}{\beta}=-\Delta P/(\Delta V/V) \tag{1.7}$$

式中：K 为体积弹性系数，$\mathrm{N/m^2}$。

对于水而言，体积弹性系数 $K=2.1\times10^9\mathrm{Pa}$，如 ΔP 为一个大气压时，$\Delta V/V=1/20000$，因此，在 ΔP 不大的条件下，水的压缩性可以忽略；当 ΔP 较大情况下，水的压缩性则不可忽略。

1.2.4　表面张力

流体不能承受张力，但有缩小其表面积的特性，这种特性称为表面张力。表面张力多出现在流体与其他固体介质，或不同流体之间的界面上。对水而言，在 20℃ 水温条件下，其表面张力 0.0728N/m。由此可见，常温下水的表面张力较小，在工程水力学中可以忽略。当水的自由面为曲率半径很小的曲面时，表面张力的合力对自由面产生影响，这种情况下就需要考虑表面张力的影响。在岩土介质中，由于孔隙尺寸和裂隙宽度均很小，在表面张力的作用下会形成毛细现象，导致岩体介质体中的自由水面随毛细现象出现而升高。

表面张力是岩土介质渗流分析必须要考虑的一个重要性质。水的物理学参数与温度的关系见表1.1。

表1.1 水的物理力学参数与温度的关系

温度 /℃	重度 γ /(kN/m³)	密度 ρ /(kg/m³)	黏滞系数 μ /($\times10^{-3}$N·s/m²)	运动黏滞系数 ν /($\times10^{-6}$m²/s)	体积弹性系数 E_ω /($\times10^{-6}$N/m²)	表面张力 T_b /(N/m)
5	9.807	1000.0	1.519	1.5189	2.06	0.0749
10	9.804	999.7	1.307	1.3101	2.10	0.0742
15	9.798	999.1	1.145	1.1457	2.15	0.0735
20	9.789	998.1	1.002	1.0105	2.18	0.0728
25	9.777	997.0	0.895	0.8976	2.22	0.0720
30	9.764	995.7	0.798	0.8037	2.25	0.0712

毛管力从毛细现象演化而来。在毛管中，跨越两种非混合相流体界面所必须克服的压力为毛管力。在同一位置处，毛管力等于非湿相压力 p_{nw} 减去湿相压力 p_w

$$p_c = p_{nw} - p_w = \frac{2\times10^{-3}\sigma\cos\theta}{r} \tag{1.8}$$

式中：p_c 为毛管压力，MPa；r 为毛管半径，μm；σ 为界面张力，MN/m；θ 为湿润接触角。

在不混溶多相体渗流过程中，有时需要考虑毛管力。

1.3 多孔介质的物理性质

固体多孔介质是含有大量空隙的固体材料，简称多孔介质（porous media）。简洁概括什么是多孔介质是比较困难的。一般地，能够定义表征单元体积是多孔连续介质定义的必要条件之一。表征单元体积是指无论将这种单元置于孔隙介质域中的何处，该单元都既包含固体相，又包含孔隙空间。如果在域内不能定义这样的表征单元，则该域不能定义为多孔介质。

多孔介质为多相物质所占据的一部分空间，其固体部分称为固体骨架，而其余部分称为孔隙空间；孔隙内可以是单相气体或液体，也可以是多相流体，至少某些孔隙空间构成相互连通的通道；固体骨架、孔隙和通道应当遍及整个多孔介质所定义的空间。

1.3.1 多孔介质水力学基本特性

多孔介质一般具有以下特性：

(1) 储容性，即能够储集和容纳流体。

(2) 渗透性，允许流体在孔隙中流动。

(3) 具有润湿性，孔隙表面与流体接触中所表现的亲和性。

(4) 大比表面性，单位体积孔隙的总表面积有时相当大。

(5) 非均质性，平面上和纵向上物理性质时常差异明显，孔隙结构狭窄而复杂。

多孔介质的非均质特性是指多孔介质的渗流力学性质（如储容性）与位置相关，即某点的性质明显与另外点不同。当多孔介质具有非均质特性时称该介质为非均匀介质。如果多孔介质的渗流力学性质与方向相关，即某方向的性质明显与另外方向不同，则称为各向异性介质。由此，多孔介质可分为非均匀介质、均匀各向同性介质和均匀各向异性介质。

1.3.2　多孔介质特性描述

从实用的观点考虑，需要对多孔骨架的几何性质进行描述。由于介质骨架的复杂性，要想用曲面方程来描述构成骨架的固体颗粒的几何形状是不可能的。目前主要有两种描述方法：一种方法是宏观的，也就是平均的描述，即用孔隙度、比面等特性参数来反映多孔介质骨架的性质；另一种方法是以骨架的某些统计性质为基础来进行描述。

1. 粒径分布

对于土体类非固结多孔介质，特别是实验室中的人造非固结介质，可以用粒径分布来描述。除了圆球或正多面体，颗粒的大小不能用一个尺寸唯一确定。在一般情况下，测量粒径和粒径分布的主要方法有筛分法和比重计两种，它们分别适用于较大颗粒和较小颗粒。筛分法是将固体颗粒放在具有一定尺寸的正方形网格的筛子上进行摇晃，所以颗粒的尺寸依赖于筛眼的尺寸。对于不规则形状的颗粒，这只能反映其大致尺寸。粒径尺寸通常用标准筛目或 μm 表示，目（mesh）是每 2.54cm 长度上具有的编织丝的数量。目与粒径的换算关系为

$$\text{颗粒直径}(\mu\text{m}) = 16\times10^3/\text{筛目数} \tag{1.9}$$

比重计法是按照颗粒在流体中的沉降速度来分选颗粒的大小。

2. 孔径分布

对于固结多孔介质，一般无法给出其粒径分布，故只能用孔径分布方式来描述。孔隙直径 δ 定义为孔隙中能放置的最大圆球直径。孔径分布可用因子 α 来定义，其中，α 是孔径在 δ 和 $\delta+\mathrm{d}\delta$ 之间的孔隙所占总孔隙体积 V_p 的百分比，于是有

$$\int_0^\infty \alpha(\delta)\mathrm{d}\delta = 1 \tag{1.10}$$

3. 裂隙宽度

岩体中既包含孔隙，也存在大量裂隙。孔隙与裂隙共同构成了岩体中的空隙，为流体提供渗流通道。由于岩体中的裂隙尺度相对于孔隙尺度要大很多，岩体的渗流主要受裂隙通道的影响。因此，裂隙宽度成为岩体渗透性的控制性因素。

描述岩体中的裂隙隙宽主要有两类：机械隙宽和水力等效隙宽。机械隙宽又包括均值隙宽、最大机械隙宽和残留裂隙宽。

对于理想的平行板裂隙，其隙宽 a 是常数。岩石中的实际裂隙隙宽 a 是变化的。当裂隙尺寸相对不大时，假定裂隙的中面是一个平面，该平面的局部坐标系为 xoy，则裂隙隙宽是坐标的函数，即 $a(x,\ y)$。为了描述及讨论方便，对裂隙隙宽作以下几种定义。

（1）均值隙宽（mean aperture）$\overline{a}$。设裂隙的平面尺寸为 $L_x\times L_y$，则均值隙宽定义为

$$\overline{a} = \frac{1}{L_xL_y}\int_0^{L_x}\int_0^{L_y} a(x,y)\mathrm{d}x\mathrm{d}y \tag{1.11}$$

（2）水力等效隙宽（hydraulic effective aperture）a_h。水力特性符合水流运动立方定理的隙宽称为水力等效隙宽。通过试验，测量给定水力梯度时通过裂隙的流量为 Q_x 或 Q_y，则由立方定理可分别求得沿 x 或 y 方向的水力等效隙宽为

$$\left.\begin{aligned} a_{hx}&=\left(\frac{Q_x}{L_y}\frac{12\nu}{gJ}\right)^{1/3}\\ a_{hy}&=\left(\frac{Q_y}{L_x}\frac{12\nu}{gJ}\right)^{1/3}\end{aligned}\right\} \tag{1.12}$$

式中：ν 为运动黏滞系数；J 为水力梯度；g 为重力加速度。

对实际裂隙，均值隙宽一般不等于水力等效隙宽，且各方向水力等效隙宽也不相等，其差异程度反映了裂隙水力特性的各向异性。

（3）最大机械隙宽（maximum mechanical aperture）$a_{\max}$。裂隙在正压应力作用下产生压缩，隙宽减小。处于初始零应力状态的裂隙在压力作用下的最大闭合值称为最大机械隙宽。

（4）机械隙宽（mechanical aperture）a_m。

$$a_m=a_{\max}-\Delta a \tag{1.13}$$

式中：Δa 是某一正应力作用下裂隙隙宽的闭合量。

（5）残留裂隙宽（residual aperture）。裂隙在正应力作用下，当其压缩值达到最大值 $a_{\max}$后，仍然会有流量通过裂隙。这表明裂隙中仍有类似于沟槽的间隙存在，此时的隙宽称为残留隙宽。残留裂隙宽可由立方定理反求，可以认为是裂隙的最小水力等效隙宽。

4. 渗透率

渗透率是描述多孔连续介质渗透性大小的一个基本参数。

定义：渗透率是完全充满孔隙空间的、黏度为 1cP（0.001Pa·s）的流体在单位压力梯度下通过单位横截面积的体积流量。渗透率的量纲与面积量纲相同，在国际单位制中渗透率的单位是 μm^2。

$$\kappa=-\frac{\mu v}{\partial p/\partial L+\rho_f g\sin\theta} \tag{1.14}$$

式中：κ 为渗透率，D（达西）；μ 为黏滞系数；v 为达西渗透流速；p 为流体压力；ρ_f 为流体密度；g 为重力加速度；θ 为渗流方向在水平面上的倾角。

根据上述定义式，有 $1D=\frac{1cP\cdot 1cm/s}{1atm/cm}$，$1D=\mu m^2$。

渗透率是表征土或岩石本身传导液体能力的参数。渗透率的大小与孔隙度、液体渗透方向上空隙的几何形状、颗粒大小以及排列方向等因素有关，与介质中运动的液体性质无关。渗透率用来表示渗透性的大小。

在一定压差下，岩石允许流体通过的性质称为渗透性；在一定压差下，岩石允许流体通过的能力叫渗透率。

渗透率可通过单珠装填试验进行进一步说明。

有些人造多孔介质，特别是实验室中使用的人造多孔介质，通常是由球形颗粒装填而成的。所谓单珠装填，就是介质是由单一球形颗粒装填而成的。由于颗粒半径相等，介质

的特性参数容易计算出来。

球体全部按正方体排列称为最松排列，即孔隙度最大，$\phi_1=1-\pi/6=0.4764$。球体全部按菱形六面体排列称为最紧排列，即孔隙度最小，$\phi_2=1-\sqrt{2}\pi/6=0.2595$。随机装填的结果，$\phi\approx0.36$。对于最松排列和最紧排列，比面的值分别为$\sum_1=\pi/(2r_0)=1.571/r_0$和$\sum_2=\pi/(\sqrt{2}r_0)=2.221/r_0$，其中，$r_0$是球形颗粒的半径。随机装填的结果，$\sum\approx1.896/r_0$。

单珠装填情形的渗透率，按 Carman - Kozeny 经验公式表示为

$$\kappa=\frac{C\varphi^3}{\tau\sum^2} \tag{1.15}$$

式中：C为 Kozeny 常数，它与毛细管横截面的形状有关。对于正方形，$C=0.5619$；对于等边三角形，$C=0.5974$；对于窄长条形，$C=2/3$。

实际毛细管的截面形状是很复杂的，其值总是在 0.5 与 0.6 之间。式（1.15）中，迂曲度τ的值在 2.2～2.4 之间，近似地可取$C/\tau=0.23$，于是对于随机装填，按式（1.15）可得

$$\kappa=0.23\times\frac{0.36^3}{1.896^2}r_0{}^2=0.002985r_0^2 \tag{1.16}$$

由此可见，单珠装填多孔介质的渗透率κ与颗粒半径的平方成正比。式（1.16）中，κ的单位由r_0的单位确定，如果r_0的单位为μm，则κ的单位为μm^2。

5. 渗透率类型

根据孔隙介质渗透性的大小，渗透率可分为绝对渗透率、有效渗透率和相对渗透率 3 种类型。

（1）绝对渗透率。绝对渗透率是孔隙介质中只有一种流体（单相）存在，流体不与固体介质起任何物理和化学反应，且流体的流动符合达西直线渗流定律时所测得的渗透率。

（2）有效渗透率。在非饱和水流运动条件下测量得到的多孔介质渗透率。

（3）相对渗透率。多相流体在多孔介质中渗流时，其中某一相流体在该饱和度下的渗透系数与该介质的饱和渗透系数的比值叫相对渗透率，是无量纲量。

作为基数的渗透率可以是：①用空气测定的绝对渗透率；②用水测定的绝对渗透率。

与有效渗透率一样，相对渗透率的大小与液体饱和度有关。同一多孔介质中不同流体在某一饱和度下的相对渗透率之和永远小于 1。根据测得的不同饱和度下的相对渗透率值绘制的相对渗透率与饱和度的关系曲线，称相对渗透率曲线。

1.4　连续介质思想

一般地，流体和介质的各种宏观性质是根据大量分子行为的平均来定义的。如温度是由分子布朗运动的平均能量来定义，密度是给定体积里的平均数目的分子质量定义的。这

些平均过程必须针对许多分子进行，否则没有意义。

1.4.1 研究水平

连续介质研究水平包括分子水平、微观水平和宏观水平。

分子水平是指对组成孔隙空间中所包含的流体分子运动及有关的各种现象进行数学描述。众所周知，流体是由大量分子组成的，分子和分子之间并非紧密无隙，1mol 气体有 10^{23}个分子，$1cm^3$ 的水中有 3.34×10^{22}个水分子，即使处于静止状态，这些分子仍然在做无规则运动，在运动状态中这些分子的运动规律更为复杂。由于在研究尺寸范围内分子的数目如此之多，实际上不可能确定出它们的初始位置和力矩，这样，统计平均方法不适用，因为无法知道分子个体的表现行为。

微观水平是把连续介质看成一种具有连续性的理想介质。对于流体来说是忽略流体的实际分子结构，以质点为基础，把流体看成一种连续性的理想流体进行数学描述；对于多孔介质来说则忽略每个孔隙通道。“尽管多孔介质内孔道表面对流体起边界作用，但任何试图以精确的方式对孔道的几何形状进行描述的想法都是徒劳的”（Bear，1972），即便能够描述并形成数学模型，也不可能求解。因此，如果想要对流体在多孔介质中渗流过程采用数学理论描述的话，那么必须以某种宏观平均定律为基础，即在宏观水平上研究问题。

宏观水平实际上是以多孔介质特征体元为基础，把多孔介质看成具有连续性的理想介质，当然是比微观水平更粗的一种水平。

1.4.2 连续介质定义

连续介质思想就是用一种假想的连续介质（无结构物质）代替实际的多相流体或多孔介质。在这种假想的连续介质中，可以把运动变量、动力参数及变量看成是空间坐标和时间的连续函数。因此，我们就能够运用高等数学来研究流体在多孔介质中的渗流运动，就能够对真实的渗流过程作出合理的分析和解释。

1. 流体连续性

对于流体，可以看做是由分子集合体组成的、充满整个空间的具有连续密度函数的理想流体，称之为连续流体，简称流体。这一概念是欧拉在 1755 年提出的。对于任意相邻的两点 P_1 和 P_2，如果流体是连续的，则必须满足下式

$$\rho_f(P_1)=\lim_{P_2\to P_1}\rho_f(P_2) \tag{1.17}$$

2. 固体连续性

对于岩土体一类的多孔介质，结构之间往往存在不连续的面，因此实际上岩土体都是不连续体。为便于进行力学分析，也需要对其进行连续性的等效处理。为此，提出了多孔介质特征体元的概念。

多孔介质特征体元由两部分构成，即孔隙度和连续介质。对于多孔介质中某一点的孔隙度定义来说，首先必须选取一定的体积空间，这个体积空间不能太小，应当包括足够的有效孔隙数（连通的，可供流体通过的空间）；但该体积空间又不能太大，否则不能够代表介质的局部性质。

介质在 M 点孔隙度的严格定义为

$$\phi(M)=\lim_{\Delta V_i\to\Delta V_0}\frac{(\Delta V_p)}{\Delta V_i},\phi(M')=\lim_{M\to M'}\phi(M) \tag{1.18}$$

这一定义有时叫做推定极限（Hubbert，1956）。

如图1.2所示，称体积 ΔV_0 为多孔介质在数学点 M 处的特征体元，即多孔介质特征体元。孔隙度为连续函数时，多孔介质便成为连续多孔介质，简称连续介质。若这样定义的孔隙度与空间位置无关，则称该介质对孔隙度而言是均匀介质，此时孔隙度可简单定义为岩块中的孔隙体积 V_p 占岩块总体积 V 的分数

$$\phi=V_p/V \tag{1.19}$$

孔隙度是标量，有线孔隙度、面孔隙度和体孔隙度之分，对于均匀介质是相等的。区分孔隙类型是非常重要的，一种是相互连通的有效孔隙，另一种是相对孤立的、不连通的死孔隙。在不同的场合，不同类型的孔隙对渗流过程的贡献是不同的。

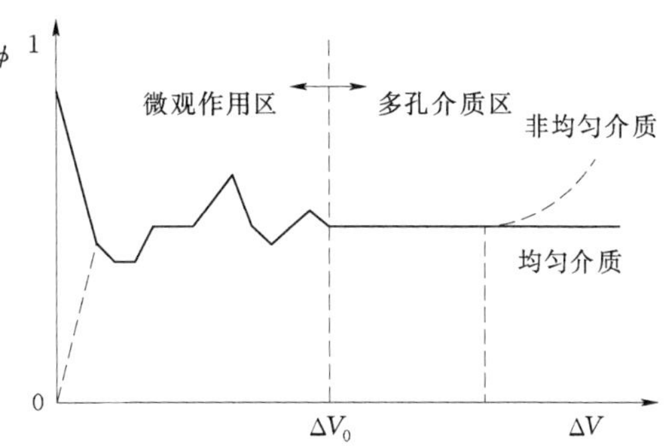

图1.2 多孔介质孔隙度的定义

应当注意的是，连续流体和连续介质模型也是有局限性的。当流速超过某一极限速度时，水流会出现掺气现象；压力小于汽化压力，会产生局部空化现象。在这些情况下，连续介质和连续流体模型不能原封不动的套用。

1.5 连续介质渗流性质

1.5.1 渗流模型

流体在孔隙和裂隙介质中流动时，由于多孔介质形状、大小及分布极为复杂，导致渗流流体质点的运动轨迹很不规则，见图1.3。要完全反映孔隙介质中水流运动的真实情况，理论分析将变得十分复杂化，也会使实验观察变得十分困难。考虑到大多数实际工程中并不需要了解流体在空隙中流动的真实情况，因此，在满足一定规则前提下，可以对连续孔隙介质中的水流运动进行简化，即：①不考虑渗流路径迂回曲折的真实状态，仅仅分析它的主要流动方向。②不考虑连续孔隙介质中固相所占空间，特征体元空间均被流体占据。

经过上述简化后的连续介质中流体的流动称为孔隙介质渗流模型。渗流模型在渗流特性上必须与真实渗流相一致，否则渗流模型失去理论和实际意义。从这个角度出发，渗流模型需要满足以下要求：①在同一过水断面上，渗流模型的流量等于真实渗流的流量。②在任一界面上，渗流模型的压力与真实渗流的压力相等。③在相同体积内，渗流模型所受到的阻力与真实渗流受到的阻力相等。

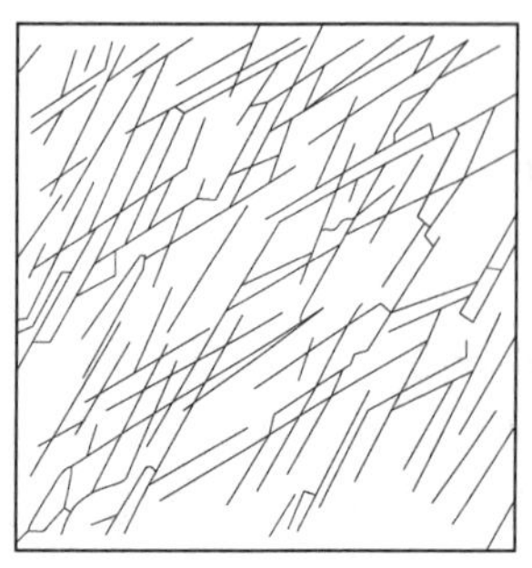
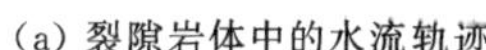
(a) 裂隙岩体中的水流轨迹

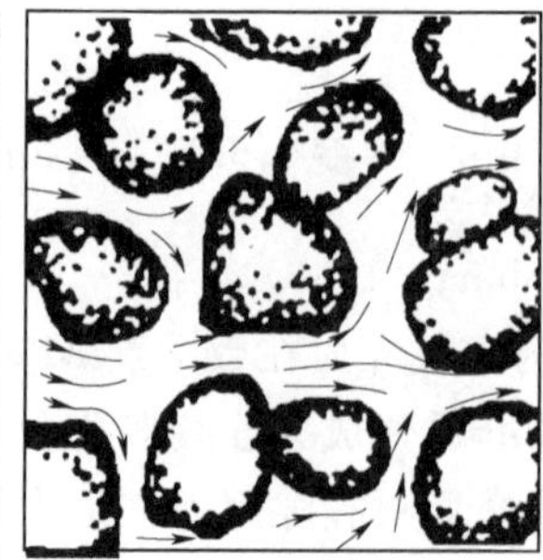
(b) 土壤中的水流轨迹

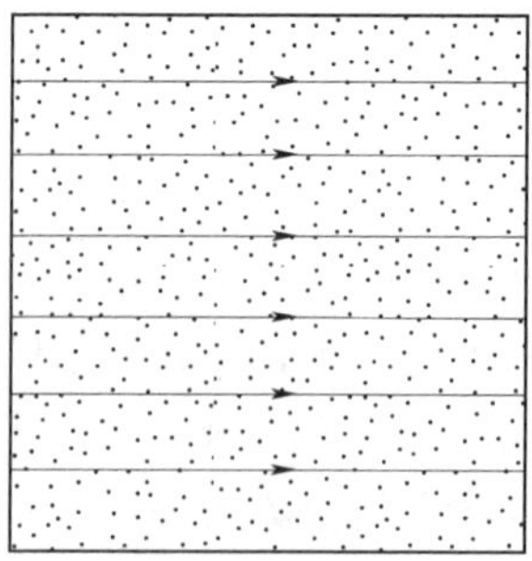
(c) 理想化渗流模型

图 1.3　渗流等效模型

1.5.2　流体运动速度

流体在真实孔隙介质中流动的速度称真实流速 v_0（单位时间内流过单位截面内有效孔隙面积上的水量，m/s）。在渗流模型中，由于假定特征体元空间内均被流体占据，因此，过水截面应为特征体元某一方向上的全面积（A）。如果通过截面上的流量为 q（单位时间内流过截面积 A 的水量，m^3/s），则渗流模型的平均速度（或称渗透流速）v 为

$$v=\frac{q}{A} \tag{1.20}$$

假定渗流截面（A）上包含的有效孔隙面积为（ΔA），根据流量相同的规定，孔隙介质中的真实流速为

$$v_0=\frac{q}{\Delta A} \tag{1.21}$$

于是

$$v/v_0=\Delta A_0/A=\phi \tag{1.22}$$

式中：ϕ 为多孔介质的孔隙率，也称孔隙度。

对于多孔介质而言，孔隙率 ϕ 都小于 1.0，所以渗流速度（也称达西流速）一定小于多孔介质中的水流真实流速。表 1.2 为部分岩石孔隙率的实验值范围。由表可知，某些岩石的孔隙率非常小，因此岩石中的真实流速比达西渗流速度要大几个数量级，这对研究某些工程问题来讲，是不可忽视的重大问题。

表 1.2　　不同岩石孔隙率试验值范围（据 Talober，1965）

岩石类别	孔隙率/%			岩石类别	孔隙率/%		
	最小值	最大值	平均值		最小值	最大值	平均值
硬石膏	0.63	6.26	1.65	第三纪砂岩	2.2	42	15.3
冰川黏土	11.5	55	38.5	大理岩	0.1	6	1
第三纪灰岩	0.8	27	12.5	泥灰岩	16	52	20
白云岩	0.3	25	7.7	石英岩	0	8.7	2.4
片麻岩	0.3	2.4	1.35	黏土质页岩	0.4	10	4
花岗岩	0.05	2.8	0.95	变质页岩	0.02	0.6	0.16

根据渗流速度和真实速度的关系，有

$$v=\phi v_0 \tag{1.23}$$

式（1.23）称为裘布依-福希海默关系式。

1.5.3　源和汇

在渗流力学中，源和汇占有重要地位，并且涉及各种不同类型的源和汇。总的来说，按其在空间中所占的位置可分为平面点源（汇）、空间点源（汇）和连续分布源（汇）；而按其作用的时间可分为稳态源（汇）和非稳态源（汇），其中，非稳态源（汇）又可分为瞬时源（汇）和持续源（汇）。

1. 平面和空间点源

设平面上一点有某个流量 q 向平面各个方向流入，该点称为平面点源。点源相当于多孔介质中存在一个源泉。在地层中打开一口井，并向井中注入流体，就可当做平面源处理。显然，对于恒定流量 q 和均质地层情形，速度 v 与径向距离 r 成正比，即有关系式

$$v=q/(2\pi r) \tag{1.24}$$

式中：q 定义为平面点源强度，它是单位时间、（垂直于平面的）单位厚度线段上流出的流体体积，其量纲为 $[L^2T^{-1}]$。如果地层厚度（多孔层井中筒长度）为 h，若向井筒注入流量为 Q，则有 $q=Q/h$。

同理，设空间中一点有某个流量 Q 从空间四面八方流入，此时点源称为空间点源。因为 Q 是通过球面积 $4\pi r^2$ 流出，所以对于恒定流量 Q 和均质地层而言，有关系式

$$v=Q/(4\pi r^2) \tag{1.25}$$

空间点源强度的量纲是 $[L^3T^{-1}]$。

源也可以在平面上或空间中的一定区域连续地分布，这种源称为分布源。当然，也可以是若干点源在平面或空间中离散分布。离散点源可以用叠加原理进行处理。

2. 平面和空间点汇

若流体不是从某点流入到孔隙介质体内，而是从孔隙介质体的各个方向向一点汇聚并流出孔隙介质系统，这样的点称为点汇。地层中的抽水井就可当做点汇处理。对于汇（抽水井），强度取值为负，即地层中产生负的流量。对于平面点汇，为使速度 v 取正值，于是有

$$v=-q/(2\pi r) \tag{1.26}$$

对于空间点汇，有

$$v=-Q/(4\pi r^2) \tag{1.27}$$

3. 持续源（汇）和瞬时源（汇）

稳态源（汇）定义为强度永远不变的源（汇）。例如，与大水体相连的长期供给井或天然的自流泉可当做持续源和持续汇处理。渗流力学中使用得更多的是非稳态流源（汇）。非稳态源（汇）定义为强度随时间变化的源（汇）。

非稳态源（汇）有多种情形：一种情形是以等强度持续一段时间，称为等强度持续源（汇）。例如，以恒定流量对岩体进行渗透性压水试验。另一种是变强度持续源（汇）。例

如，岩石水压致裂试验中，压入流量随时间总是变强度的。

瞬时源（汇），定义为在 $t=\tau$（例如为零）的瞬时向多孔介质内点 M' 注入（采出）微量的流体，而在 $t=\tau$ 之前或之后以及点 M' 以外的任何位置均不注入（采出）流体。换句话说，就是在多孔介质中施加一个压力脉冲。瞬时点源更重要的是一种理论模型，利用这一模型，再加上连续源和持续源的概念，可用来解决渗流力学中各种复杂的实际问题。

1.6 流体状态方程

状态方程用来描述流体密度与压力之间关系的数学方程。状态方程一般与温度相关。由于流体都具有一定的压缩性。在渗流力学中，根据压缩性大小可将流体分为不可压缩流体和微可压缩流体。流体密度与压力之间关系变化趋势见图 1.4。

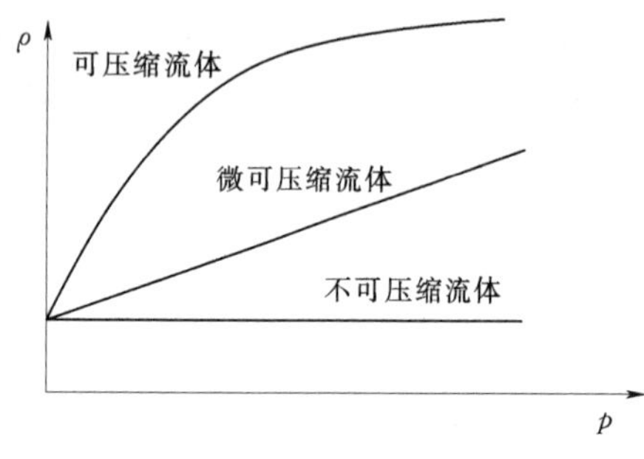

图 1.4 流体密度与压力关系

1.6.1 不可压缩流体

不可压缩流体是指在等温条件下流体密度与压力变化无关的流体，即

$$\frac{dV_1}{dp}=0,\frac{d\rho}{dp}=0 \tag{1.28}$$

所谓的不可压缩流体是不存在的，它只是在某些情况下为了简化描述而假设的一种理想流体。

1.6.2 微可压缩流体

微可压缩液体是指在等温条件下流体体积相对变化率与压力变化成正比的流体，其比例系数为常数。比例系数称为液体压缩系数。

$$c_f=-\frac{1}{V_1}\frac{dV_1}{dp}=\frac{1}{\rho_f}\frac{d\rho_f}{dp} \tag{1.29}$$

$$\rho_f=\rho_0\exp[c_f(p-p_0)] \tag{1.30}$$

式中下标 0 指的是一种基准状态。式（1.30）类似于胡克定律，若作泰勒展开，忽略高阶小量，则有

$$\rho=\rho_0[1+c_f(p-p_0)] \tag{1.31}$$

通常液体弹性压缩系数较小，压力、温度引起的变化亦不明显。例如，水在 $T=15\sim115$℃区间中 c_f 的变化为 10%，在 $p=7.0\sim42.2$MPa 变化过程中 c_f 的变化为 12%。

1.6.3 可压缩流体

可压缩流体是指在等温条件下流体体积相对变化率较大的流体，例如气体。真实气体压缩性可以通过真实气体状态方程来描述，真实气体状态方程

$$pV=ZnRT \tag{1.32}$$

式中：p 为压力，MPa；Z 为气体压缩因子；V 为气体体积，m^3；n 为摩尔数，kmol；R 为真实气体常数，$MPa \cdot m^3/(kmol \cdot K)$。

气体压缩系数计算公式为

$$c_g=\frac{1}{p}-\frac{1}{Z}\left(\frac{\partial Z}{\partial p}\right)_T \tag{1.33}$$

如果 $Z=1$（理想气体），则式（1.33）就是著名的玻意耳-马略特定律，此时有 $c_g=1/p$。

1.7　运动方程

运动方程实质是动量守恒定律的数学表达式，是流体系统应用牛顿第二定律的结果，即特征体元中运动流体的动量变化率等于所有有效的作用外力总和

$$\rho\frac{\mathrm{d}u}{\mathrm{d}t}=F+\nabla\cdot\sigma \tag{1.34}$$

式中：u 为流体质点运动速度；F 为各种质量力（与质量大小相关的力）；σ 为各种表面力（与表面积大小相关的力）。

在流体力学中，称式（1.34）为纳维-斯托克斯方程或动量定理。纳维-斯托克斯方程是非线性的，加之渗流通道复杂而未知，不能原版原样地应用它来解决地下渗流问题，必须辅以如体元平均、层流、忽略惯性、流体不可压缩等假设（Hubbert，1956；Irmay，1958），由此得到的简化结果正是达西线性渗流规律。

1.7.1　线性渗流定律

1. 达西定律试验

针对城市用水过滤净化问题，法国 Dijon 市水利工程师达西做了关于水通过直立填砂圆管的试验，得到了渗流力学最基础的定律，即达西定律。达西定律试验的装置见图 1.5。

试验结果表明，在一定速度变化范围内，流体通过填砂管横截面的体积流量（Q）与横截面积（A）成正比，与管长（L）成反比，与作用在填砂管两端的水头差（$\Delta H=h_1-h_2$）成正比。用公式表示为

$$Q=K'A\frac{h_1-h_2}{L} \tag{1.35}$$

式中：K'为水力传导系数，也称渗透系数。

根据水力学的伯努利方程，单位质量流体的位置势能、压强势能和动能三者之和为常数

$$H=\frac{p}{\rho g}+Z+\frac{v^2}{2g}=\text{const} \tag{1.36}$$

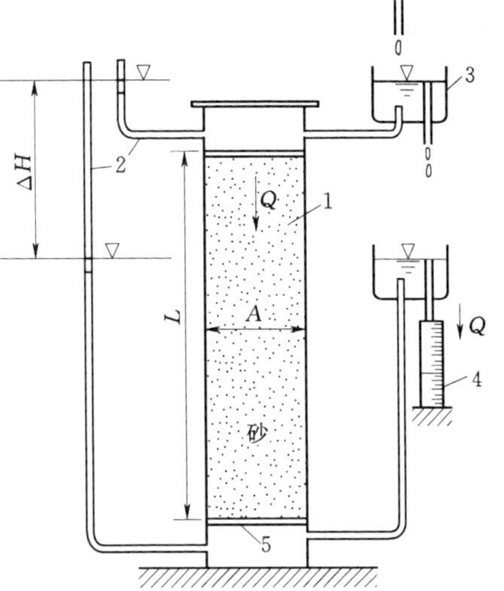

图 1.5　达西定律试验装置

1—装砂筒；2—测压管；3—定水头供水容器；4—量筒；5—过滤网

水力学中称 H 为 Hubbert 流体势，也叫总水头（Hubbert，1940）。由于渗流速度小而忽略动

能项后作差，有

$$h_1-h_2=\frac{p_1-p_2}{\rho g}+L \tag{1.37}$$

$$|v|=\frac{Q}{A}=K'\left(1+\frac{p_1-p_2}{\rho gL}\right)=K'\left[\frac{(p_1-p_2)/L+\rho g}{\rho g}\right] \tag{1.38}$$

量纲分析表明：水力传导系数 K' 与流体重度成正比，与黏度成反比，于是有，

$$K'=\kappa\rho g/\mu \tag{1.39}$$

式中：κ 为渗透率。

考虑式（1.39）关系后，式（1.38）可改写为

$$v=-\frac{\kappa}{\mu}\left(\frac{p_1-p_2}{L}+\rho g\right) \tag{1.40}$$

式（1.40）中，负号是考虑到速度方向与压力增长方向相反而加入的。对于倾斜介质情况，有

$$v=\frac{\kappa}{\mu}\left(\frac{p_1-p_2}{L}+\rho g\sin\theta\right) \tag{1.41}$$

式中：θ 为介质与水平方向的夹角。

2. 达西定律表述形式

达西定律表达形式有 3 种，分述如下：

（1）流量表达式

$$q=-\frac{\kappa}{\mu}\left(\frac{p_1-p_2}{L}+\rho g\sin\theta\right) \tag{1.42}$$

（2）微分表达式

$$v=-\frac{\kappa}{\mu}\left(\frac{\partial p}{\partial L}+\rho g\sin\theta\right) \tag{1.43}$$

（3）矢量表达式

$$v=-\frac{\kappa}{\mu}(\nabla p+\rho g) \tag{1.44}$$

式中：∇为汉密尔顿算子，它具有矢量和微分的双重性质，读为 Nabla。

达西定律单位：在工程单位制中，达西定律的速度表达式为

$$v=-\frac{\kappa}{\mu}\frac{\partial p}{\partial L} \tag{1.45}$$

其中：v 单位为 cm/s，κ 单位为 D，p 单位为 atm，μ 单位为 cP，L 单位为 m。

在 SI 单位制中，达西定律速度表达式为

$$v=-86.4\frac{\kappa}{\mu}\frac{\partial p}{\partial L} \tag{1.46}$$

其中：v 单位为 cm/s，κ 单位为 μm^2，p 单位为 MPa，μ 单位为 mPa·s，L 单位为 m。

3. 达西定律类比

渗流力学中的达西定律和热传导中的傅里叶传热定律、电学中的电流定律极其类似，以流量表达式为例

$$Q_T = -k_T A \frac{\mathrm{d}T}{\mathrm{d}L} \tag{1.47}$$

$$Q_E = \frac{1}{\rho_E} A \frac{\mathrm{d}E}{\mathrm{d}L} \tag{1.48}$$

式中：Q_T 为热量；k_T 导热系数；T 为温度；Q_E 为电流强度；ρ_E 为电阻率；E 为电压；L 为传导距离。

渗流物理试验是深入研究复杂渗流现象的重要手段，实际上渗流物理试验模型常常是笨重而庞大的，造价昂贵。然而，根据相似性可以通过对电流或热流的试验研究来直观地理解许多关于多孔介质中的渗流现象。因此，有时可以简单地制造一些传热或导电的实验模型，借助于电流或热流之间的相似性，经济地获得一些定量的结果。

1.7.2　各向异性渗流定律

一般来说岩石不是各向同性的，而是各向异性的，即渗透率与方向有关。例如层理构造明显的岩石，顺层理方向渗透性好而垂直方向则差，其差别可以是几倍甚至几十倍。对于各向异性岩石，达西定律仅在局部成立。

渗透率是多孔介质允许流体通过能力的量度，按照达西定律它又是渗透速度矢量与压力梯度矢量（忽略重力）之间的“比例系数”，这个“比例系数”是一个二阶张量，即渗透率张量。渗透率张量可以是一个二阶对称张量（$\kappa_{xy}=\kappa_{xy}=\kappa_{yz}=\kappa_{zy}=\kappa_{xz}=\kappa_{zx}$）。在忽略重力条件下，使用渗透率张量表示的达西定律为

$$v = -\frac{\boldsymbol{\kappa}}{\mu}\nabla p,\boldsymbol{\kappa} = \begin{vmatrix} \kappa_{xx} & \kappa_{xy} & \kappa_{xz} \\ \kappa_{yx} & \kappa_{yy} & \kappa_{yz} \\ \kappa_{zx} & \kappa_{zy} & \kappa_{zz} \end{vmatrix} \tag{1.49}$$

其中，张量分量中双下标的前者表示流体流动方向，后者为压力梯度方向。式（1.49）的分量形式为

$$v_m = -\frac{1}{\mu}\left(\kappa_{mx}\frac{\partial p}{\partial x}+\kappa_{my}\frac{\partial p}{\partial y}+\kappa_{mz}\frac{\partial p}{\partial z}\right),\quad \kappa_{mm}>0,\quad m=x,y,z \tag{1.50}$$

式（1.50）表明，在空间各向异性条件下，存在压力梯度与渗流速度不共线的现象。在某主轴方向上的压力梯度既与该主轴方向压力梯度有关又与其他两主轴方向上的压力梯度有关，这一观点可以用平面渗流示例说明。如图 1.6 所示，若（x，y）平面上有一根与横轴成夹角 θ 的渗流毛管，压力梯度 $\partial p/\partial y$ 使得毛管中的流体以渗流速度 $v_{\theta y}$ 运动，显然，$v_{\theta y}$ 具有横轴方向上的分量 v_{xy}，它可被理解为 $\partial p/\partial y$ 对横轴方向上渗流速度 v_x（$v_x=v_{xx}+v_{xy}+v_{xz}$）的贡献。

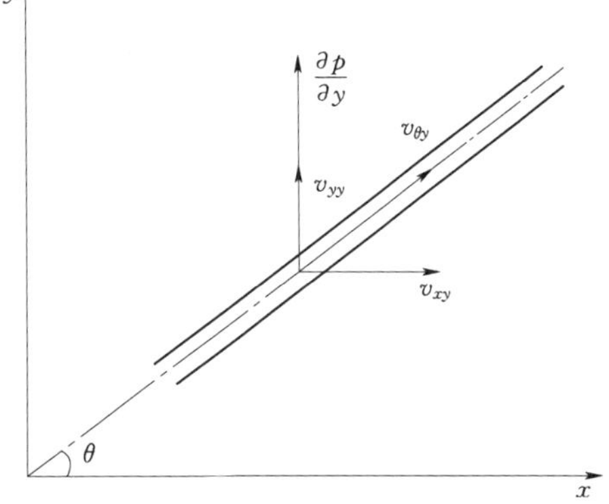

图 1.6　渗流速度分量示意图

对于一种客观存在的多孔介质，渗透率张量和一定压力梯度下的渗流速度矢量是一定的，但张量和矢量的分量会随坐标轴的取向而相对变化。例如一个固定的渗流速度矢量 v，如果

坐标轴的取向与它的方向一致，则 $v_x=|v|$，$v_y=v_z=0$。同理，如果旋转坐标轴到某个合适的方向，使得 $\kappa_{xy}=\kappa_{xy}=\kappa_{yz}=\kappa_{zy}=\kappa_{xz}=\kappa_{zx}=0$，则渗透张量将变化为对角张量

$$\boldsymbol{\kappa}=\begin{vmatrix}\boldsymbol{\kappa}_{xx} & 0 & 0\\ 0 & \boldsymbol{\kappa}_{yy} & 0\\ 0 & 0 & \boldsymbol{\kappa}_{zz}\end{vmatrix} \tag{1.51}$$

于是，式（1.50）可简化为

$$v_m=-\frac{\boldsymbol{\kappa}_{mm}}{\mu}\frac{\partial p}{\partial m},m=x,y,z \tag{1.52}$$

这时，x、y、z 方向称为渗透率张量的主轴方向，$\boldsymbol{\kappa}_{xx}$、$\boldsymbol{\kappa}_{yy}$、$\boldsymbol{\kappa}_{zz}$ 称为主轴渗透率，通常只保留单下标。

1.7.3 圆管渗流定律

根据流体力学理论，以剪应力与剪切速率的关系为基础，研究圆管内层流流速分布、流量与压降之间的关系。如图 1.7 所示，取圆柱形小体元，在层流运动时其作用力在流轴方向投影为零，作用在体元上的压力（F_p）、摩擦阻力（F_s）及重力（F_G）在流轴上的分量分别为

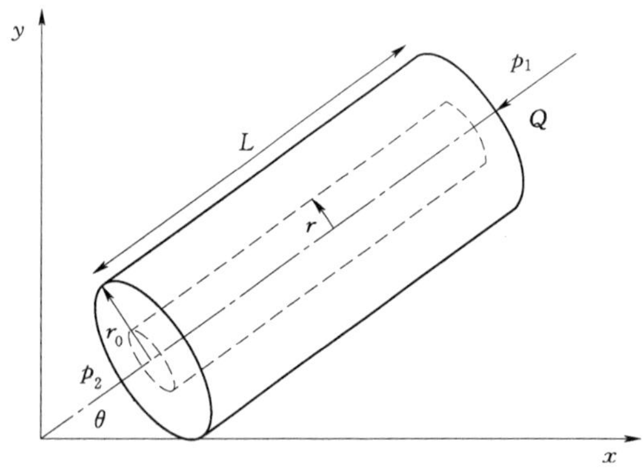

图 1.7 圆管层流

$$F_p=(p_1-p_2)\pi r^2 \tag{1.53a}$$

$$F_s=2\pi rL\tau \tag{1.53b}$$

$$F_G=\rho g\pi r^2 L\sin\theta \tag{1.53c}$$

根据受力平衡条件 $F_p+F_G=F_s$，有

$$\pi r^2(p_1-p_2+\rho gL\sin\theta)=2\pi rL\tau \tag{1.54a}$$

对于牛顿流体，其运动服从牛顿摩擦定律

$$\tau=-\mu\mathrm{d}v/\mathrm{d}r \tag{1.54b}$$

联立式（1.54a）和式（1.54b）可得

$$\frac{r(p_1-p_2+\rho gL\sin\theta)}{2L}=-\mu\frac{\mathrm{d}v}{\mathrm{d}r} \tag{1.55}$$

对式（1.55）积分，得圆管截面内的流体速度分布表达式

$$v(r)=\frac{p_1-p_2+\rho gL\sin\theta}{4\mu L}(r_0^2-r^2) \tag{1.56}$$

当 $r=r_0$，有 $v=0$，即管壁处的流体速度为零。

根据圆管截面内的流体速度分布，通过积分得到通过圆管截面的总流量（Q）和质点平均流速（U）表达式如下。

$$Q=2\pi\int_0^{r_0}v(r)r\mathrm{d}r=-\pi\frac{p_1-p_2+\rho gL\sin\theta}{8\mu L}r_0^4 \tag{1.57}$$

$$U=\frac{Q}{\pi r_0^2}=-\frac{p_1-p_2+\rho gL\sin\theta}{8\mu L}r_0^2 \tag{1.58}$$

若截面积为 A 的岩芯中只贯穿一根圆管连通孔隙，其孔隙截面积为 πr_0^2，将达西定律式（1.43）与圆管流量公式（1.57）联立，得到

$$A\frac{\kappa}{\mu}\frac{p_1-p_2+\rho gL\sin\theta}{L}=\pi\frac{p_1-p_2+\rho gL\sin\theta}{8\mu L}r_0^4 \tag{1.59}$$

由此，可得到毛管渗透率表达式

$$\kappa=\frac{\pi r_0^4}{8A}=\frac{\phi r_0^2}{8} \tag{1.60}$$

其中 $\phi=\pi r_0^2/A$，为横截面上孔隙所占据面积与横截面积之比，即孔隙度。式（1.60）可以推广到多根不等径毛管模型情形。

1.7.4 非线性渗流定律

达西定律有相应的适用条件。当流体渗流服从达西定律时，通过某截面的流量与水力梯度成过原点的直线关系；当流量和水力梯度关系不能用直线关系表示时，这样的渗流过程就是非达西渗流过程，或称非线性渗流。

1. 达西流高速上限——雷诺数判断准则

1880 年，雷诺.Q 通过用不同的圆管做水流流态实验，发现了管中水流形态可分为层流和紊流两种流态。流态可用无量纲雷诺数来判。雷诺数定义如下，

$$Re=\frac{\rho Ud}{\mu} \tag{1.61}$$

式中：Re 为雷诺数；d 为圆管直径，m；ρ 为流体密度，kg/m^3；U 为圆管内流体平均速度，m/s；μ 为流体黏度，Pa·s。

雷诺数表示了惯性力与黏滞力之比，若惯性力占主导地位，则雷诺数大；若黏滞力占主导地位，则雷诺数小。

对于多孔介质，根据单根毛管渗流定律可得

$$d=2r_0=4\sqrt{\frac{2k}{\phi}} \tag{1.62}$$

孔隙介质渗流截面上的渗流速度和真实流速满足 D-F 关系式，即

$$U=\frac{v}{\phi} \tag{1.63}$$

将式（1.62）和式（1.63）代入式（1.61），得

$$Re=\frac{4\rho v}{\mu}\sqrt{\frac{2\kappa}{\phi^3}} \tag{1.64}$$

式中：v 为渗流速度，cm/s；κ 为渗透率，D；μ 为动力黏度，cP；ρ 为流体密度，g/cm^3；ϕ 为孔隙度。

在渗流理论中，20 世纪 20 年代巴普诺夫斯基首先提出用雷诺数作为达西定律的应用判断准则。Fancher 和 Lwewis（1933）利用气体通过各种可渗透的岩芯完成了大量的实验，得到了范宁摩擦系数 f 与雷诺数（Re）的关系曲线。根据 f 与 Re 的关系绘制出一张双对数模式图，见图 1.8。

图 1.8 表明，多孔介质的流动可分为 3 个区域：层流区、过渡区和紊流区。第一区

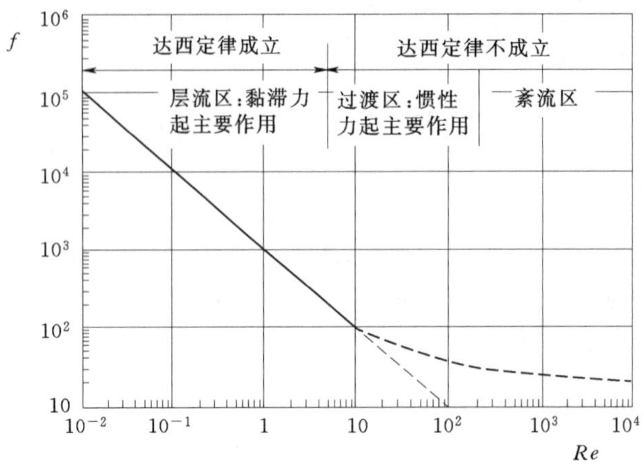

图 1.8　孔隙介质渗流流动分类模式图

域，在 $Re<5$ 范围内是斜率为 -1 的直线段；第二区域，在 $5<Re<100$ 范围内有一个二次曲线形式的过渡段；第三段则是一个水平线段。

第一区域为层流区，黏滞力起主要作用，$f-Re$ 的双对数直线特征表明有下式成立，

$$f=C/Re \tag{1.65}$$

式中：C 为回归常数。

范宁摩擦系数 f 的定义为

$$f=\frac{2\tau}{\rho U^2} \tag{1.66}$$

利用式（1.54a）和式（1.63），将之代入式（1.66），得

$$f=\frac{\phi^2 d}{2\rho v^2}\left(\frac{\partial p}{\partial z}+\rho g\sin\theta\right) \tag{1.67}$$

将式（1.61）和式（1.67）代入式（1.65），并利用式（1.60），可得

$$v=\frac{\phi^2 d/2C}{\mu}\left(\frac{\partial p}{\partial z}+\rho g\sin\theta\right)=\frac{\kappa}{C\mu}\left(\frac{\partial p}{\partial z}+\rho g\sin\theta\right) \tag{1.68}$$

其中，$d=2r_0$。

式（1.68）与达西定律表达相同。由此得出结论，在 $Re<5$ 范围内达西定律是适用的。

第二区域为过渡区，黏性力仍起重要作用，但逐渐减弱至惯性力起主要作用，流动先是层流，其后逐渐变为紊流，其方程为

$$\frac{\mathrm{d}p}{\mathrm{d}L}+\rho g\sin\theta=-\left(\frac{\mu}{\kappa}v+Cv^2\right) \tag{1.69}$$

式（1.69）与 Forchheimer（1930）提出的二项式一致。另外，根据 Ahmed 和 Sunada（1969）对多种非固结多孔介质的研究表明，在较高渗流流速下有下列关系式

$$\frac{\mathrm{d}p}{\mathrm{d}z}+\rho g\sin\theta=-\left(\frac{\mu}{\kappa}v+\beta\rho v^n\right) \tag{1.70}$$

其中，β 为非达西流因子，而 n 与多孔介质特性有关，n 的不同取值决定了指示曲线（渗流速度与压力梯度的关系曲线）的变化特征，见图 1.9。

第三区域为紊流区，在 $Re>100$ 的条件下流体流动变为紊流。紊流实际上是一种混沌现象，在渗流力学中较少遇到。

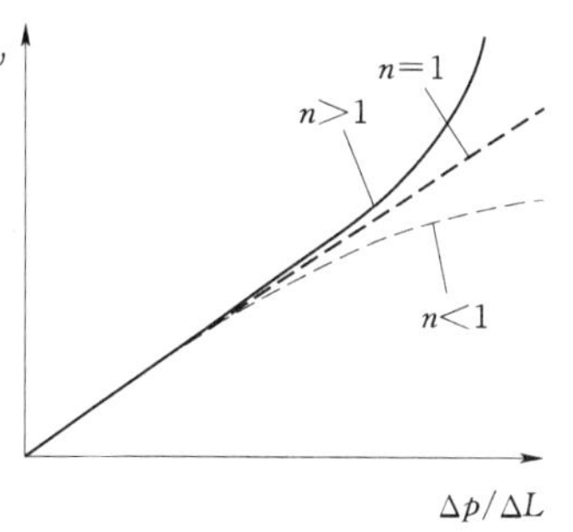

图 1.9　高速渗透流速与压力梯度关系

2. 低速下限——启动压力梯度

对于低渗透介质或非牛顿宾汉姆流体，渗流定律可写为

$$v=\begin{cases}\dfrac{\kappa}{\mu}\dfrac{\partial p}{\partial x}\left(1-\dfrac{\lambda}{\left|\dfrac{\partial p}{\partial x}\right|}\right), & \left|\dfrac{\partial p}{\partial x}\right|>\lambda \\ 0, & \left|\dfrac{\partial p}{\partial x}\right|<\lambda\end{cases} \tag{1.71}$$

式中：λ 为启动压力梯度，它由介质的结构特性或流体的性质所决定。

低速渗流情况下，指示曲线见图 1.10。在实验室中，低速渗流常常因为速度微小而造成测量方面的困难，因此这一阶段很难准确验证。

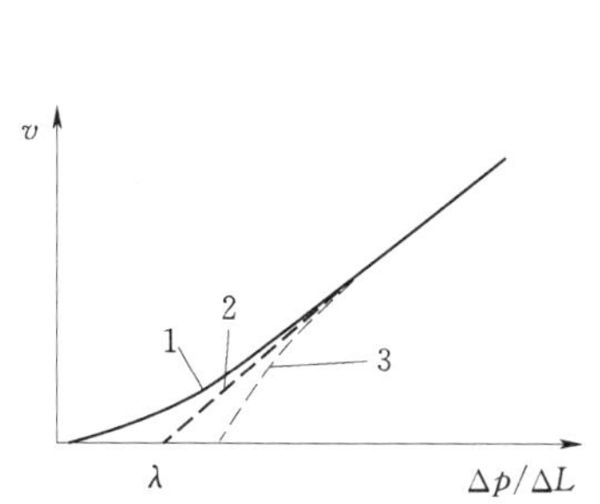

图 1.10　低速渗透流速与压力梯度关系

1—低速非线性渗流；2—低速达西流；3—低速流

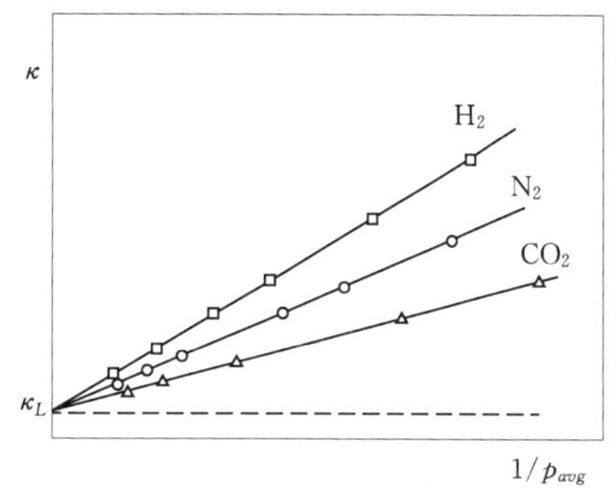

图 1.11　流体滑脱效应

3. 密度下限——滑脱效应

在气体渗流过程中，低压气体将产生 Klinkenberg（1941）效应和分子扩散。用不同的气体测试同一块岩芯的渗透率，渗透率将是平均压力的函数，结果见图 1.11。

如图 1.11 所示，渗透性与压力关系可用下式表述

$$\kappa_g(p_{avg})=\kappa_L+\frac{m}{p_{avg}} \tag{1.72}$$

此时，一维渗流情形下达西定律可写为

$$v=-\frac{\mathrm{d}}{\mathrm{d}x}\left[\frac{\kappa_g(p_{avg})}{\mu_g}p\right] \tag{1.73}$$

因为流体（通常是气体）没有密切接触固体壁面，所以低压气体分子在固体壁面上可以具有一定的非零速度。因此，当气体分子的平均自由程接近于孔道尺寸时，气固界面上的各个分子都将处于运动状态，若与液体渗流相比较，此时气体渗流中便增加了一份附加通量，这正是气体滑脱的实质。

实际工程中产生的非线性过程远比这种复杂。产生非线性渗流的原因可以总结如下：

（1）渗流速度过高、流量过大。

（2）分子效应（气体滑脱）。

（3）离子效应（例如盐水在含有黏土的砂岩中渗流，实验发现渗透率随含盐度或渗流速度的增加而增加，原因是流体中的离子与多孔介质表面相互作用）。

（4）流速过低（低渗透介质）。

（5）非牛顿流体。

1.8 连续方程

渗流系统中的任何一个“局部”区域内，流体运动都必须遵守质量守恒。连续性方程是质量守恒定律的数学表达式，具体形式取决于描述运动的方法。

1.8.1 描述流体运动的方法

瑞士数学家 L. 欧拉（1707—1783）大约在 200 多年前提出了以下两种描述流体运动的方法。

1. 质点法

质点描述方法是对渗流系统中每一个流体质点的位置特征参数随时间的变化进行跟踪，通过研究各个流体质点的运动来获得整个流体的运动规律。质点法的本质是对各个质点的运动轨迹进行精确描述的一种方法。

2. 场方法

场方法是对某一瞬时占据渗流系统中每一确定空间的流体特征参数（不管这些质点从哪里来和到哪里去）进行描述的一种方法。流体特征参数是空间点的坐标和时间的函数，因此，场方法需要分析流体的流动方向。

法国数学家 J. L. 拉格朗日（1736—1813）对上述两种方法作了改进。在现代渗流力学中，一般称质点法为拉格朗日方法，场方法为欧拉方法。

欧拉方法和拉格朗日方法的着眼点不同。拉格朗日方法采用动坐标，注意于每一流体质点的运动历史；欧拉方法采用定坐标，注意于液体运动时每一空间点处流体状态的变化。场方法是我们所习惯的方法，如站在河岸上观察流水，我们注意的不是某些水滴的来龙去脉，而是从水面到水底、从河心到岸边的水流的急缓、水位的涨落等。

欧拉方法和拉格朗日方法事实上是完全等效的，在理论上这两种方法可以转换，只是拉格朗日方法在实际应用中常常会遇到数学上的困难。在渗流力学中通常会采用欧拉方法来描述流体运动过程中的质量、动量和能量等。在某些特殊情况下，例如研究二相驱界面推进过程，用拉格朗日方法可能更为有效，因为这种界面始终是由一组固定的质点所组成的物质面。

1.8.2 直角坐标系连续性方程

欧拉连续性方程是欧拉在 1755 年建立的。按欧拉方法，如图 1.12 所示，首先选取控

制体元——固定在空间上的一个确定的、形状任意的封闭体积，位置保持不变。控制体元可以非常小，如小到前文所述的特征体元；或者有限大，这需要根据研究问题所确定。控制体元的形状不会影响所得到的方程。对于取定的控制体元，在不考虑流体的注入或渗失情形下，给定时间段内质量守恒定律的文字表达式为

流入体元流体质量－流出体元流体质量＝体元内流体质量增量　　(1.74)

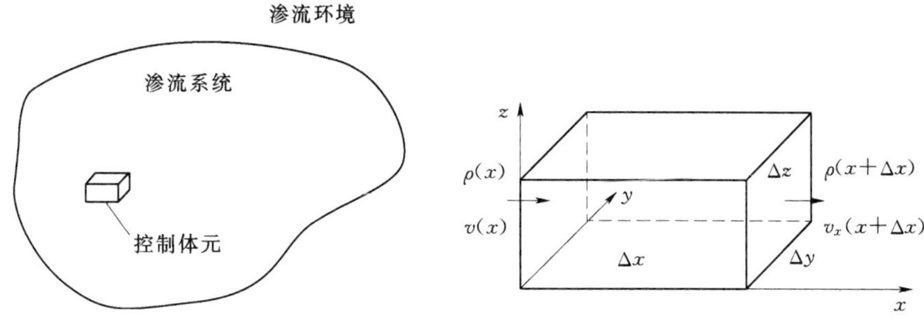

图 1.12　控制体元　　图 1.13　直角坐标控制体元

在水平、均匀介质中，取一个长方体为控制单元，见图 1.13，体元边长分别为 Δx、Δy、Δz，不可压缩流体密度为 ρ，流体在 x、y、z 方向上的流速（流速的投影）为 v_x、v_y、v_z。若仅存在沿 x 方向的流动，在 Δt 时间段内流体流入单元体的流体质量

$$\rho v(x)\Delta y\Delta z\Delta t=\rho v_x\Delta y\Delta z\Delta t \tag{1.75}$$

流出单元体的流体质量

$$\rho v(x+\Delta x)\Delta y\Delta z\Delta t=\rho v_{x+\Delta x}\Delta y\Delta z\Delta t \tag{1.76}$$

在 Δt 时段内单元体内流体质量增量为

$$[\rho(t+\Delta t)\phi(t+\Delta t)-\rho(t)\phi(t)]\Delta x\Delta y\Delta z=(\rho\phi|_{t+\Delta t}-\rho\phi|_t)\Delta x\Delta y\Delta z \tag{1.77}$$

对于不可压缩流体，密度不随时间变化，联立式（1.75）、式（1.76）和式（1.77），有

$$\rho v_x\Delta y\Delta z\Delta t-\rho v_{x+\Delta x}\Delta y\Delta z\Delta t=(\rho\phi|_{t+\Delta t}-\rho\phi|_t)\Delta x\Delta y\Delta z \tag{1.78}$$

两边同时除以（$\Delta x\Delta y\Delta z\Delta t$）再取极限，根据微分的定义可以得到一维渗流连续性方程

$$-\frac{\partial(\rho v_x)}{\partial x}=\frac{\partial(\phi\rho)}{\partial t} \tag{1.79}$$

若考虑三维流动，结果必然有

$$-\left[\frac{\partial(\rho v_x)}{\partial x}+\frac{\partial(\rho v_y)}{\partial y}+\frac{\partial(\rho v_z)}{\partial z}\right]=\frac{\partial(\phi\rho)}{\partial t} \tag{1.80}$$

式（1.80）的左边是流体单位体积扩张速度，即流速散度。ρv 也称质量速度，它是单位时间内通过单位面积的流体质量。

1.8.3　柱坐标系连续性方程

在建立连续性方程时，根据渗流系统的特点选用不同的坐标系可以更方便地解决不同

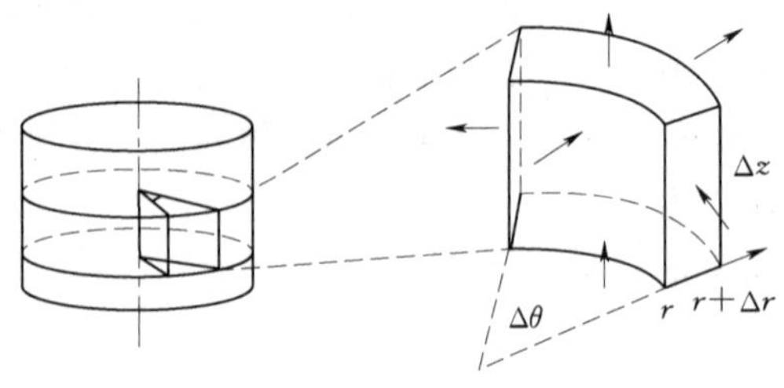

图 1.14 柱坐标系控制单元

的工程问题。当渗流在一定方向上占有优势并且具有轴对称性，渗流系统边界也是圆形的，那么选择柱坐标系可使连续方程的描述在数学上得到重大简化。柱坐标和直角坐标关系为

$$x=r\cos\theta, y=r\sin\theta, z=z \tag{1.81}$$

如图 1.14 所示，在柱坐标系（r，θ，z）中取一个小单元体，根据质量守恒定律式（1.74），有

$$\Delta z\Delta\theta[r(\rho v)_r-(r+\Delta r)(\rho v)_{r+\Delta r}]+\Delta z\cdot\Delta r[(\rho v)_\theta-(\rho v)_{\theta+\Delta\theta}]$$
$$+r\Delta\theta\Delta r[(\rho v)_z-(\rho v)_{z+\Delta z}]=\Delta z\cdot r\Delta\theta\cdot\Delta r\frac{\partial(\rho\phi)}{\partial t} \tag{1.82}$$

整理并取极限得到

$$\frac{1}{r}\left[\frac{\partial(r\rho v_r)}{\partial r}\right]+\frac{1}{r}\frac{\partial(\rho v_\theta)}{\partial\theta}+\frac{\partial(\rho v_z)}{\partial z}=-\frac{\partial(\rho\phi)}{\partial t} \tag{1.83}$$

式（1.83）为柱坐标体系下流体连续性方程的通式，在有些情形是可以进一步简化，例如平面渗流、轴对称渗流等。

轴对称流动：以某个轴为母线，如果流体质点在通过母线做出的各个水平面上具有相同的流动，称流体的流动为轴对称流动（在平面上为圆对称）。对于轴对称渗流情形，有

$$\frac{1}{r}\frac{\partial(r\rho v)}{\partial r}+\frac{\partial(\rho v_z)}{\partial z}=-\frac{\partial(\rho\phi)}{\partial t} \tag{1.84}$$

1.8.4 单相流连续方程

在流场中任取一个控制体 Ω，该控制体内有多孔固体介质，孔隙度为 ϕ。多孔介质被流体所饱和。包围控制体的外表面为 S，在外表面上任取一个面元 $\mathrm{d}S$，其外法线方向为 $\boldsymbol{n}$，通过面元 $\mathrm{d}S$ 的渗流速度为 $\mathbf{V}$，于是单位时间通过面元 $\mathrm{d}S$ 的流体质量为 $\rho\mathbf{V}\cdot\boldsymbol{n}\mathrm{d}S$。通过整个外表面的流体总质量为 $\oiint_S\rho\mathbf{V}\cdot\boldsymbol{n}\mathrm{d}S$ 。

在控制体内任意取一体元 $\mathrm{d}\Omega$ 进行研究。对不可压缩流体，流体密度的变化使得 $\mathrm{d}\Omega$ 内的质量增加量为$[\partial(\rho\phi)/\partial t]\mathrm{d}\Omega$，整个控制体 Ω 内的质量增加量为 $\int_\Omega\frac{\partial\rho\phi}{\partial t}\mathrm{d}\Omega$ 。

当控制体内有源（汇）分布时，若其强度为 q，则单位时间内体元 $\mathrm{d}\Omega$ 产生（流入或流出）的流体质量为 $q\rho\mathrm{d}\Omega$。单位时间内整体 Ω 由源（汇）分布产生（吞没）的流体质量为 $\int_\Omega q\rho\mathrm{d}\Omega$ 。

根据质量守恒定律，控制体内流体质量的增量应等于源分布产生的质量减去通过表面流出的流体质量，由此可得到积分形式的连续性方程

$$\int_\Omega\frac{\partial(\rho\phi)}{\partial t}\mathrm{d}\Omega=\int_\Omega q\rho\mathrm{d}\Omega-\oiint_S\rho\mathbf{V}\cdot\boldsymbol{n}\mathrm{d}S \tag{1.85}$$

利用高斯公式，式（1.85）中的面积积分项可以化为 $\rho\boldsymbol{V}$ 散度的体积分，即

$$\oiint_S \rho\boldsymbol{V}\cdot\boldsymbol{n}\mathrm{d}S=\int_\Omega \nabla\cdot(\rho\boldsymbol{V})\mathrm{d}\Omega \tag{1.86}$$

将式（1.86）代入式（1.85）得到

$$\int_\Omega\left[\frac{\partial(\rho\phi)}{\partial t}+\nabla\cdot(\rho\boldsymbol{V})-q\rho\right]\mathrm{d}\Omega=0 \tag{1.87}$$

由于控制体 Ω 是任意的，只要被积函数连续，则整个体积分等于零必然导致其被积函数为零，于是得到微分形式的连续性方程

$$\frac{\partial(\rho\phi)}{\partial t}+\nabla\cdot(\rho\boldsymbol{V})=q\rho \tag{1.88}$$

式（1.88）右端项为源（汇），强度项 q 对源或汇分别取正值和负值。在多孔介质不变形的情况下，孔隙度 ϕ 保持恒定，则 ϕ 可从偏导数中分离出来。式（1.88）是非稳态有源流动连续性方程的一般形式。

对于无源非稳态渗流，连续性方程为

$$\frac{\partial(\rho\phi)}{\partial t}+\nabla\cdot(\rho\boldsymbol{V})=0 \tag{1.89}$$

对于有源稳态渗流 $\partial(\rho\phi)/\partial t=0$，连续性方程为

$$\nabla\cdot(\rho\boldsymbol{V})=q\rho \tag{1.90}$$

对于有源稳态渗流，且流体不可压缩，即 ρ 为常数，连续性方程为

$$\nabla\cdot\boldsymbol{V}=q \tag{1.91}$$

对于无源的稳态渗流，连续性方程为

$$\nabla\cdot(\rho\boldsymbol{V})=0 \tag{1.92}$$

对于无源稳态渗流，且流体不可压缩，即 ρ 为常数，连续性方程为

$$\nabla\cdot\boldsymbol{V}=0 \tag{1.93}$$

在渗流力学中，往往对渗流速度值不是特别关心，将连续性方程与达西定律联合起来可以消去渗流速度 $\boldsymbol{V}$，得到以压力 p 与密度 ρ 表示的连续方程表达式。根据三维达西流方程，有

$$\frac{\partial(\rho\phi)}{\partial t}-\nabla\cdot\left[\frac{\rho\boldsymbol{\kappa}}{\mu}(\nabla p+\rho\boldsymbol{g})\right]=\rho q \tag{1.94}$$

当域内不存在源或汇时，非稳态渗流的连续性方程转化为

$$\frac{\partial(\rho\phi)}{\partial t}-\nabla\cdot\left[\frac{\rho\boldsymbol{\kappa}}{\mu}(\nabla p+\rho\boldsymbol{g})\right]=0 \tag{1.95}$$

对于流体不可压缩情形，连续性方程转化为

$$\nabla\cdot\left[\frac{\boldsymbol{\kappa}}{\mu}\left(\frac{\nabla p}{\rho}+\boldsymbol{g}\right)\right]=0 \tag{1.96}$$

1.8.5　两相流连续方程

与单相流连续方程表达式（1.94）类似，对于气水两相不混溶渗流，气水两相流的连

续性方程可表述为

$$\frac{\partial(\rho_a \phi s_a)}{\partial t}+\nabla \cdot (\rho_a \mathbf{V}_a)=q_a \rho_a \tag{1.97}$$

$$\frac{\partial(\rho_w \phi s_w)}{\partial t}+\nabla \cdot (\rho_w \mathbf{V}_w)=q_w \rho_w \tag{1.98}$$

其中

$$s_a+s_w=1 \tag{1.99}$$

式中：下标 a 和 w 分别表示气相和水相；s 为饱和度。

气水两相流方程的求解，还需要补充一个毛细管吸力方程

$$p_c=p_w-p_a \tag{1.100}$$

第2章 多场耦合渗流理论

耦合是指多孔介质中两个及两个以上的过程相互影响的一种现象。由于多孔介质中不同物理量之间相互影响的程度存在较大的差异，工程分析有时只考虑其中一种因素，而对另一种因素的影响予以忽略，即仅考虑单向耦合。例如温度场对应力场的影响很显著，而应力场的变化对温度场变化影响则很小。在某些情况下，孔隙介质中的两个物理量之间的影响都很显著，这种情况下为双向耦合。例如岩体或土体中应力场变化对渗流场分布影响显著，容易引起局部形成超静孔隙水压力，进而引起渗流场的改变；反过来，渗流场改变引起的孔隙压力变化也会导致固体骨架上的有效应力发生变化，导致应力场产生重新分布。对于一般的岩土工程渗流问题，流固耦合问题广泛存在于各种类型岩土工程之中，例如坝基渗流分析，隧道渗流分析，等等。

流固耦合（hydro - mechanical coupling）现象的研究最早始于20世纪40年代，由太沙基（Terzaghi，1943，1960）在研究土力学时提出了有效应力概念，接着比奥（Biot，1941，1957）针对土壤固结问题和地基下沉问题研究了流固耦合渗流问题。此后，该理论又应用于岩石裂缝或节理变化，油田水压致裂等问题的研究中。

热流耦合（thermal - hydro coupling）的研究始于分析地层中存在热源而引起温度梯度和流场耦合现象。热流耦合理论用于热源开发、岩浆流以及深层油藏的开发等问题，特别是多孔介质中的自然对流。

热固耦合（thermal - mechanical coupling）理论则始于分析温度变化引起的岩土体应力变化与开裂等工程问题。热流固耦合（thermal - hydro - mechanical coupling）从20世纪90年代以来发展很快，主要源于地下岩石中热能的开发和核废料地质存储工程的需要。

2.1 孔隙连续介质力学性质

2.1.1 孔隙连续介质压缩系数

饱和多孔介质一般均作用有内应力和外应力。所谓内应力指饱和多孔介质中的流体产生的静压力 p_p，即孔隙压力；而外应力 p_c 则指多孔介质骨架之间传递的作用力，即有效应力。

孔隙介质在内、外应力的作用下，都会产生一定程度的体积变形。饱和多孔介质在内、外应力作用下产生压缩或膨胀变形，这种变形特性可以采用压缩系数来进行描述。压缩系数的定义主要两种方式：第一种，外应力 p_c 保持恒定而改变内应力所引起的体积相对变化；第二种，内应力 p_p 保持恒定而改变外应力所引起的体积相对变化。体积相对变化分为整体体积相对变化 $\mathrm{d}V_b/V_b$ 和骨架体积相对变化 $\mathrm{d}V_s/V_s$ 以及孔隙体积相对变化 $\mathrm{d}V_p/V_p$。

岩石有效压缩系数的定义为单位孔隙压力（内应力）变化所引起的孔隙体积的相对变化（Hall，1953），其表达式为

$$c_p=\frac{1}{V_p}\frac{\mathrm{d}V_p}{\mathrm{d}p}\Big|_{p_c=\mathrm{const}} \tag{2.1}$$

式（2.1）等价于孔隙压缩系数

$$c_p=\frac{1}{\phi}\frac{\mathrm{d}\phi}{\mathrm{d}p}\Big|_{p_c=\mathrm{const}} \tag{2.2}$$

式中：ϕ 是岩石孔隙度。

压缩系数反映了孔隙介质在内、外应力变化条件下的变形能力。因此，压缩系数有4种不同的定义方法（Zimmerman，1986）。每一种压缩系数的定义都反映了孔隙体积 V_p 或整体体积 V_b 在内应力 p_p（孔隙中流体压力或孔隙压力）或外应力 p_c（试样外围环境压力或围压）变化条件下的变化特性。4种定义表达式如下：

$$c_{bc}=-\frac{1}{V_b}\left(\frac{\partial V_b}{\partial p_c}\right)\Big|_{p_p=\mathrm{const}} \tag{2.3a}$$

$$c_{bp}=\frac{1}{V_b}\left(\frac{\partial V_b}{\partial p_p}\right)\Big|_{p_c=\mathrm{const}} \tag{2.3b}$$

$$c_{pc}=-\frac{1}{V_p}\left(\frac{\partial V_p}{\partial p_c}\right)\Big|_{p_p=\mathrm{const}} \tag{2.3c}$$

$$c_{pp}=\frac{1}{V_p}\left(\frac{\partial V_p}{\partial p_p}\right)\Big|_{p_c=\mathrm{const}} \tag{2.3d}$$

式中：压缩系数的第一下标 b 或 p 分别为整体体积或孔隙体积的变化；第二下标 c 或 p 分别为围压或孔压变化引起的体积改变原因。

由此可见，c_{bc} 和 c_{bp} 是有关整体体积的压缩系数；c_{pc} 和 c_{pp} 是有关孔隙体积的压缩系数。式中负号是为了保证压缩系数的数值为正。

从弹性力学角度来说，反应孔隙介质宏观体积变形的参数为 K（固体骨架的宏观体积模量）；对于构成孔隙介质的最重要组成部分则是固体介质（非孔隙部分，也称基质），基质在外力作用下的变形特性则用基质的体积模量（K_r）来表征。

压缩系数与孔隙介质弹性宏观变形特性参数之间存在如下关系

$$c_{bc}=1/K \tag{2.4}$$

尽管构成孔隙介质的固体基质的压缩性很小，但理论上它也具有一定的压缩性，可以用基质压缩系数 c_r 来表征。基质压缩系数与基质体积模量关系式如下

$$c_r=1/K_r \tag{2.5}$$

基质体积模量 K_r 有时也写成 K_m。

由于孔隙介质由孔隙和固体基质两部分构成，因此式（2.3）定义的各种压缩系数之间存在一定的转换关系，其转换关系式为

$$\begin{cases} c_{bc}=c_{bp}+c_r=\phi c_{pc}+c_r \\ c_{bp}=c_{bc}-c_r \\ c_{pc}=(c_{bc}-c_r)/\phi \\ c_{pp}=c_{pc}-c_r=[c_{bc}-(1+\phi)c_r]/\phi \end{cases} \tag{2.6}$$

考虑到 $c_{bc}=1/K$ 和 $c_r=1/K_r$，则有

$$c_{bp}=1/K-1/K_r=\frac{1}{K}\left(1-\frac{K}{K_r}\right) \tag{2.7}$$

令 $\alpha=1-K/K_r$，α 称比奥系数，则有

$$c_{bp}=\alpha/K \tag{2.8}$$

2.1.2　有效应力原理

孔隙介质中存在着内、外两种应力，或者说孔隙中流体介质承担的压力及固体骨架之间传递的应力（有效应力）。在一定的条件下，这两种应力可以相互转换。因此，对于饱和多孔介质，太沙基给出了著名的有效应力原理

$$\sigma'=\sigma+p \tag{2.9}$$

式中：σ 为总应力；σ' 为有效应力；p 为孔隙压力（取负值）。

总应力 σ 及有效应力 σ' 符号规定：拉正、压负。

有效应力原理的张量形式为

$$\sigma'_{ij}=\sigma_{ij}+p\delta_{ij} \tag{2.10}$$

式中：δ_{ij} 为克罗内克符号；p 取负值。

对于太沙基有效应力计算公式，考虑到流体及固体介质一般具备一定的可压缩性，许多学者提出了不同的修改建议。例如，比奥（1941，1957）提出的饱和多孔介质有效应力计算公式为

$$\sigma'_{ij}=\sigma_{ij}+\alpha p\delta_{ij} \tag{2.11}$$

式中：α 为比奥系数，$\alpha=1-K/K_r$。

由于岩体宏观模量均小于岩石基质的体积模量 K_r，故比奥系数一般小于 1.0。对于不可压缩固体介质，α 取 0.0。

式（2.11）与式（2.10）相比，表明考虑流体和孔隙介质的可压缩性后，孔隙介质体内的有效应力将有所增大。

2.1.3　多相孔隙介质的孔隙弹性

多相孔隙介质在内、外应力作用下都将产生一定的变形。比奥（1941）在逆弹性关系基础上考虑孔隙介质中孔隙压力对骨架体系的影响，给出了孔隙介质的弹性变形表达式为

$$\varepsilon_{ij}=\frac{1+v}{E}\sigma_{ij}-\frac{v}{E}\sigma_{kk}\delta_{ij}+\frac{p}{3H}\delta_{ij} \tag{2.12}$$

式中：H 为附加系数。

为了确定附加系数 H，比奥通过对土壤柱进行载荷分析，得出了土壤体积变化与内应力（孔隙压力 p）之间的关系式

$$\varepsilon=-p/H \tag{2.13}$$

式（2.13）表明，系数 $1/H$ 是静水压力改变时土壤的压缩系数。根据压缩系数的定义，有

$$c_{bp}=1/H \tag{2.14}$$

当孔隙中流体压力从 p_0 增加到 p 时，如果孔隙介质（岩石）在宏观上是各向同性的，则孔隙介质在 3 个互相垂直方向上的变形（拉伸变形）是相等的，并在线弹性范围内不会引起任何剪应变。

根据压缩系数的定义式 $c_{bp}=\frac{1}{V_b}\left(\frac{\partial V_b}{\partial p_p}\right)|_{p_c=\text{const}}$，当围压不变时，孔隙中流体压力增加所引起的整体体积应变为 $c_{bp}(p-p_0)$。对选定的特征研究单元，各个方向上的宏观纵向应变与压力增量的关系必定为 $c_{bp}/3$，故饱和孔隙介质的纵向应变应加上孔隙压力引起的变形 $c_{bp}(p-p_0)/3$，即

$$\varepsilon_{ij}=\frac{1+v}{E}\sigma'_{ij}-\frac{v}{E}\sigma'_{kk}\delta_{ij}+\frac{c_{bp}}{3}(p-p_0)\delta_{ij} \tag{2.15}$$

由式（2.8）可知，$c_{bp}=\alpha/K$（K 为多孔介质骨架的体积模量），代入式（2.15）得到

$$\varepsilon_{ij}=\frac{1+v}{E}\sigma'_{ij}-\frac{v}{E}\sigma'_{kk}\delta_{ij}+\frac{\alpha}{3K}(p-p_0)\delta_{ij} \tag{2.16}$$

对式（2.16）进行逆变换，得到饱和多孔介质太沙基-比奥弹性本构关系为

$$\sigma_{ij}=2G\varepsilon_{ij}+\lambda\text{tr}(\varepsilon)\delta_{ij}-\alpha(p-p_0)\delta_{ij} \tag{2.17}$$

式（2.17）中应力符号规定为拉正压负，孔压符号为负。孔隙中的流体压力对固体基质引起的应变为 $(p-p_0)\delta_{ij}/3K_r$，其中 K_r 是固体颗粒的体积模量。考虑固体基质变形后，多孔介质体总应变应为宏观应变与流体压力对固体颗粒引起的应变代数和，即

$$\varepsilon_{ij}+\frac{p-p_0}{3K_r}\delta_{ij}=\frac{1}{2G}\sigma'_{ij}-\frac{v}{2G(1+v)}\sigma'_{kk}\delta_{ij} \tag{2.18}$$

式中：σ'_{ij} 为有效应力。

求解式（2.18）得到

$$\sigma_{ij}=2G\varepsilon_{ij}+\lambda\varepsilon_{kk}\delta_{ij}-\alpha(p-p_0)\delta_{ij} \tag{2.19}$$

式（2.19）与式（2.17）相同。对式（2.16）取迹，得到

$$\text{tr}(\varepsilon)=\frac{1}{3K}\text{tr}(\sigma)-\frac{\alpha}{K}p \tag{2.20}$$

注意到 $p_c=\text{tr}(\sigma)/3$，$\varepsilon_v=\text{tr}(\varepsilon)$，于是有

$$\varepsilon_v=\frac{1}{K}(p_c-\alpha p_p) \tag{2.21}$$

式中：p_c 和 p_p 分别为围压和孔压；K 为固体骨架的宏观体积模量；α 为比奥系数。

2.1.4 多相连续介质的热弹性

取多孔连续介质微元体，不考虑初始应力，假设温度 T_0 均匀分布。设该状态为参考状态，其应变为零。如果微元温度由 T_0 变化到 T，微元体内将产生变形。当 $T>T_0$，微元膨胀；反之，微元收缩。假设微元体在变温作用下的变形服从线性假设，则变温引起的应变为

$$\varepsilon_{ij}=-\beta_{ij}(T-T_0) \tag{2.22}$$

式中：β_{ij} 为热膨胀系数张量，它是一个二阶对称张量。

如果多孔连续介质为各向同性介质，则有 $\beta_{ij}=\beta\delta_{ij}$，其中 β 为线性热膨胀系数，于是

变温引起的应变为

$$\varepsilon_{ij}=-\beta(T-T_0)\delta_{ij} \tag{2.23}$$

式（2.23）右边取负号是为了应变取正值。因为当 $T>T_0$ 时，体积应变 $(V_0-V)/V_0$ 或线应变 $(L_0-L)/L_0$ 为负。

若多孔介质材料同时受到变温和外加应力作用，其总应变应为热应变和外应力引起的应变之和，即

$$\varepsilon_{ij}=\frac{1}{2G}\sigma'_{ij}-\frac{v}{2G(1+v)}\sigma_{kk}\delta_{ij}-\beta(T-T_0)\delta_{ij} \tag{2.24}$$

体应变为

$$\varepsilon_v=\mathrm{tr}(\varepsilon)=\frac{p_c}{K}-3\beta(T-T_0) \tag{2.25}$$

其中

$$p_c=\mathrm{tr}(\sigma')/3$$

求解式（2.24），可得变温和外加应力作用下的应力为

$$\sigma'_{ij}=2G\varepsilon_{ij}+\lambda\varepsilon_{kk}\delta_{ij}+3\beta K(T-T_0)\delta_{ij}$$

上式即变温和外荷载作用下的多孔介质本构关系。

孔隙流体压力的扩散方程通过质量守恒方程得到，而温度扩散方程可通过能量守恒方程得到。不考虑热源情况下，热扩散方程表达式为

$$\frac{\partial T}{\partial t}=\frac{k}{\rho c_v}\nabla^2 T \tag{2.26}$$

式中：k 为热传导系数；ρ 为质量密度；c_v 为材料的比热。

令 $D_T=k/\rho c_v$，称为热扩散系数，其单位为 m^2/s。于是有

$$\nabla^2 T=\frac{1}{D_T}\frac{\partial T}{\partial t} \tag{2.27}$$

考虑温度引起的存储应变（Nowacki，1986），则式（2.27）变为

$$\nabla^2 T=\frac{1}{D_T}\frac{\partial T}{\partial t}+\frac{3\beta K T_0}{\rho c_v}\frac{\partial \varepsilon_v}{\partial t} \tag{2.28}$$

式中：T_0 为绝对温度。

将式（2.25）对时间求导得

$$\frac{\partial \varepsilon_v}{\partial t}=\frac{1}{K}\frac{\partial p_c}{\partial t}-3\beta\frac{\partial T}{\partial t} \tag{2.29}$$

将式（2.29）代入式（2.28）可得

$$\frac{\partial T}{\partial t}=\frac{k}{\rho c_v+9K\beta^2 T_0}\nabla^2 T+\frac{3\beta T_0}{\rho c_v+9K\beta^2 T_0}\frac{\partial p_c}{\partial t} \tag{2.30}$$

引入热弹性耦合参数 α_T，令

$$\alpha_T=\frac{9K\beta^2 T_0}{\rho c_v} \tag{2.31}$$

于是，式（2.30）可改写为

$$\frac{\partial T}{\partial t}=\frac{D_T}{1+\alpha_T}\nabla^2 T+\frac{3\beta T_0/\rho c_v}{1+\alpha_T}\frac{\partial p_c}{\partial t} \tag{2.32}$$

式（2.32）即是考虑应变对温度影响的热扩散方程。若 $\alpha_T\ll 1$，则不必预先或同时计

算应变才能计算温度场，即可以不考虑多孔介质体变形对温度场的影响。对大多数岩石，α_T 取值在 $10^{-1}\sim10^{-2}$ 量级，因此应变引起的温度变化相对小，所以可以不考虑应变对温度场分布的影响。

2.2 流固耦合理论

流固耦合理论最早用于研究土体的固结问题。1925 年由太沙基提出，并由比奥加以发展和完善。载荷作用下的土体固结沉降变形不是瞬间完成的，而是按照一定的变化速率逐渐下沉。固结沉降是土体对荷载变化的逐渐适应。对多孔介质而言，在外荷载作用下，土体中将产生超静孔隙水压力，引起土体孔隙中的水力梯度发生改变，进而引起土体孔隙中的水发生流动。外荷载卸载后，由于孔隙弹性的作用，因外加荷载而变小的孔隙，在一定程度上将逐步恢复变大。在孔隙介质周围存在流体补给源情况下，逐步恢复变大的孔隙将再次饱和；否则，孔隙介质中的孔隙将保持非饱和状态。对大多数土体而言，孔隙非线性特征十分明显，其固结变形一般都是不可逆的。近年来，流固耦合理论在地基固结沉降变形、深埋高压水工隧洞稳定性、边坡稳定性分析、注水采油、水库诱发地震和核废料地质存储库研究中得到了越来越多的重视，其应用前景也越来越广阔。

在渗流和外荷载作用下，孔隙介质体内存在两种响应：一是固体介质部分产生变形，并伴随应力重分布的产生；二是孔隙介质中流体压力产生改变，引起流体扩散运动。这两种响应相互影响，直至研究区域渗流系统以及内力系统重新达到平衡。因此，流固耦合问题分析的实质就是要分析应力和渗流各自变化对饱和连续孔隙介质系统整体的影响。连续多孔介质流固耦合问题求解的控制方程包括平衡方程、连续方程和状态方程。

2.2.1 平衡方程

取多孔介质六面微元体进行研究，则该六面体上作用有应力 σ_{ij} 和应变 ε_{ij}。在静止条件下，作用在六面体各个面上的应力及六面体体内的体力 f_i 将组成一个平衡体系，其平衡方程为

$$\sigma_{ij,j}-f_i=0 \tag{2.33}$$

连续孔隙介质在应力作用产生相应的变形，描述变形关系的几何方程为

$$\varepsilon_{ij}=\frac{1}{2}(u_{i,j}+u_{j,i}) \tag{2.34}$$

式中：u_i 为位移量。

弹性介质应力和变形之间满足的本构关系为

$$\sigma'_{ij}=2G\varepsilon_{ij}+\lambda\varepsilon_{ii}\delta_{ij} \tag{2.35}$$

式中：σ'_{ij} 为有效应力；G 为剪切模量；λ 为拉梅常数。

根据有效应力原理，可压缩孔隙连续介质中孔隙压力和固体骨架上的有效应力之间满足下式

$$\sigma'_{ij}=\sigma_{ij}+\alpha p\delta_{ij} \tag{2.36}$$

式中：α 为比奥系数；p 为孔隙内的流体压力。

联立式（2.35）和式（2.36），得

$$\sigma_{ij}=2G\varepsilon_{ij}+\lambda\varepsilon_{ii}\delta_{ij}-\alpha p\delta_{ij} \tag{2.37}$$

将式（2.37）代入式（2.33），可得弹性孔隙介质的平衡方程

$$2G\varepsilon_{ij}+\lambda\varepsilon_{ii}\delta_{ij}-\alpha p\delta_{ij}-f_i=0 \tag{2.38}$$

由几何方程消去应变 ε_{ij}，得到位移表达的平衡微分方程

$$G\nabla^2 u_i+(\lambda+G)\frac{\partial}{\partial x_i}u_{j,j}-\alpha\frac{\partial p}{\partial x}=f_i \tag{2.39}$$

以位移分量 u_x、u_y、u_z 表示的平衡方程为

$$G\nabla^2 u_x+(\lambda+G)\frac{\partial}{\partial x}\left(\frac{\partial u_x}{\partial x}+\frac{\partial u_y}{\partial y}+\frac{\partial u_z}{\partial z}\right)-\alpha\frac{\partial p}{\partial x}=f_x \tag{2.40a}$$

$$G\nabla^2 u_y+(\lambda+G)\frac{\partial}{\partial y}\left(\frac{\partial u_x}{\partial x}+\frac{\partial u_y}{\partial y}+\frac{\partial u_z}{\partial z}\right)-\alpha\frac{\partial p}{\partial y}=f_y \tag{2.40b}$$

$$G\nabla^2 u_z+(\lambda+G)\frac{\partial}{\partial z}\left(\frac{\partial u_x}{\partial x}+\frac{\partial u_y}{\partial y}+\frac{\partial u_z}{\partial z}\right)-\alpha\frac{\partial p}{\partial z}=f_z \tag{2.40c}$$

式（2.40）所示的平衡方程中包含 3 个未知位移量和 1 个孔隙压力 p 共 4 个未知量。

2.2.2　连续方程

对于饱和多孔介质，存在两个位移矢量即固体骨架的位移矢量 $\boldsymbol{u}_s$ 和流体质点的位移矢量 $\boldsymbol{u}_f$，相应地有两个速度 $\boldsymbol{v}_s$ 和 $\boldsymbol{v}_f$。下标 s 和 f 分别对应于固体和流体的量。流体相对于固体的速度 $\boldsymbol{v}_r$ 为

$$\boldsymbol{v}_r=\boldsymbol{v}_f-\boldsymbol{v}_s \tag{2.41}$$

根据裘布依-福希海默关系式，孔隙介质中流体的渗流速度 $\phi\,\boldsymbol{v}_r$（ϕ 为孔隙度）。于是，达西方程可改写成

$$\phi\,\boldsymbol{v}_r=-\frac{\boldsymbol{\kappa}}{\mu_f}\cdot(\nabla p+\rho_f g\,\nabla z) \tag{2.42}$$

其中
$$\nabla z=(0,0,1)$$

式中：$\boldsymbol{\kappa}$ 为渗透率张量；μ_f 为黏滞系数。

在不考虑源（汇）情况下，流体连续方程可写为

$$\frac{\partial(\rho_f\phi)}{\partial t}+\nabla\cdot(\rho_f\phi\,\boldsymbol{v}_f)=0 \tag{2.43}$$

将式（2.43）展开，略去二阶小量 $\boldsymbol{v}_s\cdot\nabla$，可得以速度表达的流体连续方程

$$\phi\frac{\partial\rho_f}{\partial t}+\rho_f\frac{\partial\phi}{\partial t}+\nabla\cdot(\rho_f\phi\,\boldsymbol{v}_r)+\rho_f\phi\,\nabla\cdot\boldsymbol{v}_s=0 \tag{2.44}$$

类似地，可以写出固体的连续方程

$$\frac{\partial(1-\phi)\rho_s}{\partial t}+\nabla\cdot[(1-\phi)\rho_s\boldsymbol{v}_s]=0 \tag{2.45}$$

将式（2.45）展开，略去二阶小量 $\boldsymbol{v}_s\cdot\nabla$，并将各项乘以 ρ_f/ρ_s，得

$$\frac{\partial(1-\phi)\rho_s}{\partial t}\frac{\partial\rho_s}{\partial t}-\rho_f\frac{\partial\phi}{\partial t}+(1-\phi)\rho_f\,\nabla\cdot\boldsymbol{v}_s=0 \tag{2.46}$$

考虑到孔隙介质骨架体积应变为 $\varepsilon_v = u_{i,i}$，则有

$$\frac{\partial}{\partial t}(\nabla \cdot \boldsymbol{u}_s) = \frac{\partial}{\partial t}(\varepsilon_{ij}\varepsilon_{ij}) = \frac{\partial \varepsilon_v}{\partial t} = \frac{\partial}{\partial t}(u_{i,i}) \tag{2.47}$$

式（2.45）和式（2.47）相加可得饱和多孔连续介质体整体连续性方程

$$\phi \frac{\partial \rho_f}{\partial t} + \rho_f \frac{\partial \varepsilon_v}{\partial t} + \frac{(1-\phi)\rho_f}{\rho_s}\frac{\partial \rho_s}{\partial t} + \nabla \cdot (\rho_f \phi \boldsymbol{v}_r) = 0 \tag{2.48}$$

或

$$\phi \frac{\partial \rho_f}{\partial t} + \rho_f \frac{\partial \varepsilon_v}{\partial t} + \frac{(1-\phi)\rho_f}{\rho_s}\frac{\partial \rho_s}{\partial t} + \rho_f \phi v_{ri,i} = 0 \tag{2.49}$$

2.2.3 状态方程

孔隙介质在内、外应力的作用下，其密实度状态发生一定程度的改变。描述孔隙介质状态的物理量有固体骨架的孔隙度、流体的密度，其状态方程分别为

$$\phi = \phi_0[1 + c_\phi(p - p_0)] \tag{2.50}$$

$$\rho_f = \rho_{f0}[1 + c_f(p - p_0)] \tag{2.51}$$

式中：c_f、c_ϕ 分别为流体和固体孔隙的压缩系数。

随着固体介质孔隙度的变化，固体密度也会发生相应的改变。孔隙介质固体密度与孔压和应力关系为

$$\rho_s = \rho_{s0}\left[1 + \frac{p - p_0}{K_r} - \frac{\mathrm{tr}(\boldsymbol{\sigma}' - \boldsymbol{\sigma}_0')}{(1-\phi)3K_r}\right] \tag{2.52}$$

式（2.52）中右端第二项表示孔隙流体压力所引起的固体密度的变化，第三项表示有效应力引起的固体密度的变化。将 ρ_s 对 t 求导，可得

$$\frac{(1-\phi)}{\rho_s}\frac{\partial \rho_s}{\partial t} = -\frac{K}{K_r}\frac{\partial \varepsilon_v}{\partial t} + \frac{1}{K_r}\left(1 - \phi - \frac{K}{K_r}\right)\frac{\partial p}{\partial t} \tag{2.53}$$

2.2.4 控制方程

将达西方程式（2.42）和状态变化方程式（2.53）代入整体连续方程式（2.49）得孔隙介质渗流场方程为

$$\alpha \frac{\partial u_{i,i}}{\partial t} + \left(\frac{\alpha - \phi}{K_r} + c_f \phi\right)\frac{\partial p}{\partial t} = \nabla \cdot \left[\frac{\boldsymbol{\kappa}}{\mu} \cdot (\nabla p + \rho_f g \, \nabla z)\right] \tag{2.54}$$

其中

$$\alpha = 1 - K/K_r$$

式中：K 为饱和多孔介质的整体体积模量；$\boldsymbol{\kappa}$ 为渗透率张量。

式（2.54）与平衡微分方程（2.40）共同构成孔隙介质流固耦合控制方程。

$$\left.\begin{aligned} & G\nabla^2 u_i + (\lambda + G)\frac{\partial}{\partial x_i}u_{j,j} - \alpha \frac{\partial p}{\partial x} = f_i \\ & \alpha \frac{\partial u_{i,i}}{\partial t} + \left(\frac{\alpha - \phi}{K_r} + c_f \phi\right)\frac{\partial p}{\partial t} = \nabla \cdot \left[\frac{\boldsymbol{\kappa}}{\mu} \cdot (\nabla p + \rho_f g \, \nabla z)\right] \end{aligned}\right\} \tag{2.55}$$

控制方程组式（2.55）中共有 4 个未知量，其中 3 个为位移未知量（u_i，$i=1$，2，3），1 个为孔隙压力未知量（p）。

2.2.5　耦合本构方程

对于等温多孔连续介质，基于孔隙介质线弹性假设，孔隙介质总的应变增量等于应力引起的应变增量和孔隙压力引起的应变增量的代数和，即

$$\varepsilon_{ij}=\frac{1}{2G}(\sigma'_{ij}-\sigma'_{ij0})-\frac{\nu}{2G(1+\nu)}(\sigma'_{kk}-\sigma'_{kk0})+\frac{\alpha}{3K_m}(p-p_0)\delta_{ij} \tag{2.56}$$

式中：σ'_{ij0}、σ'_{kk0}分别为初始应力和初始体积应力；p_0 为初始孔隙压力；G 为剪切模量；K_m 为孔隙介质基质体积模量；ν 为泊松比；α 为比奥系数。

对式（2.56）进行逆变换得可压缩孔隙连续介质力学本构方程

$$\sigma_{ij}-\sigma_{ij\,0}=\left(K_0-\frac{2G}{3}\right)\varepsilon_{ii}+2G\varepsilon_{ij}-\alpha(p-p_0)\delta_{ij} \tag{2.57}$$

式中：K_0 为参考状态下的孔隙连续介质体积模量。

式（2.57）与式（2.37）本质相同，形式不同，式（2.57）为增量形式的耦合本构方程。

对于等温多孔连续介质，荷载及渗流边界条件改变下，孔隙压力增量等于孔隙介质中流体质量变化引起的孔隙压力增量和孔隙介质骨架变形引起的孔隙压力增量的代数和，即

$$p-p_0=M\left(-\alpha\varepsilon_{ii}+\frac{m}{\rho_{fl0}}\right) \tag{2.58}$$

式中：M 为比奥模量；m 为孔隙中的流体质量增量；ρ_{fl0} 为参考状态下的流体密度；其余符号意义同前。

式（2.57）与式（2.58）共同组成饱和多孔连续介质的增量型耦合本构方程组。

2.2.6　定解条件

控制方程组式（2.57）和式（2.58）中包含求解位移分量的 3 个方程和 1 个求解孔隙压力的方程。依据弹性理论，符合控制方程组式（2.57）和式（2.58）的解答不唯一。如果需要获得唯一解，必须满足一定的定解条件。对于简单的孔隙介质流固耦合问题，可以得到解析解。对于大多数孔隙介质而言，在渗流和应力环境共同作用下，其解析解难以获得，在这种情况下，数值方法提供了一条有效的求解途径。

控制方程组式（2.57）和式（2.58）的定解条件，包括初始条件和边界条件，边界条件包括力学边界和渗流边界。

初始条件：研究域初始状态孔隙压力 p_0 和有效应力 $\boldsymbol{\sigma}'_0$；流体和固体初始密度 ρ_{f0} 和 ρ_{s0}。

力学边界条件包括已知应力边界或已知位移边界，其表达式如下：

已知位移边界：　$\boldsymbol{u}|_s=\boldsymbol{u}_0(\boldsymbol{x},t)$

已知应力边界：　$\boldsymbol{\sigma}|_s=\boldsymbol{\sigma}_0(\boldsymbol{x},t)$

渗流边界包括已知流量边界和已知压力边界，其数学表达如下：

已知流量边界：　$Q|_s=Q_0(\boldsymbol{x},t)$

已知压力边界：　$p|_s=p_0(\boldsymbol{x},t)$

2.2.7 控制方程求解

渗流场和应力场全耦合的过程是一个动态的过程，其求解需借助有限元等数值方法完成。为实现耦合过程中渗流场和应力场之间的相互耦合，可采用间接耦合法和直接耦合法。直接耦合法是在求解流固耦合控制方程式（2.57）和式（2.58）过程中将未知变量位移和孔隙压力纳入同一组方程中，在求解位移方程中直接增加渗流引起的节点不平衡力增量，而在求解节点孔隙压力方程中增加节点位移改变引起的节点流量增量。

1. 空间域离散

考虑到动态耦合问题具有时间分段计算、荷载逐级施加以及自由面迭代的非线性等特性，需建立增量形式的有限元分析格式。假定在某级荷载增量下，产生的位移增量为 Δu，增量形式的位移计算有限元方程控制方程组为

$$K\Delta \boldsymbol{u}+\overline{K}\Delta \boldsymbol{p}=\Delta \boldsymbol{F} \tag{2.59}$$

其中

$$K=\sum_{e}\boldsymbol{G}'^{\mathrm{T}}\left(\int_{V^e}\boldsymbol{B}'^{\mathrm{T}}D\boldsymbol{B}'\mathrm{d}V\right)\boldsymbol{G}'$$

$$\overline{K}=\sum_{e}\boldsymbol{G}'^{\mathrm{T}}\left(\int_{v^e}B'^{\mathrm{T}}\boldsymbol{LN}\mathrm{d}V\right)$$

$$\Delta F=\sum_{e}\boldsymbol{G}'^{\mathrm{T}}\left(\int_{\Gamma^e}\boldsymbol{N}'^{\mathrm{T}}[\Delta\overline{\boldsymbol{P}}]^e\mathrm{d}\Gamma+\int_{V^e}\boldsymbol{N}'^{\mathrm{T}}[\Delta\boldsymbol{f}]^e\mathrm{d}V\right)+\Delta\boldsymbol{F}_n-\overline{K}\Delta p^*$$

式中：$\Delta\boldsymbol{p}$ 为未知孔隙水压力增量列阵；Δp^* 为已知节点孔隙水压力增量；$\boldsymbol{G}'$ 为单元位移自由度选择矩阵；$\boldsymbol{B}'$ 为应变矩阵；$\boldsymbol{L}=\{1,\ 1,\ 1,\ 0,\ 0,\ 0\}^{\mathrm{T}}$；$\boldsymbol{N}=\{N_1,\ N_2,\ \cdots,\ N_i,\ \cdots,\ N_8\}$；$\boldsymbol{N}'$ 为节点位移形函数矩阵；$[\Delta\overline{\boldsymbol{P}}]^e$，$[\Delta\boldsymbol{f}]^e$ 分别为单元已知边界面力和体积力增量列阵，一般情况下有 $[\Delta\boldsymbol{f}]^e=\{0,\ 0,\ -\Delta\gamma\}^{\mathrm{T}}$；$\Delta\boldsymbol{F}_n$ 为已知节点集中力列阵。

耦合分析的渗流控制方程组为

$$\overline{K}\frac{\mathrm{d}\boldsymbol{u}}{\mathrm{d}t}+K'\boldsymbol{p}-K''\frac{\mathrm{d}\boldsymbol{p}}{\mathrm{d}t}=\boldsymbol{Q} \tag{2.60}$$

其中

$$K'=\sum_{e}\boldsymbol{G}^{\mathrm{T}}\left(\frac{1}{\gamma_W}\int_{v^e}\boldsymbol{B}^{\mathrm{T}}k^e\boldsymbol{B}\mathrm{d}V\right)\boldsymbol{G}$$

$$K''=\sum_{e}\boldsymbol{G}^{\mathrm{T}}\left(\int_{\Gamma^e}\boldsymbol{N}^{\mathrm{T}}\boldsymbol{N}\frac{\mu}{\gamma_W}\cos\theta\mathrm{d}\Gamma\right)$$

$$\boldsymbol{Q}=\boldsymbol{Q}_0+\boldsymbol{Q}_1+\boldsymbol{Q}_2+\boldsymbol{Q}_Z$$

$$\boldsymbol{B}=\{B_1,B_2,\cdots,B_i,\cdots,B_8\}$$

$$B_i=\left\{\frac{\partial N_i}{\partial x},\frac{\partial N_i}{\partial y},\frac{\partial N_i}{\partial z}\right\}$$

$$\boldsymbol{Q}_1=-\sum_{e}\boldsymbol{G}^{\mathrm{T}}\left[\frac{1}{\gamma_W}\left(\int_{V^e}\boldsymbol{B}^{\mathrm{T}}\boldsymbol{k}^e\boldsymbol{B}\mathrm{d}V\right)\boldsymbol{p}_e{}^*\right]$$

$$\boldsymbol{Q}_2=\sum_{e}\boldsymbol{G}^{\mathrm{T}}\left(\int_{\Gamma_2^e}\boldsymbol{N}^{\mathrm{T}}\boldsymbol{q}^e\mathrm{d}\Gamma\right)$$

$$\boldsymbol{Q}_z=\sum_{e}\boldsymbol{G}^{\mathrm{T}}\{Q_1^z,Q_2^z,Q_3^z,Q_4^z,Q_5^z,Q_6^z,Q_7^z,Q_8^z\}^{\mathrm{T}}$$

$$Q_i^z=-\int_{V^e}\left(\frac{\partial N_i}{\partial x}k_{xz}+\frac{\partial N_i}{\partial y}k_{yz}+\frac{\partial N_i}{\partial z}k_{zz}\right)\mathrm{d}V \quad (i=1\sim 8)$$

$$Q_0=\sum_e \boldsymbol{G}^{\mathrm{T}}\left\{\left[\int_{V^e}\boldsymbol{B}^{\mathrm{T}}(1-H_\varepsilon)k^e\boldsymbol{B}\,\mathrm{d}V\right]\left(\frac{\boldsymbol{q}^e}{\gamma_{\mathrm{W}}}+z\right)\right\}$$

式中：$\boldsymbol{u}$、$\boldsymbol{p}$ 分别为未知节点位移和孔隙水压力列阵；$\boldsymbol{p}_e^*$ 为第一类渗流边界节点已知水压力列阵；$\boldsymbol{q}^e$ 为单元已知边界法向流量；$\boldsymbol{G}$ 为单元孔隙水压力自由度选择矩阵；$\boldsymbol{k}^e$ 为单元渗透系数张量，且 $\boldsymbol{k}^e=[k_{ij}]$，是应力张量的函数。

需要指出的是，K''、Q_0 两项是与自由面相关的，对于承压流而言，此两项不存在；但对于无压渗流，对自由面边界单元需要计算 K''，此项对内部单元而言为 0。

2. 时间域离散

连续性方程进行空间离散后所得式（2.60）包含了节点位移、孔隙水压力对时间的微分项，因此，需要将式（2.60）在时间域内进一步离散。不妨取动态计算时间步长为 Δt，引入时间因子 α，式（2.60）可改写为

$$\overline{\boldsymbol{K}}^{\mathrm{T}}\left(\frac{\mathrm{d}u}{\mathrm{d}t}\right)^{t+\alpha\Delta t}+K'p^{t+\alpha\Delta t}-K''\left(\frac{\mathrm{d}p}{\mathrm{d}t}\right)^{t+\alpha\Delta t}=Q^{t+\alpha\Delta t} \tag{2.61}$$

式中：$\overline{\boldsymbol{K}}^{\mathrm{T}}$ 为$\overline{\boldsymbol{K}}$的转置矩阵。

为了使求解迭代过程稳定收敛，通常取 $0.5\leqslant\xi\leqslant1.0$。假定位移、孔隙水压力在时间段 $t\sim t+\Delta t$ 内呈线性变化，则有下列各式成立：

$$\left(\frac{\mathrm{d}u}{\mathrm{d}t}\right)^{t+\alpha\Delta t}=\frac{u^{t+\Delta t}}{\Delta t}=\frac{\Delta u}{\Delta t}$$

$$\left(\frac{\mathrm{d}p}{\mathrm{d}t}\right)^{t+\alpha\Delta t}=\frac{p^{t+\Delta t}}{\Delta t}=\frac{\Delta p}{\Delta t}$$

$$p^{t+\xi\Delta t}=(1-\xi)p^t=p^t+\xi\Delta p$$

$$Q^{t+\xi\Delta t}=(1-\xi)Q^t+\xi Q^{t+\Delta t}=Q^t+\xi\Delta Q$$

代入式（2.61）并整理可得

$$\overline{K}^{T}\Delta u+K'\xi\Delta t\Delta p-K''\Delta p=-K'\Delta t p'+\Delta t Q^t+\xi\Delta t\Delta Q \tag{2.62}$$

考虑到一般情况下，边界补给流量 Q 在时间段 $t\sim t+\Delta t$ 内变化不大，式（2.62）可简化为

$$\overline{K}^{\mathrm{T}}\Delta u+K'\xi\Delta t\Delta p-K''\Delta p=-K'\Delta t p'+\Delta t Q^t \tag{2.63}$$

令

$$\overline{\overline{K}}=K'\Delta t-K''$$

$$\Delta\overline{F}=-K'\Delta t p^t+\Delta t Q^t$$

于是，式（2.63）可改写为

$$\overline{K}^{\mathrm{T}}\Delta u+\overline{\overline{K}}\Delta p=\Delta\overline{F} \tag{2.64}$$

式（2.64）即为渗流连续性方程在时间域和空间域内离散后得到的增量形式有限元方程。

3. 动态全耦合有限元方程组及迭代求解

联合式（2.59）和式（2.64），可获得饱和孔隙介质渗流场与应力场弹性动态耦合定

解问题的增量形式的有限元方程组：

$$\begin{bmatrix} K & \overline{K} \\ \overline{K}^{\mathrm{T}} & \overline{\overline{K}} \end{bmatrix} \begin{Bmatrix} \Delta u \\ \Delta p \end{Bmatrix} = \begin{Bmatrix} \Delta F \\ \Delta \overline{F} \end{Bmatrix} \tag{2.65}$$

由于$\overline{\overline{K}}$为应力张量的函数，对于某一级荷载下的每一个计算时步 Δt 而言，当研究域内存在自由面位置，且事先不确定时，$\overline{\overline{K}}$中包含的K''是随自由面位置的变动而改变的，因此，动态耦合有限元方程组（2.65）是一个强烈的非线性方程组，在每一个计算时步 Δt 内都需要迭代求解。

动态耦合有限元方程组（2.65）的直接迭代格式如下：

$$\begin{bmatrix} K & \overline{K} \\ \overline{K}^{\mathrm{T}} & [\overline{\overline{K}}]^{k} \end{bmatrix} \begin{Bmatrix} \Delta u \\ \Delta p \end{Bmatrix}^{k+1} = \begin{Bmatrix} [\Delta F] \\ [\Delta \overline{F}] \end{Bmatrix}^{k} \tag{2.66}$$

式中上标 k、$k+1$ 分别为各分项在第 k、$k+1$ 次迭代结束时相应的值。式（2.66）即为动态分析中实际求解的有限元代数方程组。求解过程在时间段 $t \sim t+\Delta t$ 内迭代稳定之后，即可近似确定 $t+\Delta t$ 时刻的自由面位置，并获得该时刻的位移、孔隙水压力增量；依据该时刻的应力和自由面位置重新计算系数矩阵$\overline{\overline{K}}$，以迭加后的节点位移值、孔隙水压力值作为初始条件，开始下一时步的计算，直到本级荷载终了时刻为止。

该时步计算完成后，施加荷载增量，进行荷载增量步循环，直到加载结束。需要指出的是，对承压流而言，K''是不存在的，此时式（2.66）可简化为

$$\begin{bmatrix} K & \overline{K} \\ \overline{K}^{\mathrm{T}} & [\xi \Delta t K']^{k} \end{bmatrix} \begin{Bmatrix} \Delta u \\ \Delta p \end{Bmatrix}^{k+1} = \begin{Bmatrix} [\Delta F] \\ [\Delta \overline{F}'] \end{Bmatrix}^{k} \tag{2.67}$$

式中：$\Delta \overline{F}'$为 $\Delta \overline{F}$中扣除初流量项之后的等效流量增量列阵。

由于式（2.67）考虑了渗透张量与应力的耦合关系，即使采用弹性本构模型，式（2.67）也是一个非线性方程组，仍需在每一个计算时步内迭代求解。当然与式（2.66）相比，式（2.67）消除了自由面边界非线性的影响，非线性仅来源于随应力的变化，非线性程度减弱了，因此数值分析的计算量也减小了，收敛性也可以保证。

2.3 热流固耦合理论

流固之间的耦合现象在水利水电工程、岩土工程和石油开采工程中广泛存在。在某些情况下（如核废料地质存储、地下热源开采利用等），多孔介质之间除了要考虑孔隙流体和固体之间的相互影响外，还必须考虑孔隙介质温度变化与流体和固体之间的相互影响。

2.3.1 达西方程

已知孔隙介质中流体的渗流速度 $\phi \boldsymbol{v}_r$，ϕ 为孔隙度，常温下流体的动力黏滞系数为常数，达西方程可写成

$$\phi \boldsymbol{v}_r = -\frac{\boldsymbol{\kappa}}{\mu_f} \cdot (\nabla p + \rho_f g \ \nabla z) \tag{2.68}$$

实践表明，流体的黏滞系数随温度的变化而变化，且差别较大，因此对于温度变化较大的情况，需要考虑流体黏滞性对渗流速度的影响。水的动力黏滞系数与温度的关系为

$$\mu_w(T)=a_0-a_1T+a_2T^2-a_3T^3+a_4T^4-a_5T^5$$
$$=\sum_{k=0}^{5}(-1)^5 a_k T^k \ (0℃<T<100℃) \tag{2.69}$$

其中　$a_0=1.794000, a_1=5.720416\times10^{-2}, a_2=1.137187\times10^{-3}$

$a_3=1.364583\times10^{-5}$，$a_4=8.828125\times10^{-8}$，$a_5=2.343750\times10^{-10}$

不同温度情况下水的动力黏滞系数见表 2.1。水的温度越低，其动力黏滞系数越大；0℃时的动力黏滞系数是 100℃的动力黏滞系数的 6.34 倍。由此可见，水的动力黏滞系数对孔隙介质渗透系数取值影响不容忽视。

表 2.1　　水温与动力黏滞系数关系表

温度 T/℃	0	5	10	20	30	40	50	60	70	80	90	100
黏滞系数 μ /[(N·s/m²)×10⁻³]	1.787	1.519	1.307	1.002	0.798	0.653	0.547	0.467	0.404	0.355	0.315	0.282

考虑动力黏滞系数后的达西定律为

$$\phi\boldsymbol{v}_r=-\frac{\boldsymbol{\kappa}}{\mu_f(T)}\cdot(\nabla p+\rho_f g\ \nabla z) \tag{2.70}$$

考虑温度影响情况，孔隙介质水流连续性方程形式与流固耦合条件下的连续性方程形式相同，但其中的渗流速度与温度非线性相关。

$$\phi\frac{\partial\rho_f}{\partial t}+\rho_f\frac{\partial\varepsilon_v}{\partial t}+\frac{(1-\phi)\rho_f}{\rho_s}\frac{\partial\rho_s}{\partial t}+\nabla\cdot(\rho_f\phi\ \boldsymbol{v}_r)=0 \tag{2.71}$$

式 (2.71) 的张量表达形式为

$$\phi\frac{\partial\rho_f}{\partial t}+\rho_f\frac{\partial\varepsilon_v}{\partial t}+\frac{(1-\phi)\rho_f}{\rho_s}\frac{\partial\rho_s}{\partial t}+\rho_f\phi v_{ri,i}=0 \tag{2.72}$$

2.3.2　状态方程

考虑温度影响条件下，流体密度 ρ_f、固体密度 ρ_s、孔隙度 ϕ 和渗透率张量 $\boldsymbol{\kappa}$ 与状态变量 p、T 有关。

1. 密度和孔隙度

基于小变形假定，孔隙介质的密度和孔隙度可表示为

$$\phi=\phi_0[1+c_\phi(p-p_0)+\beta_\phi(T-T_0)] \tag{2.73}$$

$$\rho_f=\rho_{f0}[1+c_f(p-p_0)-\beta_f(T-T_0)] \tag{2.74}$$

$$\rho_s=\rho_{s0}\left[1+\frac{p-p_0}{K_r}-\frac{\mathrm{tr}(\boldsymbol{\sigma}'-\boldsymbol{\sigma}'_0)}{(1-\phi)3K_r}-\beta_{Tm}(T-T_0)\right] \tag{2.75}$$

式中：c_f、c_ϕ 分别为流体和孔隙的压缩系数；K_r 为固体基质体积模量；β_f、β_ϕ 和 β_{Tm} 分别为流体、孔隙和固体基质的线性热膨胀系数。

各系数定义为

$$c_f=\frac{1}{\rho_{f0}}\left(\frac{\partial\rho_f}{\partial p}\right), c_\phi=\frac{1}{\phi_0}\left(\frac{\partial\phi}{\partial p}\right)$$

$$\beta_f=\frac{1}{\rho_{f0}}\left(\frac{\partial\rho_f}{\partial T}\right), \beta_\phi=\frac{1}{\phi_0}\left(\frac{\partial\phi}{\partial T}\right)$$

$$3\beta_{Tm}=\frac{1}{\rho_s}\frac{\partial\rho_s}{\partial T},3\beta_{Tb}=\frac{1}{V_b}\frac{\partial V_b}{\partial T}$$

在式（2.75）中，由于假定孔隙介质为小变形，所以忽略了应力和变形对孔隙度 ϕ 的影响。其实，大多数情况下，应力或应变对孔隙度的影响应该予以考虑。

将式（2.75）对时间 t 求导，整理得

$$\frac{(1-\phi)}{\rho_s}\frac{\partial\rho_s}{\partial t}=-\frac{K_b}{K_m}\frac{\partial\varepsilon_v}{\partial t}+\frac{1}{K_m}\left(1-\phi-\frac{K_b}{K_m}\right)\frac{\partial p}{\partial t}-3\left[(1-\phi)\beta_{Tm}-\frac{K_b}{K_m}\beta_{Tb}\right]\frac{\partial T}{\partial t} \tag{2.76}$$

式中：K_b 为孔隙介质整体的体积模量；β_{Tb} 为整体线性膨胀系数；其余符号意义同前。

2. 渗透率

对各向异性孔隙介质，其在各个方向上的渗透性均不相同。各向异性的结果是孔隙介质渗流在不同方向上的渗流速度也不相同。这种特性对渗流分析结果影响是很重大的。对于各向同性均质孔隙介质，渗透率在各个方向是一致的，渗透率取值大小与孔隙介质当前孔压及温度状态密切相关，其关系式为

$$\kappa/\kappa_0=(1-c_\phi\Delta p+\beta_\phi\Delta T)(1+2\varepsilon_v/3) \tag{2.77}$$

式中：κ_0 为参考状态下的孔隙介质渗透率。

式（2.77）给出了孔压、温度和固体骨架变形对渗透率影响的定量修正表达式。式（2.77）只是孔隙介质渗透率变化众多修正表达式中的一种。

2.3.3 连续方程

将达西定律描述的渗流速度式（2.70）代入连续性方程（2.71），消去速度项 v_r，得

$$\phi\frac{\partial\rho_f}{\partial t}+\rho_f\frac{\partial\varepsilon_v}{\partial t}+\frac{(1-\phi)\rho_f}{\rho_s}\frac{\partial\rho_s}{\partial t}-\nabla\cdot\left[\frac{\rho_f\boldsymbol{\kappa}}{\mu_f(T)}\cdot(\nabla p+\rho_f g\ \nabla z)\right]=0 \tag{2.78}$$

将式（2.76）代入式（2.78），整理得

$$\alpha\frac{\partial\varepsilon_v}{\partial t}+\left(\frac{\alpha-\phi}{K_m}+c_f\phi\right)\frac{\partial p}{\partial t}-[3(1-\phi)\beta_{Tb}-(1-\phi)\beta_{Tm}-\phi\beta_f]\frac{\partial T}{\partial t}=\nabla\cdot\left[\frac{\boldsymbol{\kappa}}{\mu_f(T)}(\nabla p+\rho_f g\ \nabla z)\right] \tag{2.79}$$

式中：α 为比奥系数；其余符号意义同前。

式（2.79）左边第一项描述了固体骨架孔隙体积变形，第二项则描述了流体压力变量引起的孔隙体积改变，第三项为温度变化引起的孔隙体积变化。式（2.79）右边则孔隙介质中流体体积的改变量。式（2.79）实际上描述了孔隙在骨架应力、孔隙流体压力以及变温作用下孔隙介质的孔隙体积改变量与孔隙介质体中的流量改变量相等。

2.3.4 控制方程

基于孔隙介质线弹性假设，孔隙介质总的应变是应力引起的应变、孔隙压力引起的应变和温度变化引起的应变之代数和，即

$$\varepsilon_{ij}=\frac{1}{2G}\sigma'_{ij}-\frac{v}{2G(1+v)}\sigma'_{kk}+\frac{\alpha}{3K_m}(p-p_0)\delta_{ij}+\beta_{Tb}(T-T_0)\delta_{ij} \tag{2.80}$$

式（2.80）逆变换得

$$\sigma'_{ij}=2G\varepsilon_{ij}+\lambda\varepsilon_{kk}+\frac{K_m-K}{K_m}(p-p_0)\delta_{ij}-3\beta_{Tb}K_b(T-T_0)\delta_{ij} \tag{2.81}$$

注意到比奥系数 $\alpha=1-K/K_m$，并应用有效应力原理，式（2.81）改写为

$$\sigma_{ij}=2G\varepsilon_{ij}+\lambda\varepsilon_{kk}+\alpha p\delta_{ij}-3\beta_{Tb}K_b(T-T_0)\delta_{ij} \tag{2.82}$$

式中：σ_{ij} 为总应力。

式（2.82）就是多孔连续介质热流固耦合本构方程。

根据几何方程 $\varepsilon_{ij}=(u_{i,j}+u_{j,i})/2$ 可得

$$\sigma_{ij}=2G(u_{i,j}+u_{j,i})+\lambda u_{k,k}+\alpha p\delta_{ij}-3\beta_{Tb}K_b(T-T_0)\delta_{ij} \tag{2.83}$$

将式（2.83）对 x_j 求导，并利用平衡方程 $\sigma_{ij,j}+f_i=0$，可得力学平衡方程为

$$G\,\nabla^2 u_i+(G+\lambda)\varepsilon_{v,i}+\alpha p\delta_{ij}-3\beta_{Tb}K_b(T-T_0)\delta_{ij}+f_i=0 \tag{2.84}$$

上述 3 个平衡方程中包含了 3 个位移分量以及 1 个孔压分量 p 和 1 个温度分量 T 共 5 个未知量。加上 1 个渗流微分方程，还需要补充一个方程，方能求解。

2.3.5　能量方程

根据热力学第一定律，单位体积单位时间内由外界传入系统内的能量与内部热源产生的能量之和等于物质内能的增量与力对外做功之和。考虑固体弹性变形，单相液体饱和多孔介质情形的能量方程为

$$\begin{aligned}&\frac{\partial}{\partial t}[\phi\rho_f e_f+(1-\phi)\rho_s c_{sv}T]+(1-\phi)3\beta_{Tm}K_m T\,\frac{\partial\varepsilon_v}{\partial t}+\nabla\cdot(k_t\,\nabla T)\\&\quad+\nabla\cdot[\rho_f h_f\phi(v_r+v_s)+(1-\phi)\rho_s h_s v_s]+\phi p\,\nabla\cdot(v_r+v_s)=q_{ht}\end{aligned} \tag{2.85}$$

式中：e、h 分别为单位质量的内能和热含量（即比内能和比焓）；k_t 是总的热导率。

式（2.85）左边第一项为系统内能的非稳态变化率，称累积项；第二项为热应变能的变化率；第三项是导热项；第四项为单位时间内传入与传出的能量差，是对流项；第五项是流体压力对外做的功。等式右边是总的热源强度。

$$k_t=\phi k_f+(1-\phi)k_s,\ e_f=c_{fv}(T-T_0)$$

$$h_f=e_f-\frac{p}{\rho_f}=c_{ep}(T-T_0),\ h_s=e_s-\frac{1}{\rho_s}\sigma_{ij}\varepsilon_{ij}=c_{sp}(T-T_0)$$

式中：c_v 和 c_p 分别为定容比热和定压比热；下标 f 和 s 分别对应液体和固体。

将式（2.85）左边第一项展开，并将第四项进行改写，整理得能量方程

$$\begin{aligned}&\left[\rho_{s0}c_{sv}\left(\frac{\alpha-\phi}{K_m}-\phi_0 c_\phi\right)T\right]\frac{\partial T}{\partial t}-\left\{\rho_{s0}c_{sv}\left[\phi\beta_\phi+3(1-\phi)\beta_{Tm}-3\,\frac{K_b}{K_m}\beta_{Tb}T\right]\right\}\frac{\partial T}{\partial t}\\&+\left[\rho_{s0}c_{sv}\frac{K_b}{K_m}++3(1-\phi)\beta_{Tm}K_m T_0+\phi\rho_f c_{fp}T+\phi p\right]\frac{\partial\varepsilon_v}{\partial t}\\&-\nabla\cdot\left[(\rho_f c_{fp}T+p)\frac{\kappa}{\mu}(\nabla p+\rho_f g\,\nabla z)\right]+\nabla\cdot(k_t\,\nabla T)=q_{ht}\end{aligned} \tag{2.86}$$

2.3.6　耦合方程的求解

式（2.79）、式（2.84）和式（2.86）组合构成求解 p、T、u_i 的完整方程组。方程

组的求解需要结合相应的边界条件和初始条件进行。

1. 边界条件

热力学边界：给定域Ω界面S上已知温度边界$T^0(x_i, t)$或热通量边界$F_h^0(x_i, t)$，其中$x_i=(x, y, z)$。

渗流边界：给定域Ω界面S上已知孔压边界$p^0(x_i, t)$或流量边界$Q^0(x_i, t)$，其中$x_i=(x, y, z)$。

力学边界：给定域Ω界面S上已知应力边界$\sigma^0(x_i, t)$或已知位移$u^0(x_i, t)$，其中$x_i=(x, y, z)$。

2. 初始条件

给定域Ω上的温度、孔压和应力的初始值$T(x, 0)$、$p(x, 0)$和$\boldsymbol{\sigma}(x, 0)$。

3. 求解方法

式（2.79）、式（2.84）、式（2.86）构成的方程组具有高度的非线性特性，除极少数情况下可以通过简化获得位移、孔压和温度的解析解外，绝大多数情况都需要借助有限元等数值分析方法来求解。

2.4 非饱和热流固耦合理论

基于线性化的湿-热弹性理论，建立热流固耦合的本构方程、水和气体的渗流微分方程以及能量方程。其中非饱和渗流部分考虑到水的蒸发-凝结相变过程，气液两相流中液相包含溶解的空气，气相中包含空气和水蒸气。

含相变过程的热流固耦合非饱和渗流在现代岩土力学中有非常重要的应用价值，特别是核废料存储库缓冲区的分析计算、冻土带路基融化的耦合过程分析中意义重大。

非饱和情况下，整体研究区域由固、液和气三相构成。固体骨架之间的孔隙空间由水和气共同占据，如果水的饱和度为s，则气相饱和度为$s_g=1-s$。对于地下水非饱和带，气体一般是空气。

固体介质可以是孔隙岩石、裂隙岩石或土体。控制方程包括：混合物的本构方程（由多孔湿-热弹性本构关系以及修正后的有效应力公式联立导出）；水流和气体渗流微分方程；能量方程。

为建立上述控制方程，需要采用以下假定：

（1）固体介质为各向同性介质。

（2）研究区域瞬间处于热平衡状态。

（3）对地下水饱和带，孔隙压力p_g为1个大气压，且其宏观速度$v_g=0$。

（4）液体的流动遵循达西定律及其在多相流中的推广。

（5）空气遵循理想气体的状态方程，蒸汽由Kelvin关系表示。

（6）对于土壤，其湿应变大于热应变，必须予以考虑；对坚硬的岩石，湿应变忽略不计。

（7）固体速度v_s与ϕ、s、ρ等标量梯度的乘积为高阶小量，可忽略。

（8）应力符号规定：拉正压负。

2.4.1　本构方程

基于湿-热弹性假设，孔隙介质总应变为宏观应力导致的应变、湿应变、热应变与孔压引起的应变之和。

1. 湿应变与热应变

对于膨胀性的土体，当多孔介质中含水饱和度变化时，会产生明显的湿胀现象。在线弹性假设下，湿应变为

$$\varepsilon_{ij}^{M}=\beta_M(s-s_0)\delta_{ij} \tag{2.87}$$

式中：β_M 为湿胀系数。

孔隙介质的热应变表达式为

$$\varepsilon_{ij}^{T}=\beta_T(T-T_0)\delta_{ij} \tag{2.88}$$

式中：β_T 为热膨胀系数。

2. 孔压引起的应变

对各向同性的多孔介质，孔隙压力的变化理论上只会引起固体颗粒沿 3 个轴线方向的应变，不会产生剪切应变。体积应变量由孔隙压力大小和固体介质的体积模量联合决定，即$-(\bar{p}-\bar{p}_0)/K_m$，单向线性应变为

$$\varepsilon_{ij}^{p}=\frac{-1}{3K_m}(\bar{p}-\bar{p}_0)\delta_{ij} \tag{2.89}$$

式中：$\bar{p}$为加权平均孔隙压力。

$\bar{p}$有以下两种表达式

$$\left.\begin{aligned}\bar{p}&=sp+(1-s)p_g=p_g-sp_c\\ \bar{p}&=\chi p+(1-\chi)p_g=p_g-\chi p_c\end{aligned}\right\} \tag{2.90}$$

其中

$$p_c=p_g-p$$

式中：p 和 p_g 分别为孔隙中水压力和气体压力；p_c 为毛细管吸力；χ 为 Bishop 因子，在 0～1 之间取值。

3. 本构方程

非饱和孔隙介质的变形由外应力引起的变形、孔隙压力变化引起的变形、湿度和温度变化引起的变形共同构成，总应变表达式为

$$\varepsilon_{ij}=\frac{\sigma_{ij}'}{2G}+\frac{\nu\sigma_{kk}'}{2G(1+\nu)}\delta_{ij}-\frac{1}{3K_m}(\bar{p}-\bar{p}_0)\delta_{ij}+\beta_{Tb}(T-T_0)\delta_{ij}+\beta_{Mb}(s-s_0)\delta_{ij} \tag{2.91}$$

对式（2.91）进行逆变换，得到应力表达式为

$$\sigma_{ij}'=2G\varepsilon_{ij}+\lambda\varepsilon_{kk}\delta_{ij}+\frac{K_b}{K_m}(\bar{p}-\bar{p}_0)\delta_{ij}-3K_b\beta_{Tb}(T-T_0)\delta_{ij}-3K_b\beta_{Mb}(s-s_0)\delta_{ij} \tag{2.92}$$

式中：K_b 为多孔介质骨架的体积模量；β_{Tb} 和 β_{Mb} 分别为固体骨架的体积热膨胀系数和体积湿胀系数。

应用有效应力原理 $\sigma_{ij}'=\sigma_{ij}+\bar{p}\delta_{ij}$，总应力形式的本构方程为

$$\sigma_{ij}=2G\varepsilon_{ij}+\lambda\varepsilon_{kk}\delta_{ij}+\alpha\,\bar{p}\delta_{ij}-3K_b\beta_{Tb}(T-T_0)\delta_{ij}-3K_b\beta_{Mb}(s-s_0)\delta_{ij} \tag{2.93}$$

其中
$$\alpha=1-K_b/K_m$$
式中：α 为比奥耦合系数。

2.4.2 平衡方程

根据固体力学平衡方程$\nabla\cdot\sigma_{ij}+f_i=0$，若体积力只考虑重力，取铅直向上为 z 轴正方向，混合物密度为

$$\rho_m=\phi[s\rho_f+(1-s)\rho_g]+(1-\phi)\rho_s \tag{2.94}$$

式（2.94）表明多孔介质整体密度取各相分量的体积加权平均 。于是，体积力表达式可写作

$$f_i=\{\phi[s\rho_f+(1-s)\rho_g]+(1-\phi)\rho_s\}g_i \tag{2.95}$$

式中：g_i 为孔隙介质在各方向上的重力加速度分量。

将应力和体力表达式代入平衡方程，并对时间 t 求导，整理得

$$\nabla\cdot\left[2G\frac{\partial\varepsilon_{ij}}{\partial t}+\lambda\frac{\partial(\varepsilon_{kk}\delta_{ij})}{\partial t}\right]-3K_b\,\nabla\cdot\left[\left(\beta_{Tb}\frac{\partial T}{\partial t}+\beta_{Mb}\frac{\partial s}{\partial t}\right)\delta_{ij}\right]$$
$$-\alpha\,\nabla\cdot\left(\frac{\partial\bar{p}}{\partial t}\delta_{ij}\right)-\frac{\partial}{\partial t}\{\phi[s\rho_f+(1-s)\rho_g]+(1-\phi)\rho_s\}g\delta_{i3}=0 \tag{2.96}$$

将几何方程 $\varepsilon_{ij}=(u_{i,j}+u_{j,i})/2$ 代入，可得含位移分量的平衡方程

$$G\frac{\partial}{\partial t}(\nabla^2u_i)+(G+\lambda)\frac{\partial\varepsilon_{v,i}}{\partial t}+\alpha\frac{\partial}{\partial t}p_{,j}\delta_{ij}-3K_b\beta_{Mb}\frac{\partial}{\partial t}(s_{,j})\delta_{ij}$$
$$-3K_b\beta_{Tb}\frac{\partial}{\partial t}(T_{,j})\delta_{ij}-\frac{\partial}{\partial t}\{\phi[s\rho_f+(1-s)\rho_g]+(1-\phi)\rho_s\}g\delta_{i3}=0 \tag{2.97}$$

分量表达形式如下，

$$G\frac{\partial}{\partial t}(\nabla^2u_x)+(G+\lambda)\frac{\partial^2\varepsilon_v}{\partial x\partial t}+\alpha\frac{\partial^2p}{\partial x\partial t}-3K_b\beta_{Mb}\frac{\partial^2s}{\partial x\partial t}-3K_b\beta_{Tb}\frac{\partial^2T}{\partial x\partial t}=0 \tag{2.98a}$$

$$G\frac{\partial}{\partial t}(\nabla^2u_y)+(G+\lambda)\frac{\partial^2\varepsilon_v}{\partial y\partial t}+\alpha\frac{\partial^2p}{\partial y\partial t}-3K_b\beta_{Mb}\frac{\partial^2s}{\partial y\partial t}-3K_b\beta_{Tb}\frac{\partial^2T}{\partial y\partial t}=0 \tag{2.98b}$$

$$G\frac{\partial}{\partial t}(\nabla^2u_z)+(G+\lambda)\frac{\partial^2\varepsilon_v}{\partial z\partial t}+\alpha\frac{\partial^2p}{\partial z\partial t}-3K_b\beta_{Mb}\frac{\partial^2s}{\partial z\partial t}-3K_b\beta_{Tb}\frac{\partial^2T}{\partial z\partial t}$$
$$-\frac{\partial}{\partial t}\{\phi[s\rho_f+(1-s)\rho_g]+(1-\phi)\rho_s\}g=0 \tag{2.98c}$$

2.4.3 渗流方程

渗流微分方程由连续方程、达西定律、菲克定律和状态方程联立求出。

1. 连续方程

非饱和多孔介质三相（水、气体、固体）连续方程分别为

$$\frac{\partial}{\partial t}(\phi s\rho_{fw}+\phi s_g\rho_v)+\nabla\cdot(\phi s\rho_{fw}v_i^f)+\nabla\cdot(\phi s_g\rho_v v_i^v)=q_{mw} \tag{2.99a}$$

$$\frac{\partial}{\partial t}(\phi s\rho_{fa}+\phi s_g\rho_a)+\nabla\cdot(\phi s\rho_{fa}v_i^f)+\nabla\cdot(\phi s_g\rho_a v_i^a)=q_{ma} \tag{2.99b}$$

$$\frac{\partial}{\partial t}[(1-\phi)\rho_s]+\nabla\cdot[(1-\phi)\rho_s v_i^s]=0 \tag{2.99c}$$

式中：ρ_{fw}、ρ_{fa}、ρ_v、ρ_a 和 ρ_s 分别为液相中的水和溶解空气的密度、气相中的水蒸气和空气的密度以及固体密度；v_i^f、v_i^v、v_i^a、v_i^s 分别为水、气相中的水蒸气、气相中的空气和固体颗粒的速度，对非饱和带，$v_i^a=0$；q_{mw} 和 q_{ma} 分别为水和空气质量源（汇）强度，由于平衡条件下蒸发和液化的质量总相等，所以互相抵消，即 $q_{mw}=0$ 和 $q_{ma}=0$。

上述速度均指相对于固定坐标系而言，引入液相和蒸汽相对于固体的相对速度 $\boldsymbol{v}_{rf}$ 和 $\boldsymbol{v}_{rv}$，即 $\boldsymbol{v}_{rf}=\boldsymbol{v}_f-\boldsymbol{v}_s$，$\boldsymbol{v}_{rv}=\boldsymbol{v}_v-\boldsymbol{v}_s$

将上述表达式代入连续方程，展开得

$$\begin{aligned}&\phi\frac{\partial}{\partial t}(s\rho_{fw}+s_g\rho_v)+(s\rho_{fw}+s_g\rho_v)\frac{\partial\phi}{\partial t}+\nabla\cdot(\phi s\rho_{fw}v_i^{rf})+\nabla\cdot(\phi s_g\rho_v v_i^{rv})\\&+\phi s\rho_{fw}\nabla\cdot v_i^s+\phi s_g\rho_v\nabla\cdot v_i^s=0\end{aligned} \tag{2.100}$$

$$\begin{aligned}&\phi\frac{\partial}{\partial t}(s\rho_{fa}+s_g\rho_a)+(s\rho_{fa}+s_g\rho_a)\frac{\partial\phi}{\partial t}+\nabla\cdot(\phi s\rho_{fa}v_i^{rf})+\nabla\cdot(\phi s_g\rho_v v_i^{ra})\\&+\phi s\rho_{fa}\nabla\cdot v_i^s+\phi s_g\rho_a\nabla\cdot v_i^s=0\end{aligned} \tag{2.101}$$

$$(1-\phi)\frac{\partial\rho_s}{\partial t}-\rho_s\frac{\partial\phi}{\partial t}+\nabla\cdot[(1-\phi)\rho_s v_i^s]=0 \tag{2.102}$$

将式（2.102）乘以（$s\rho_{fw}+\rho_v s_g$）$/\rho_s$，然后与式（2.100）相加，消去$\partial\phi/\partial t$，得到孔隙介质中水的连续性方程为

$$\begin{aligned}&\phi\frac{\partial}{\partial t}(s\rho_{fw}+s_g\rho_v)+(s\rho_{fw}+s_g\rho_v)\frac{1-\phi}{\rho_s}\frac{\partial\rho_s}{\partial t}+(s\rho_{fw}+s_g\rho_v)\nabla\cdot v_i^s+\nabla\cdot(\phi s\rho_{fw}v_i^{rf})\\&+\nabla\cdot(\phi s_g\rho_v v_i^{rv})=0\end{aligned} \tag{2.103}$$

孔隙介质中气体连续性方程为

$$\begin{aligned}&\phi\frac{\partial}{\partial t}(s\rho_{fa}+s_g\rho_a)+(s\rho_{fa}+s_g\rho_a)\frac{1-\phi}{\rho_s}\frac{\partial\rho_s}{\partial t}+(s\rho_{fa}+s_g\rho_a)\nabla\cdot v_i^s+\nabla\cdot(\phi s\rho_{fa}v_i^{rf})\\&+\nabla\cdot(\phi s_g\rho_a v_i^{ra})=0\end{aligned} \tag{2.104}$$

式（2.103）和式（2.104）就是非饱和孔隙介质中的两个流体连续方程。

2. 达西定律和菲克定律

连续性方程中包含 4 个速度项，为了使渗流方程中只出现 p、T、s 和 u_i 4 个未知量，需要对这些速度项进行处理。对于非饱和带中的空气，认为 $v_i^{ra}=0$。液体相对速度和蒸汽

相对速度分别用达西定律和菲克定律表示。固体速度项的散度可用位移分量的导数表示。据达西定律有

$$\phi s v_{rf}=-\frac{\kappa\kappa_{rw}}{\mu_w}(\nabla p+\rho_f g\ \nabla z),\nabla z=(0,0,1) \tag{2.105}$$

据菲克定律有

$$\phi s_g v_{rv}=\frac{1}{\rho_v}D_v\ \nabla\rho_v \tag{2.106}$$

式中：κ_{rw}为气水两相流中水的相对渗透率；D_v 为蒸汽在空气中的扩散系数；μ_w 为温度相关的黏滞系数。

3. 状态方程及相关导数

连续性方程中，不同物质的密度与孔隙压力、温度以及饱和度相关。各种密度的状态方程为

$$\rho_{fw}=\rho_{f0}[1+c_w(p-p_0)-\beta_w(T-T_0)] \tag{2.107a}$$

$$\rho_{fa}=\rho_{f0}[1+c_a(p-p_0)-\beta_{fa}(T-T_0)] \tag{2.107b}$$

$$\rho_a=p_a/R_aT \tag{2.107c}$$

$$\rho_v=\rho_{vs}(T)RH=\rho_{vs}\exp\left(\frac{p}{\rho R_vT}\right) \tag{2.107d}$$

$$\rho_s=\rho_{s0}\left[1+\frac{\overline{p}-\overline{p}_0}{K_r}-\frac{\mathrm{tr}(\boldsymbol{\sigma}'-\boldsymbol{\sigma}_0')}{(1-\phi)3K_m}-3\beta_{Tm}(T-T_0)-3\beta_{Mm}(s-s_0)\right] \tag{2.107e}$$

其中　$R=8314\mathrm{J/(kmol\cdot K)}$、$R_v(R/M_v)=641.5\mathrm{J/(kg\cdot K)}$，$R_a=287\mathrm{J/(kg\cdot K)}$

式中：β_w、β_{fa}、β_{Tm}、β_{Mm}分别为液相水、溶解孔隙的体积热膨胀系数、固体基质的热膨胀系数和湿胀系数；R、$R_v(R/M_v)$、R_a 分别为普适气体常数、水蒸气的气体常数和空气的气体常数；M_v 为蒸汽的分子量，kg/kmol；RH 为相对湿度；ρ_{vs}为饱和水蒸气密度。

溶解空气的压缩系数 c_{fa}可以认为与液体水的压缩系数 c_w 相等，溶解空气的热膨胀系数 β_{fa}可以认为与水的热膨胀系数β_w 相等。

另外，上述变量之间还存在以下关系

$$s_g=1-s \tag{2.108a}$$

$$p_g=p+p_c \tag{2.108b}$$

式中：p_c 为毛细管压力。

式（2.107）中相关导数关系为

$$\frac{\partial}{\partial t}(s\rho_{fw}+s_g\rho_v)=\left[s\rho_{f0}c_w+\frac{(1-s)\rho_v}{\rho_fR_vT}\right]\frac{\partial p}{\partial t}-\left[s\rho_{f0}\beta_w+\frac{(1-s)\rho_vp_v}{\rho_fR_vT}\right]\frac{\partial T}{\partial t}+(\rho_{fw}-\rho_a)\frac{\partial s}{\partial t} \tag{2.109a}$$

$$\frac{\partial}{\partial t}(s\rho_{fa}+s_g\rho_a)=s\rho_{fa}c_{fa}\frac{\partial p}{\partial t}-\left[s\rho_{fa}\beta_{fa}+\frac{(1-s)p_a}{R_vT^2}\right]\frac{\partial T}{\partial t}+(\rho_{fa}-\rho_a)\frac{\partial s}{\partial t} \tag{2.109b}$$

$$\frac{\partial\rho_v}{\partial t}=\frac{\rho_v}{\rho_fR_vT}\frac{\partial p}{\partial t}-\frac{\rho_vp_v}{\rho_fR_vT^2}\frac{\partial T}{\partial t} \tag{2.109c}$$

$$\nabla\rho_v=\frac{\rho_v}{\rho_fR_vT}\nabla p-\frac{\rho_vp_v}{\rho_fR_vT^2}\nabla T \tag{2.109d}$$

$$\frac{(1-\phi)}{\rho_s}\frac{\partial\rho_s}{\partial t}=-\frac{K_b}{K_m}\frac{\partial\varepsilon_v}{\partial t}+\frac{1}{K_m}\left(1-\phi-\frac{K_b}{K_m}\right)\frac{\partial\overline{p}}{\partial t}-3\left[(1-\phi)\beta_{Tm}-\frac{K_b}{K_m}\beta_{Tb}\right]\frac{\partial T}{\partial t}$$
$$-3\left[(1-\phi)\beta_{Mm}-\frac{K_b}{K_m}\beta_{Mb}\right]\frac{\partial s}{\partial t}\tag{2.109e}$$

4. 渗流微分方程

为建立水相和空气的渗流微分方程，将渗流本构方程和状态方程代入连续方程，并略去较小量$\partial p_g/\partial t$ 项，整理得

$$\boldsymbol{F}_1^w\frac{\partial p}{\partial t}+\boldsymbol{F}_2^w\frac{\partial T}{\partial t}+\boldsymbol{F}_3^w\frac{\partial s}{\partial t}+\boldsymbol{F}_4^w\frac{\partial\varepsilon_v}{\partial t}-\nabla\cdot\left[\rho_{fw}\frac{\kappa\kappa_{rw}}{\mu_w}(\nabla p+\rho_f g\ \nabla z)\right]$$
$$+\nabla\cdot\left(\frac{D_v\rho_v}{\rho_f R_v T}\nabla p-\frac{D_v\rho_v p_v}{\rho_f R_v T^2}\nabla T\right)=0\tag{2.110}$$

$$\boldsymbol{F}_1^a\frac{\partial p}{\partial t}+\boldsymbol{F}_2^a\frac{\partial T}{\partial t}+\boldsymbol{F}_3^a\frac{\partial s}{\partial t}+\boldsymbol{F}_4^a\frac{\partial\varepsilon_v}{\partial t}-\nabla\cdot\left[\rho_{fa}\frac{\kappa\kappa_{rw}}{\mu_w}(\nabla p+\rho_f g\ \nabla z)\right]=0\tag{2.111}$$

这就是热流固非饱和渗流控制方程中的第二组方程。其中系数定义为

$$\boldsymbol{F}_1^w=\phi\left[s\rho_{f0}c_w+\frac{(1-s)\rho_v}{\rho_f R_v T}\right]+[s\rho_{fw}+(1-s)\rho_v]\frac{\alpha-\phi}{K_m}$$

$$\boldsymbol{F}_2^w=\phi\left[s\rho_{f0}c_w+\frac{(1-s)\rho_v p_v}{\rho_f R_v T^2}\right]-[s\rho_{fw}+(1-s)\rho_v]\left[3(1-\phi)\beta_{Tm}-\frac{3K_b}{K_m}\beta_{Tb}\right]$$

$$\boldsymbol{F}_3^w=\phi(\rho_{fw}-p_v)-3[s\rho_{fw}+(1-s)\rho_v]\left[(1-\phi)\beta_{Mm}-\frac{3K_b}{K_m}\beta_{Mb}\right]$$

$$\boldsymbol{F}_4^w=\phi\alpha[s\rho_{fw}+(1-s)\rho_v]$$

$$\boldsymbol{F}_1^a=\phi s\rho_{fa}c_a+[s\rho_{fa}+(1-s)\rho_a]\frac{1}{K_m}\left(1-\phi-\frac{K_b}{K_m}\right)$$

$$\boldsymbol{F}_2^a=\phi\left[s\rho_{f0}\beta_{fa}+\frac{(1-s)p_a}{R_v T^2}\right]-[s\rho_{fa}+(1-s)\rho_v]\left[3(1-\phi)\beta_{Tm}-\frac{3K_b}{K_m}\beta_{Tb}\right]$$

$$\boldsymbol{F}_3^a=\phi(\rho_{fa}-p_a)-3[s\rho_{fa}+(1-s)\rho_a]\left[(1-\phi)\beta_{Mm}-\frac{3K_b}{K_m}\beta_{Mb}\right]$$

$$\boldsymbol{F}_4^a=[s\rho_{fa}+(1-s)\rho_a]\left(1-\frac{K_b}{K_m}\right)-\phi(1-s)\rho_a$$

2.4.4 能量方程

非饱和渗流中需要考虑饱和度、面积力所做的功以及湿应变能的变化率。热流固非饱和渗流的能量方程可写为

$$\frac{\partial}{\partial t}[\phi\rho_f e_f+(1-s)\rho_g e_g+(1-\phi)\rho_s c_s T]+3K_m(1-\phi)(\beta_{Tm}T+\beta_{Mm}s)\frac{\partial\varepsilon_v}{\partial t}$$
$$+\nabla\cdot[\rho_f k_f\phi s(v_{rf}+v_s)+\rho_g h_g\phi(1-\phi)(v_{rg}+v_s)+(1-\phi)\rho_s h_s v_s]$$
$$+\nabla\cdot[\phi s p_f(v_{rf}+v_s)+\phi(1-\phi)p_g\ \nabla\cdot(v_{rg}+v_s)]+\nabla\cdot(h_t\ \nabla T)=q_{ht}\tag{2.112}$$

式中：e、h 分别为单位质量的内能和热含量（即比内能和比焓）；h_t 为总的热导率。

式（2.112）左边第一项为系统内能的非稳态变化率，称累积项；第二项为热应变能和湿应变能的变化率；第三项是单位时间内传入与传出的能量差，为对流项；第四项为流体压力对外做功之和；第五项是导热项。等式右边是总的热源强度。

这里有 3 个部分因其量值很小可以忽略，即质量对外力做的功率、动能变化率、黏性耗散率。

同时，式（2.112）中的系数

$$e_f = e_{fv}(T-T_0),\ e_g = e_{gv}(T-T_0)$$

$$h_f = e_f - \frac{p_f}{\rho_f} = c_{fp}(T-T_0),\ h_g = e_g - \frac{p_g}{\rho g} = c_{gp}(T-T_0)$$

$$h_s = e_s - \frac{\sigma_{ij}\varepsilon_{ij}}{\rho_f} = c_{sp}(T-T_0)$$

其中

$$h_t = \phi[sh_f + (1-s)h_g] + (1-\phi)h_s,\ e_f = c_{fv}(T-T_0)$$

$$h_f = e_f - \frac{p}{\rho_f} = c_{fp}(T-T_0),\ h_s = e_s - \frac{1}{\rho_s}\sigma_{ij}\varepsilon_{ij} = c_{sp}(T-T_0)$$

式中：c_{fp}、c_{gp} 和 c_{sp} 和 c_p 分别为定容比热和定压比热；h_t 是总的热导率；h_f、h_g、h_s 分别为液体、气体和固体的热导率。

与渗流微分方程类似，能量方程最终形式整理为

$$E_1\frac{\partial p}{\partial t} + E_2\frac{\partial T}{\partial t} + E_3\frac{\partial s}{\partial t} + E_4\frac{\partial \varepsilon_v}{\partial t} + (p_f - \rho_f h_f)\nabla\cdot\left[\frac{\kappa\kappa_{rw}}{\mu_w}(\nabla p + \rho_f g\ \nabla z)\right]$$

$$\times\left(\frac{p_v}{\rho_v} + h_g\right)\nabla\cdot\left(\frac{D_v\rho_v}{\rho_f R_v T}\nabla p - \frac{D_v\rho_v p_v}{\rho_f R_v T^2}\nabla T\right) + \nabla\cdot(h_t\ \nabla T) = q_{ht} \tag{2.113}$$

其中

$$E_1 = \phi_0\rho_{f0}e_f(c_w + c_\phi) + \phi(1-s)e_g\left(\frac{1}{R_g T} + c_\phi\rho_g\right) - \phi_0\rho_{f0}c_{sp}c_\phi T$$

$$E_2 = \phi s\rho_f c_{fp} + \phi_0\rho_{f0}se_f(\beta_w + \beta_\phi) + \phi_0(1-s)\rho_g e_g\left(\frac{c_{gp}}{e_g} - \frac{1}{T} - \beta_\phi\right)$$

$$E_3 = \phi\rho_f e_f - \phi\rho_g e_g$$

$$E_4 = \phi[s(p_f + \rho_f e_f) + (1-s)(p_g + \rho_g e_g)] + (1-\phi)\rho_s h_s + 3(1-\phi)K_m(\beta_{Tm}T + \beta_{Mm}s)$$

2.4.5 耦合方程的求解

鉴于热流固非饱和渗流方程组的复杂性，即使对一些简单的问题，也不易获得其解析解。因此，对于非饱和热流固问题结合已知边界和初始条件，一般采用数值分析方法求解包含孔压、温度、饱和度以及位移矢量在内的 6 个未知量，进而求得研究域内的应力、流量和热量等物理量。数值求解具体过程略。

第3章　岩体高压渗透性试验

3.1 引言

裂隙岩体渗透性不但与岩体连通裂隙（空隙）率有关，也与裂隙岩体的应力状态密切相关。流固耦合理论分析与实践表明：裂隙岩体中的空隙水压力变化直接影响到岩体应力的改变。此外，当岩体中的水压力大小满足一定条件时，岩体将产生水力劈裂，从而导致裂隙岩体中部分不连通的裂隙变成连通的通道或裂隙宽度大幅度增加，渗透性加大；当裂隙水压力减小某一数值后，部分裂隙将闭合或裂隙宽度再次减小，致使岩体渗透性降低。由此可见，裂隙岩体的渗透性与岩体中的孔隙水压力大小也密切相关的。

岩体的渗透系数是反映岩体渗透性大小的物理指标，也是对岩体渗透性进行定量分析的关键参数之一。为了获取裂隙岩体渗透系数，规范规定可以采用压水试验的方法进行测量。目前规范给出的压水试验方法属于低压压水试验方法，其试验最大压力一般为1.0MPa。显然这样的压水试验对于研究高压作用下岩体的渗透性是有缺陷的。为此许多工程都采用高压压水试验方法来研究岩体的渗透性。

一般而言，裂隙岩体的渗透系数与透水率大小呈正相关关系。大多数现有的文献资料和试验研究成果表明：高压压水试验条件岩体的透水率随压力增大而增大。这是因为随着压水压力的增加，岩体中地应力的抵抗力减弱，裂隙的张开度逐渐增大所致；同时这符合单裂隙渗透的“立方定理”。但也有资料表明，高压压水条件下的透水率并非总是随压力升高而增加。例如溪洛渡水电站坝基岩体的常规压水与高压压水试验成果的对比分析表明该工程高压压水吕荣（Lu）值普遍低于常规压水吕荣值。在66段常规压水与高压压水对比试验的透水率中，每试验段的常规压水与高压压水的透水率值均不相等，有56段高压压水透水率值低于常规压水透水率值，约占总试验段的85%。

现行水利水电工程钻孔压水试验规程给出的渗透系数取值采用低压压水试验条件下的公式进行计算，并且说明只适用于透水率较小（<10Lu）的层流型和紊流型 $P-Q$ 流量关系曲线下的岩体渗透系数计算。扩张型 $P-Q$ 流量关系曲线下的渗透系数计算公式在规程中没有推荐。对于高压条件下的层流情况，计算公式仍然适用，因为其渗流系数推导公式原理相同。同时，它能否普遍适用于高压压水试验条件下渗透系数的计算仍需要进一步研究。

3.2 岩体高压渗透系数计算公式

3.2.1 层流状态假定下渗透系数的计算公式

当压水试验得到的透水率较小（<10Lu），且 $P-Q$ 流量关系曲线类型为层流时，压

水试验规程建议岩体的渗透系数计算公式为

$$K=\frac{Q}{2\pi HL}\ln\frac{L}{r} \tag{3.1}$$

式中：K 为岩体的渗透系数，cm/s；Q 为压入流量，cm^3/s；H 为试验水头，cm；L 为试验长度，cm；r 为钻孔半径，cm。

在我国，大部分工程进行高压压水试验时都不在压水孔附近岩体中设置渗压计来记录岩体中的水压力随压水孔压力的变化过程。因此，岩体的渗透性只能通过分析压水试验孔中的流量与压力关系曲线来确定。

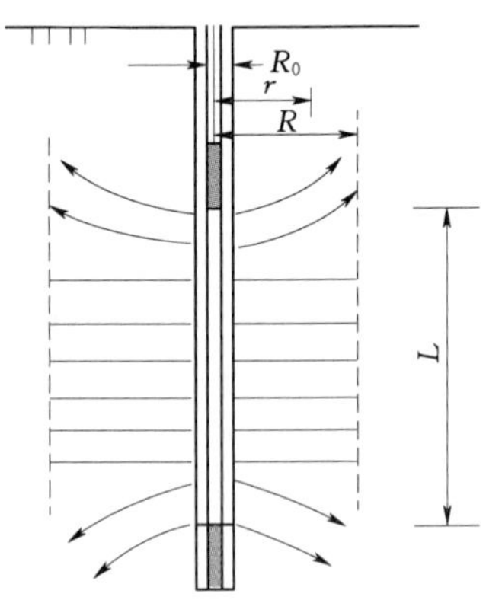

图 3.1　试验孔周岩体内水流示意图

当压水试验过程中设置渗压计观测孔时，可以利用压水水流达到稳定状态下观测孔内的孔隙水压力和压水孔内的水压力关系来计算岩体的渗透系数。假定裂隙岩体为各向同性岩体，试验过程中裂隙岩体中的水流近似为径向流，见图 3.1。当压水过程中试验流量与压力达到相对稳定情况下，任意过水断面上（半径为 r 的圆柱面）的总流量均相等，即

$$Q_{R_0}=Q_r=Q_R \tag{3.2}$$

根据达西定律有

$$2\pi rKi_rL_r=2\pi RKi_RL_R \tag{3.3}$$

取 $L_r=L_R$，于是，$i_r=\frac{R}{r}i_R$。

距离钻孔 r 处的水头（压力）增量为

$$\mathrm{d}p=i_r\mathrm{d}r$$

$$\int_{P_{R_0}}^{P_R}\mathrm{d}p=\int_{R_0}^{R}i_r\mathrm{d}r$$

$$P_R-P_{R_0}=\int_{R_0}^{R}\frac{R}{r}i_R\mathrm{d}r=Ri_R(\ln R-\ln R_0)$$

$$i_R=\frac{P_R-P_{R_0}}{R\ln R/R_0} \tag{3.4}$$

通过距离钻孔 R 处的断面的流量为

$$Q=2\pi RL_0Ki_R \tag{3.5}$$

将式（3.4）代入式（3.5）并整理得渗透系数计算公式

$$K=\frac{Q}{2\pi RL_0i_R}=\frac{Q}{2\pi(P_R-P_{R_0})L_0}\ln\frac{R}{R_0} \tag{3.6}$$

式中：K 为岩体的渗透系数，cm/s；Q 为压入流量，cm^3/s；P_R 和 P_{R_0} 分别为测压孔与压水试验孔孔内的总水头，cm；L_0 为试验长度，cm；R_0 为钻孔半径，cm；R 为测压孔与

压水试验孔之间的距离，cm。

式（3.6）与《水利水电工程钻孔压水试验规程》（SL 31—2003）建议的计算公式在形式上一致，其不同之处如下：

（1）式（3.6）的对数项分子取测压孔与压水试验孔中心距离 R，规程建议的式（3.1）中对数项分子取试验段长度 L。

（2）式（3.6）中的分母项采用的是测压孔与压水试验孔之间的水头差，而规程建议的式（3.1）中采用压水试验孔中的水头值。

如果假定压水试验中距离压水孔 L 处的孔隙水压力衰减为零，此时式（3.6）与压水试验规程建议式（3.1）完全相同。因此，当测压孔渗压计读数较小时，可以应用压水试验规程建议的渗透系数公式估计岩体的高压渗透系数。

3.2.2　紊流状态假定下渗透系数计算公式

高压压水试验情况下，参照现行《水利水电工程钻孔压水试验规程》（SL 31—2003）计算得到的透水率也可能较小，这是因为压水孔附近的渗流形态在高压力梯度情况下保持层流的可能性很小，渗流为非达西渗流。此时，达西定律不再适用。当在岩体高压压水试验过程中设置渗压观测孔时，可以利用水流达到稳定状态下的观测孔内的孔隙水压力（渗压计压力）和压水孔内的水压力关系来计算岩体的渗透系数。假定裂隙岩体为各向同性，采用 3 段压水试验时，压水试验过程中岩体的水流近似为径向流动。当压水过程中试验流量与压力达到相对稳定情况下，任意过水断面上（半径为 r 的圆柱面）的总流量均相等。

根据紊流渗透定律，有

$$2\pi rK_{\phi}\sqrt{i_r}L_r=2\pi RK_{\phi}\sqrt{i_R}L_R \tag{3.7}$$

于是 $i_r=\left(\dfrac{RL_R}{rL_r}\right)^2 i_R$，而距离钻孔 r 处的水头（压力）增量为

$$\mathrm{d}p=i_r\mathrm{d}r \tag{3.8}$$

对式（3.8）进行积分得

$$\int_{P_{R_0}}^{P_R}\mathrm{d}p=\int_{R_0}^{R}i_r\mathrm{d}r$$

$$P_R-P_{R_0}=\int_{R_0}^{R}\left(\frac{RL_R}{rL_r}\right)^2 i_R\mathrm{d}r=\left(\frac{RL_R}{L_r}\right)^2 i_R\left(\frac{1}{R_0}-\frac{1}{R}\right)$$

整理得

$$i_R=\frac{(P_R-P_{R_0})L_0^2R_0}{L_R^2R(R-R_0)} \tag{3.9}$$

通过距离钻孔 R 处的断面的流量为

$$Q=2\pi RL_RK_{\phi}i_R \tag{3.10}$$

将式（3.9）代入式（3.10），并整理得渗透系数计算公式

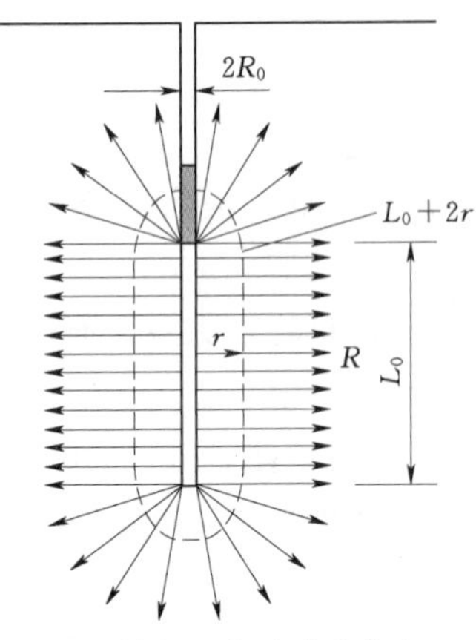

图 3.2 单段压水试验岩体内水流示意图

$$K_\phi=\frac{Q}{2\pi RL_Ri_R}=\frac{QL_R(R-R_0)}{2\pi(P_R-P_{R_0})L_0^2R_0} \tag{3.11}$$

式中：K_ϕ 为岩体的渗透系数，cm/s；Q 为压入流量，cm^3/s；P_R 和 P_{R_0} 分别为测压孔与压水试验孔孔内的总水水头，cm；L_0 为试验长度，cm；R_0 为钻孔半径，cm；R 为测压孔与压水试验孔之间的距离，cm。

当采用单段压水试验方法时，岩体中水流示意图见图 3.2。

考虑 L_r 的变化，按照表面积相等原则，将上下两个半球面（合成一个球面，球的表面积公式 $S=4\pi r^2$）换算成半径相等的等高圆柱面可得 $L_r=L_0+2r$。

因为 $dp=i_r dr$，进行积分运算有

$$\int_{P_{R_0}}^{P_R} dp=\int_{R_0}^{R} i_r dr \tag{3.12}$$

$$\begin{aligned}P_R-P_{R_0}&=\int_{R_0}^{R}\left(\frac{RL_R}{rL_r}\right)^2 i_R dr=(RL_R)^2 i_R\int_{R_0}^{R}\frac{1}{r^2(L_0+2r)^2}dr\\&=\frac{(RL_R)^2 i_R}{L_0^3}\left[4\ln(2r+L_0)-4\ln r-L_0\left(\frac{1}{r}+\frac{2}{2r+L_0}\right)\right]_{R_0}^{R}\\&=\frac{(RL_R)^2 i_R}{L_0^3}\left\{4\ln\frac{2R+L_0}{2R_0+L_0}-4\ln\frac{R}{R_0}+L_0\left[\left(\frac{1}{R_0}-\frac{1}{R}\right)+\left(\frac{2}{2R_0+L_0}-\frac{2}{2R+L_0}\right)\right]\right\}\end{aligned}$$

令 $$\eta=4\ln\frac{2R+L_0}{2R_0+L_0}-4\ln\frac{R}{R_0}+L_0\left[\left(\frac{1}{R_0}-\frac{1}{R}\right)+\left(\frac{2}{2R_0+L_0}-\frac{2}{2R+L_0}\right)\right]$$

可得

$$i_R=\frac{(P_R-P_{R_0})L_0^3}{\eta R^2L_R^2} \tag{3.13}$$

通过距离钻孔 R 处的断面的流量为

$$Q=2\pi RL_RK_\phi i_R \tag{3.14}$$

将式（3.13）代入式（3.14），并整理得渗透系数计算公式

$$K_\phi=\frac{Q}{2\pi RL_Ri_R}=\frac{QL_RR\eta}{2\pi(P_R-P_{R_0})L_0^3} \tag{3.15}$$

式中：K_ϕ 为岩体的渗透系数，cm/s；Q 为压入流量，cm^3/s；P_R 和 P_{R_0} 分别为测压孔与压水试验孔孔内的总水水头，cm；L_0 为试验长度，cm；R_0 为钻孔半径，cm；R 为测压孔与压水试验孔之间的距离，cm。

3.3 高压压水试验方法研究

3.3.1 试验对象和适用范围

试验对象：水工建筑物工作水压力大于 1.0MPa 环境中的岩体。

适用范围：钻孔高压压水试验适用于抽水蓄能电站、高水头电站、高水头压力管道工程的地质勘察。

3.3.2 试验钻孔布置方案和原则

高压压水试验位置宜选择在运行期承受高水头作用临近部位的岩体中进行压水测试。试验钻孔分为压水试验孔和监测孔两大类。

1. 压水试验孔

一般情况下，压水试验孔宜采用铅直布置方式。当测试岩体为层状结构、或裂隙发育分组明显、或断层结构时，压水试验孔宜垂直于岩体结构面、裂隙面和断层面布置。

2. 监测孔

监测孔宜布置在压水试验孔周围。渗压监测孔宜与压水试验孔平行，对高压输水隧道，渗压监测孔间距取相互平行的输水隧道间距值；或者取高压输水隧道与其他最近距离洞室间的最小距离。

3.3.3 试验仪器、设备和装置

试验所需仪器有流量计、压力计、水位计、渗压计。

高压压水试验所需的设备和装置有供水设备、量测设备和监测设备以及止水装置。

1. 供水设备要求

(1) 水泵供水流量 Q（L/min）按上限透水率 q（Lu）、结合试验段长 L（m）以及试验最高压力 p（MPa）进行确定，计算公式为

$$Q=qLp \tag{3.16}$$

(2) 压力稳定，出水稳定，工作可靠，且水泵额定压力大于试验最大压力和管路压力损失之和。

(3) 供水调节阀要灵活可靠，不漏水。

(4) 吸水笼头应设置1～2层孔径小于2mm的过滤网，且距离水池底部30cm以上。

(5) 当高压压水岩体为Ⅲ、Ⅳ类围岩等破碎岩体时，至少备用同一型号的水泵一台。

2. 量测设备要求

(1) 压力传感器的压力范围应大于试验最大压力。

(2) 压力计感应灵敏，卸压后指针应归零。压力计的量程应大于试验最大压力，工作压力应保持在极限压力值的1/3～3/4范围内。

(3) 流量计应能在设计最高压力作用下正常工作，流量计量程与供水设备的排水量相匹配，且能测定正向和反向流量。

(4) 高压压水试验宜采用自动测量压力和流量的记录仪。

3. 监测设备要求

(1) 水位计应灵敏可靠，不受孔壁附着水或孔内滴水的影响，水位计导线应经常检测。

(2) 渗压计灵敏可靠，其最大量程不大于压水孔最大压力值。渗压计的数据应自动量测采集。

4. 止水装置要求

(1) 止水可靠，操作方便。

(2) 压水孔止水栓塞长度不小于8倍钻孔孔径。

(3) 压水孔止水栓塞宜优先选用液压式栓塞。

(4) 渗压孔止水宜采用微膨胀水泥砂浆进行封堵。

3.3.4 主要试验方法、参数及其选择原则

1. 试验方法的选择

压水试验每级压水历时的不同反映了不同的岩体渗透特性。因此，压水试验目的不同，压水试验采用的方法也不同。根据每级压水历时时间的差异，高压压水试验方法分为快速法、中速法和慢速法3种。高压压水试验方法的选择需遵循以下基本原则：

快速法：适用于了解岩体的水力劈裂特性和短期透水特性，确定岩体水力劈裂压力、灌浆压力和短期透水率。

中速法：适用于了解岩体短期或长期透水特性，确定岩体的短期或长期透水率、渗透系数和极限水力坡降。

慢速法：适用于了解岩体长期透水特性，确定岩体长期透水率、渗透系数和极限水力坡降。

另外，根据工程具体情况，如需要了解岩体在运行期承受高、低水压交替作用情况下的渗透性，还可在各种试验方法基础上进行多次循环压水试验。多次循环压水时，第一次循环压水与退水参数相同，第二次以上循环压水试验时，根据工程具体情况，压力级差可取第一次的1～2倍。根据试验过程中供水方式的不同，高压压水试验分为纯压法和循环式压水法。

纯压法：压入孔内的水量通过岩层中的裂隙内向四周流动扩散而不返回流出孔外的一种压水法，称为纯压法。地质勘探孔大都采用这种方法进行压水试验。

循环式压水法：水泵将从水源箱吸取的水量压出，使水通过送水管、压水内管，进入试验段，其中一部分水量压入岩石裂隙，向四周扩散，一部分水量，因裂隙容量所限，当不能进入裂隙而沿回水管路流出孔外时，返回水源箱。这种水呈循环往复式流动状态的压水，称为循环式压水试验。压水试验本无需采用循环法，因在灌浆工程中的钻孔进行压水试验时，由于一般多采用循环灌浆法灌浆，为了工作方便，就利用原循环灌浆的设备直接进行压水试验，从而形成了这种循环式压水法。

2. 主要试验参数

高压压水试验的主要参数包括试验起始压力、设计最大控制压力、压力级差、每级压水历时（压水持续时间）。

3. 选择原则

表3.1给出了国内部分工程的高压压水试验参数。

表 3.1　　国内部分工程高压压水试验参数

工程名称	起始压力/MPa	压力级差/MPa	持续时间/min
清远抽水蓄能电站	2.0	2.0	
小天都气垫调压室	1.0	2.0、3.0	
万家寨工程总干线一、二级泵站岔管区	0.5	0.13、0.15、0.16	
天荒坪抽水蓄能电站	1.5	1.0（快速）、1.0～2.0（慢速）	5（快速）、30（中速）、120～360（慢速）
蒲石河抽水蓄能电站	1.0	1.0	10（快速）、30（中速）、60～120（慢速）
河南南阳抽水蓄能电站	1.0	1.0	5（快速）、30（中速）、120（慢速）
黑麋峰抽水蓄能电站	1.0（快速、中速），1.5（慢速）	0.2～0.3（快速）、0.3～0.5（中速）、0.5～1.0（慢速）	5（快速）、30（中速）、360（慢速）
河南回龙抽水蓄能电站	1.0	1.0	5（快速）
板桥峪抽水蓄能电站	0.5	0.5～1.5	30～50（快速）、120～180（中速）、240～480（慢速）

压水试验参数的合理选择与试验目的和选用的压水试验方法有关。从表 3.1 可知，尽管高压压水试验的起始压力、压力级差各有不同，但对抽水蓄能电站而言，起始压力都在 1.0MPa 之上。理论上讲，围岩在水压 1.0MPa 以下的透水性可采用常规压水试验加以研究，因此，在高压压水试验可以不反映低水压情况下的相关特性。综合各个工程采用的实际起始压力，建议高压压水试验起始压力取 1.0MPa。

目前绝大多数高压压水试验最大压水试验压力采用 1.2 倍的运行水压力值，也有部分工程采用 1.3 倍运行压力进行试验控制。鉴于此，建议压水设计最大控制压力按岩体在运行期间承担的最大动水头的 1.2～1.3 倍确定。

压力级差和压水持续时间的选择与所采用的试验方法有关。

（1）快速法。从表 3.1 可见，快速法压水的压力级差在不同工程中，取值差异较大。理论上讲，快速法压水最适合于了解岩体的劈裂特性，如果级差太大，当岩体在两个压力级差之间发生劈裂时，就容易导致劈裂压力试验取值的较大误差。考虑到快速法压水持续时间短，因此，压力级差不宜过大。

1）压力级差：压水压力不大于 0.8 倍最小初始地应力时，建议压力级差取 0.5MPa；压水压力大于 0.8 倍最小初始地应力时，建议压力级差取 0.2～0.3MPa；

2）每级压力持续时间：5～10min。

（2）中速法。

1）压力级差：压水压力不大于最小初始地应力时，压力级差 1.0～1.5MPa；压水压力大于最小初始地应力时，压力级差 0.5～1.0MPa；

2）压力持续时间：30～60min。

（3）慢速法。

1）压力级差：压水压力不大于最小初始地应力时，压力级差 1.5～2.0MPa；压水压力大于最小初始地应力时，压力级差 1.0MPa；

2）压力持续时间：120～240min。

高压压水试验方法和试验参数的确定，应结合工程实际情况，参考上述成果进行选择。

3.3.5 试验流程和施工工艺

试验流程：试验准备→洗孔→安装止水栓塞→压水孔初始水位观测→试验性压水→常规压水试验 1 次→高压压水→压力流量观测。

施工工艺：钻孔定位测量→钻机安装→供水池修建→钻孔→洗孔→高压水泵组安装→止水栓塞安装→压水设备调试→监测仪器调试。

3.3.6 试验资料整理方法及其标准图表

试验资料整理包括校核原始记录、绘制 $p-Q$ 曲线、确定 $p-Q$ 曲线类型、绘制稳压阶段透水率-时间关系曲线。当布置有观测孔时，绘制试验压力与观测孔出水流量关系曲线、绘制试验压力和观测孔压力与时间关系曲线。

$p-Q$ 曲线绘制时升压过程用实线，降压过程用虚线。

p、$Q-t$ 曲线绘制中时间轴的比例尺可根据快速法、中速法和慢速法进行适当调整。

高压压水试验 $p-Q$ 曲线类型总体上分为两类：一类劈裂型，见图 3.3 中的 A、B 和 C 型；另一类为非劈裂型，见图 3.3 中的 D、E 和 F 型。劈裂型和非劈裂型又可进一步细分，见图 3.3；$p-Q$ 曲线特征描述见表 3.2。

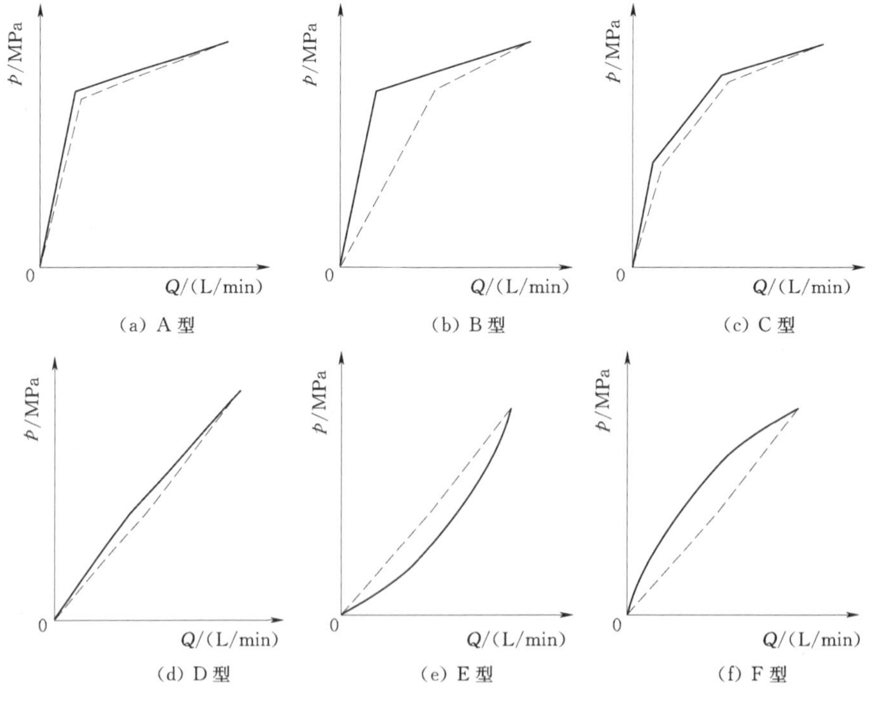

图 3.3 高压压水 $p-Q$ 曲线类型

表 3.2　　高压压水 $p-Q$ 曲线特征表

类型	A 型	B 型	C 型	D 型	E 型	F 型
曲线特征	曲线存在单一的明显拐点，升压降压曲线基本重合	曲线存在单一的明显拐点，升压降压曲线不重合	曲线存在两个及以上的明显拐点，升压降压曲线基本重合	升压曲线近似直线，升压降压曲线基本重合	曲线不存在明显拐点，升压曲线凸向 Q 轴	曲线不存在明显拐点，升压曲线凸向 p 轴

A 型 $p-Q$ 曲线表明当压水压力小于某一数值（拐点）时，岩体的渗透性较弱；压水压力一旦超过拐点压力后，渗透性急剧增加，岩体发生明显的劈裂，拐点处压力可确定为劈裂压力。压力增大到一定程度后压力和透水量保持稳定，结构面贯通，压力增加困难。岩体在高压水作用下基本保持弹性变形。

B 型 $p-Q$ 曲线表明当压水压力小于某一数值（拐点）时，岩体的渗透性较弱；压水压力一旦超过拐点压力后，渗透性急剧增加，岩体发生明显的劈裂，拐点处压力可确定为劈裂压力。压力增大到一定程度后压力和透水量保持稳定，结构面贯通，压力增加困难。岩体在高压水作用下产生较大的塑性变形。

C 型 $p-Q$ 曲线呈现出两个拐点，第一个拐点表明岩体在水压力作用下被冲蚀，透水量增大，拐点处的压力可称为扩容压力；当压力增大到第二个拐点后，岩体裂隙进一步扩张，透水量显著增大，该拐点处的压力为劈裂压力，压力增大到一定程度后压力和透水量保持稳定，结构面贯通，压力增加困难。岩体在高压水作用下基本保持弹性变形。

D 型 $p-Q$ 曲线表明岩体本身渗透性较强，岩体透水量随压力增加而呈同步增大的趋势，岩体在高压压水过程中基本保持弹性变形。

E 型 $p-Q$ 曲线没有明显拐点，且凸向 Q 轴，表明岩体在高压压水试验过程中部分裂隙被颗粒堵塞（填充），渗水通道减小，降压阶段的流量较升压阶段流量小。试验过程中岩体没有产生劈裂。

F 型 $p-Q$ 曲线没有明显拐点，且凸向 p 轴，表明原来颗粒填充的部分裂隙在高压水作用下被冲蚀，渗水通道增加，降压阶段的流量较升压阶段流量大。试验过程中岩体没有产生劈裂。

3.4　黑麋峰岔管段围岩高压渗透性试验研究

黑麋峰抽水蓄能电站高压岔管区埋深 215m，紧邻 F_{15} 断层。F_{15} 断层包括 2 条分支断层，两分支断层在引水隧洞下平段左侧合并，断层间最大相距 5m 左右。为研究高压岔管两高压引水隧洞在一洞运行一洞检修情况下岩体渗透特性，对岔管区岩体进行了高压压水试验。图 3.4 为高压压水试验平面布置图，图 3.5 和图 3.6 为测试孔孔内结构布置图。

试验试验过程中，岩体内水流状态在压水试验过程中不断发生变化。高压渗透系数计算公式的推导基于恒定流假定。为了保证渗透系数计算结果的正确性，计算时需要采用岩

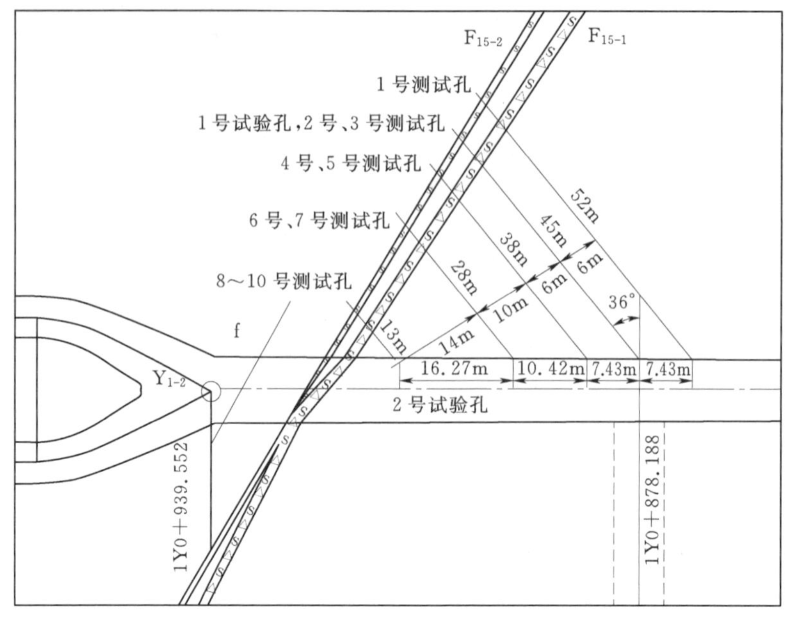

图 3.4 高压压水试验系统钻孔布置平面图

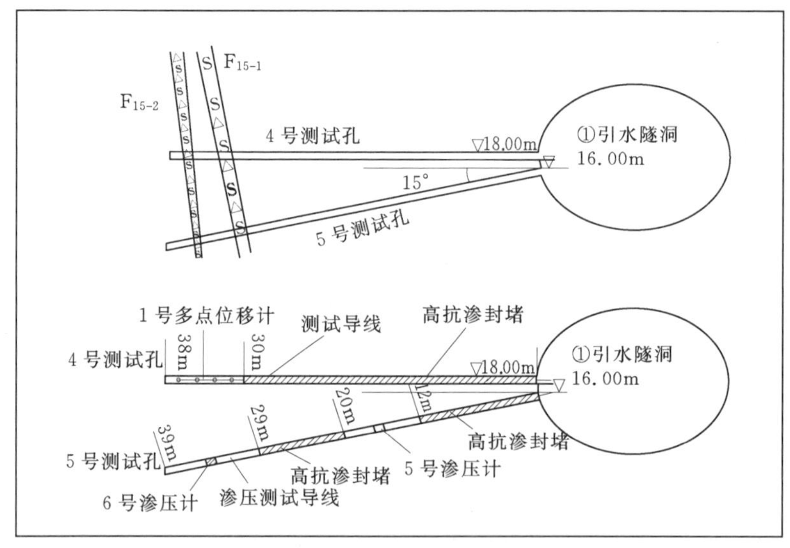

图 3.5 4号、5号测试孔剖面及孔内结构布置简图

体内水流处于相对恒定状态下的数值进行计算。

图 3.7 给出了测试孔渗压和压水孔压力与时间之间的关系图；图 3.8 给出了测试孔渗压和压水孔压入流量与时间之间的关系图。

图 3.7 和图 3.8 表明：在压水的起始阶段，尽管试验孔压力逐步增加，但试验孔中的压水流量和渗压孔中的压力基本保持恒定，当压水压力达到 6.0MPa 后，试验孔内的流量几乎同时急剧增加，表明裂隙岩体产生了水力劈裂，使得压入试验孔中的水量迅速向岩体裂隙通道扩散。压水压力维持在 7.0MPa 后，压水流量维持 33.0L/min。渗压测试孔中的

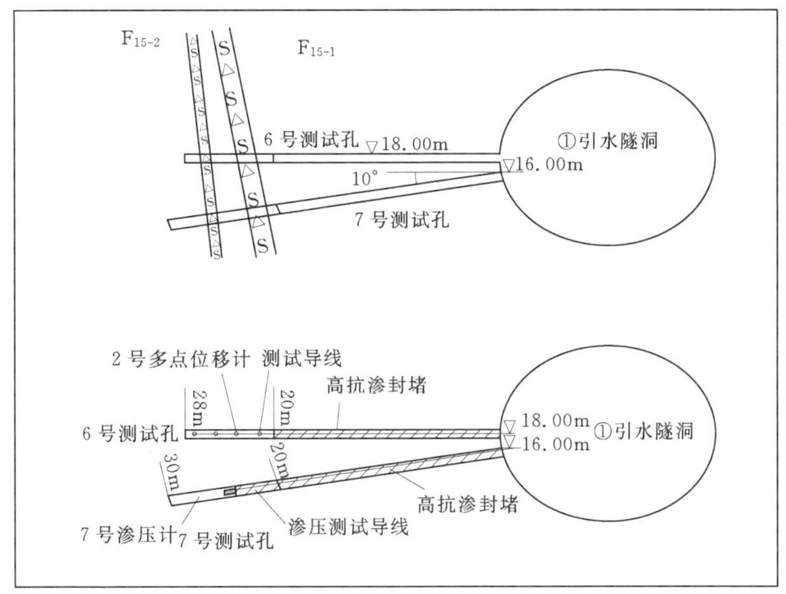

图 3.6　6 号、7 号测试孔剖面及孔内结构布置简图

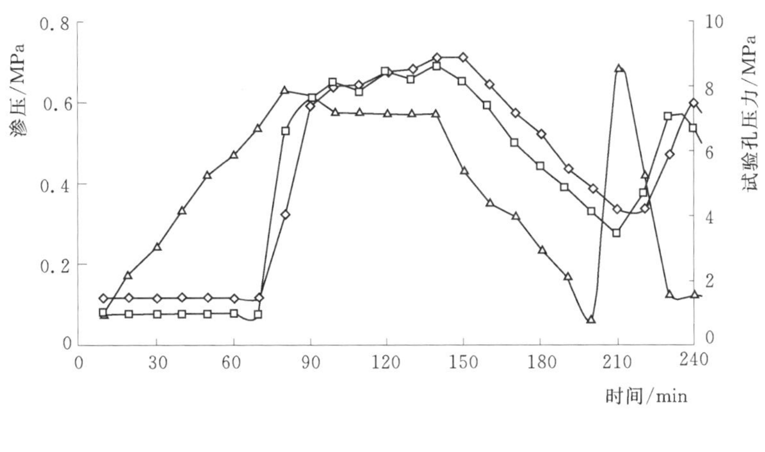

图 3.7　测试孔渗压和压水孔压力与时间关系图

压力在流量突增大约 7min 之后开始增加，15min 后，渗压孔中的压力基本稳定下来，其值约为 0.67MPa。

从图 3.7 和图 3.8 还可以看出，试验孔内的压力与流量同步，但渗压孔内的压力变化存在滞后现象，表明水流从试验孔流向渗压孔需要一定的时间，符合渗流基本特征。试验孔压力降低后，压水流量随之同步降低，且压水压力小于 6.0MPa 之后，压水流量急剧减少，表明前期劈开的岩体裂隙出现弹性闭合，减小了渗流通道的面积。渗压孔内的压力在经过 7min 后开始降低，并和压力降低保持相同的趋势。

经过上述分析可知，当压水压力维持在 7.0MPa、压水流量维持在 33.0L/min、渗压

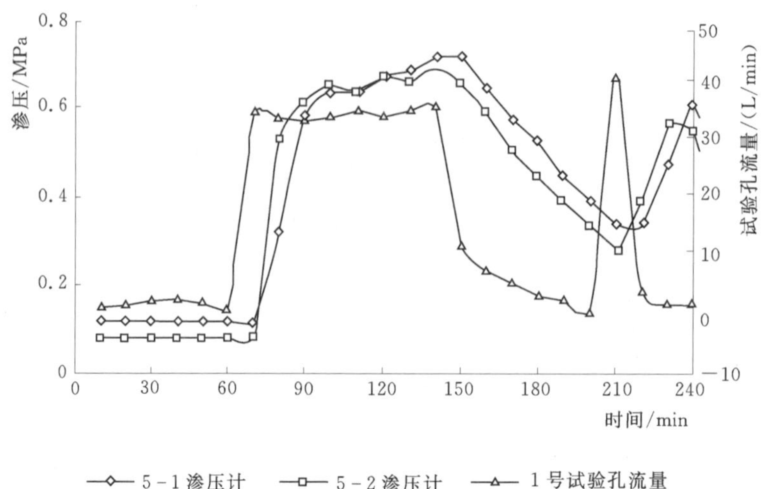

图 3.8　测试孔渗压和压水孔压入流量与时间关系图

孔中维持在 0.67MPa 的情况下，可以认为试验孔和渗压测试孔之间岩体的水流达到恒定流状态，满足前述高压渗透系数计算公式的适用条件。同样，可以根据降压阶段压水孔和渗压孔内的压力值确定出渗透系数计算所需的相对稳定压力和流量。

已知试验孔直径 0.11m，试验孔压水段长度 10m，试验孔和渗压孔间距 5m。表 3.3 为依据层流和紊流理论推导的渗透系数计算公式估算得到的紊流渗透系数，同时也给出了按压水试验规程推荐公式（层流理论）计算得到的渗透系数。

由表 3.3 可以看出，无论岩体内高压水流按紊流还是按层流考虑，其计算结果均表明岩体发生水力劈裂前渗透系数较小，而发生水力劈裂后渗透系数急剧增大得特点。同时，岩体紊流渗透系数大约是层流渗透系数得 44～48 倍。由此可见，渗流流态对渗透系数的估计起决定性作用。按层流计算公式、压水规程公式、巴布什金公式及透水率换算得到的渗透系数比较接近。

表 3.3　　**渗透系数计算值**　　单位：cm/s

计算方法 \ 稳定压水压力/MPa	1.54	2.64	3.43	4.39	5.4	6.47	7.0
层流公式	1.74×10^{-6}	1.31×10^{-6}	1.10×10^{-6}	9.99×10^{-7}	1.19×10^{-6}	4.70×10^{-6}	6.86×10^{-6}
紊流公式	7.78×10^{-5}	5.96×10^{-5}	5.10×10^{-5}	4.65×10^{-5}	5.56×10^{-5}	2.18×10^{-4}	3.20×10^{-4}
试验规程公式	1.61×10^{-6}	1.31×10^{-6}	1.13×10^{-6}	1.04×10^{-6}	1.25×10^{-6}	4.69×10^{-6}	6.90×10^{-6}
巴布什金公式	1.70×10^{-6}	1.37×10^{-6}	1.19×10^{-6}	1.09×10^{-6}	1.32×10^{-6}	4.94×10^{-6}	7.26×10^{-6}
按透水率换算	1.17×10^{-6}	9.47×10^{-7}	8.16×10^{-7}	7.52×10^{-7}	9.07×10^{-7}	3.40×10^{-6}	5.00×10^{-6}

图 3.9 给出了紊流状态下岩体渗透系数随压水压力的变化趋势。由图 3.9 可知，在压力相对较低情况下，裂隙岩体由于没有产生水力劈裂，裂隙岩体中连通的空隙空间变化甚微，水流沿裂隙岩体中既有的连通裂隙流动，因此渗透系数基本保持一致。发生水力劈裂后，新生成的连通裂隙通道为水流的流动提供了新的空间，从而导致渗透系数急剧增加。

对本工程试验岩体来说，可通过数据拟合的方法得到岩体渗透系数与压水压力关系如下。

$$\begin{cases} K_{\phi}=1.61\times10^{-4}p-8.17\times10^{-4} & p>5.4 \\ K_{\phi}=6.0\times10^{-5} & p\leqslant5.4 \end{cases} \tag{3.17}$$

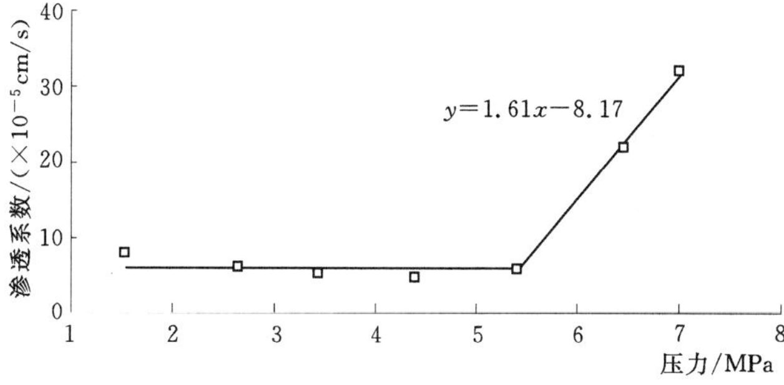

图 3.9　渗透系数与压力关系图

裂隙岩体的渗透系数是反映岩体渗透性大小最本质的水力学参数。研究表明：

(1) 裂隙岩体在高水压状态下的渗流定律更适合于用紊流定律加以描述。

(2) 裂隙岩体的紊流渗透系数远大于按层流考虑计算得到的渗透系数。同时高水压引起的水力劈裂会引起裂隙岩体高压渗透系数取值的急剧增加。

第4章　岩体水力劈裂特性

4.1　水力劈裂机理

岩体中的空隙或裂隙在充满高压水的条件下，围岩内部（如裂纹尖端）会产生应力升高的局部拉应力集中区，在高水压引起的拉应力作用下，有可能引起围岩在拉应力集中区发生开裂现象，这就是岩体水力劈裂的狭义概念。如今，岩土体的水力劈裂是一个更为广泛的概念，它指岩土体在水压作用下岩土体内部孔隙、裂隙、颗粒、颗粒边界等由于孔隙或裂隙水压力引起的应力集中而在岩土体内部产生新的微小裂纹，并在水压作用下致使裂纹不断扩大、发展的岩土体损伤或破坏的现象。在实际岩土工程中，岩体水力劈裂的发生与发展主要受结构面和裂纹的控制，但是在土体及断层破碎岩体中，材料内部的不均匀性是导致水力劈裂发生与发展的重要影响因素。

4.1.1　裂缝水流运动基本理论

描述空间流体运动的一般方程是 Navier - Stokes 方程，结合边界条件从理论上构成了流体运动状态的完备描述，然而由于流体运动状态及边界条件的复杂性，目前仅能对一些简单边界问题求解。对于大多数问题 Navier - Stokes 方程难以得到理论解，往往需要简化模型和计算方法，但不管采用什么方法，求解过程应遵循质量守恒和动量守恒定律。

岩体水力劈裂裂缝的长度与宽度之比往往在 10^4 以上数量级。水流在这样一个很小的缝隙内流动，可以忽略压力沿裂缝宽度方向的变化，认为压力仅沿长度方向变化。对这种问题采用控制体积法求解比直接通过 Navier Stokes 方程求解更为有效，而且精度完全能够满足工程要求。控制体积法就是沿裂缝长度方向取若干个微段体积，通过研究微段的运动来得到问题的解。

采用控制体积法求解时，不可压缩液体质量守恒定律可描述为

$$\frac{\mathrm{d}m}{\mathrm{d}t}=\rho\frac{\mathrm{d}}{\mathrm{d}t}\int_V \mathrm{d}V+\rho\oint_{\Omega}(\boldsymbol{u}\cdot\boldsymbol{n})\mathrm{d}A=0 \tag{4.1}$$

式中：V 为控制体体积；Ω 为控制体的表面；m 为控制体质量；ρ 为水的质量密度；$\boldsymbol{u}$ 为速度矢量；$\boldsymbol{n}$ 为控制体表面的外法线矢量。

不可压缩液体动量守恒定律描述为

$$\frac{\mathrm{d}M}{\mathrm{d}t}=\rho\frac{\mathrm{d}}{\mathrm{d}t}\int_V \boldsymbol{u}\mathrm{d}V+\rho\oint_{\Omega}\boldsymbol{u}(\boldsymbol{u}\cdot\boldsymbol{n})\mathrm{d}A=\sum\boldsymbol{F} \tag{4.2}$$

式中：M 为控制体积的动量；$\boldsymbol{F}$ 为作用在控制体积上的力矢量。

4.1.2　裂缝水压分布理论计算式

1. 基本假定

基本假定如下：①水的体积是不可压缩的；②水流属于牛顿流体，满足摩擦定律；③裂缝壁渗透系数很小，流体滤失量可以忽略；④水流在裂隙内的运动属于一维层流，任一断面任意时刻流速分布符合泊肃叶流动；⑤裂缝在某一个方向宽度远大于其他两个方向，在该方向取单位宽度简化为平面问题研究时该平面内裂缝形状为半椭圆形。

如图 4.1 (a) 所示，在任意时刻裂缝形状的方程为

$$\frac{x^2}{a^2}+\frac{y^2}{b^2}=1 \tag{4.3}$$

式中：a、b 分别为任意时刻椭圆的长轴和短轴，是关于时间 t 的函数。

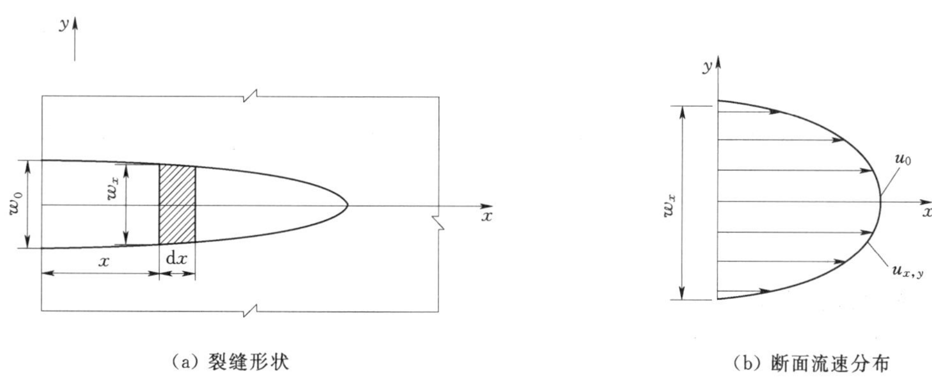

(a) 裂缝形状　　(b) 断面流速分布

图 4.1　裂缝形状与断面流速分布

如图 4.1 (b) 所示，裂缝中的断面流速分布为

$$u_{x,y}=u_0\left(1-\frac{4y^2}{w_x^2}\right) \tag{4.4}$$

式中：$u_{x,y}$ 为任意时刻任一点流体的流速（省略下标 t，以下同）；u_0 为研究断面最大流速；w_x 为 x 断面处裂缝宽度。

2. 质量守恒

式 (4.1) 右侧第一项为控制体质量随时间的变化率，对于不可压缩液体则为体积变化率，第二项为控制体周围各面流出和流入的水的通量。

取 x 处一微段 $\mathrm{d}x$ 如图 4.1 (a) 所示，位于断面处裂缝宽度为 w_x、任一点流速为 $u_{1x,y}$、平均流速为 $\overline{u}_1$、最大流速为 u_{01}、通过流量为 q_x；位于 $x+\mathrm{d}x$ 断面处裂缝宽度为 $w_x\ \frac{\partial w_x}{\partial x}\mathrm{d}x$、任一点流速为 $u_{2x,y}$、平均流速 $\overline{u}_2$、最大流速为 u_{02}、通过流量为 $q_x+\frac{\partial q_x}{\partial x}\mathrm{d}x$。

当按平面问题考虑时，微段 dx 的体积为

$$\int_V \mathrm{d}V=\frac{1}{2}\left(w_x+w_x+\frac{\partial w_x}{\partial x}\mathrm{d}x\right)\mathrm{d}x\approx w_x\mathrm{d}x \tag{4.5}$$

对于一维层流

$$\rho\oint_\Omega(\boldsymbol{u}\cdot\boldsymbol{n})\mathrm{d}A=\int_{s1}u_{1x,y}\mathrm{d}y-\int_{s2}u_{2x,y}\mathrm{d}y \tag{4.6}$$

将式（4.4）代入式（4.6），并沿裂缝高度积分得

$$\rho\oint_\Omega(\boldsymbol{u}\cdot\boldsymbol{n})\mathrm{d}A=\frac{2}{3}u_{01}w_x-\frac{2}{3}u_{02}\left(w_x+\frac{\partial w_x}{\partial x}\mathrm{d}x\right) \tag{4.7}$$

对于层流，断面最大流速等于全断面平均流速的 2 倍，即有 $u_{01}=2\,\overline{u_1}$，$u_{02}=2\,\overline{u_2}$；而 $\overline{u_1}=q_x/w_x$、$\overline{u_2}=\left(q_x+\frac{\partial q_x}{\partial x}\mathrm{d}x\right)\Big/\left(w_x+\frac{\partial w_x}{\partial x}\mathrm{d}x\right)$，将这些关系式代入式（4.7），略去高阶微量后，得

$$\rho\oint_\Omega(\boldsymbol{u}\cdot\boldsymbol{n})\mathrm{d}A=\frac{4}{3}\frac{\partial q_x}{\partial x}\mathrm{d}x \tag{4.8}$$

将式（4.5）和式（4.8）代入式（4.1）得到裂缝水流量与裂缝宽度变化的关系如下

$$\frac{\partial w_x}{\partial t}=\frac{4}{3}\frac{\partial q_x}{\partial x} \tag{4.9}$$

3. 缝内压力公式

任一断面裂缝的张开宽度为

$$w_x=2b\sqrt{1-\frac{x^2}{a^2}}=w_0\sqrt{1-\frac{x^2}{a^2}} \tag{4.10}$$

式中：w_0 为裂缝边缘的张开宽度。

大量研究表明，岩石与混凝土等脆性材料裂纹断裂失稳扩展具有跳跃性，裂缝长度并不是持续向前扩展，而是扩展到某一稳定状态即停止，待断裂能积聚到一定程度后再出现一次跳跃。为此，李宗利等推导得到了裂隙缝内的水压力计算公式。

$$P_x=P_0\exp\left[\frac{\mu}{w_0\dot{w}_0}\left(1-\frac{a^2}{a^2-x^2}\right)\right] \tag{4.11}$$

式中：μ 为水的动力黏滞系数。

由于$\left(1-\frac{a^2}{a^2-x}\right)\leqslant 0$，由指数函数的性质知裂缝内水压沿裂缝长度按指数规律减小，随裂缝边缘张开宽度及张开速率的增大，式（4.11）中的指数部分减小，缝内水压增大。而 $w_0=\dot{w}_0 t$，说明随着时间的推移，缝内水压力逐渐增大。图 4.2（a）和图 4.2（b）为缝内水压力随时间变化在缝内不同位置的分布图。

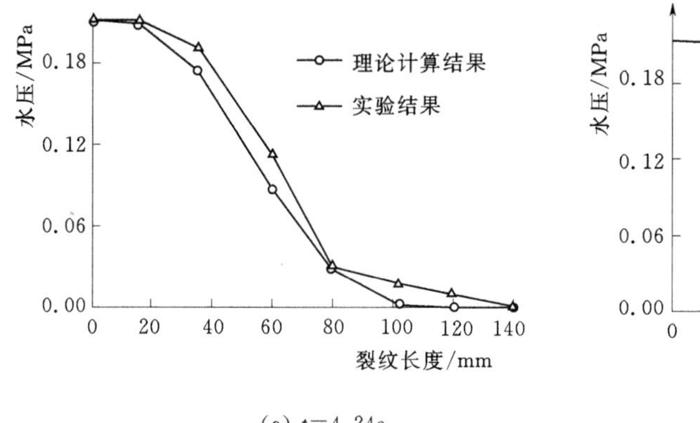

(a) $t=4.24$s

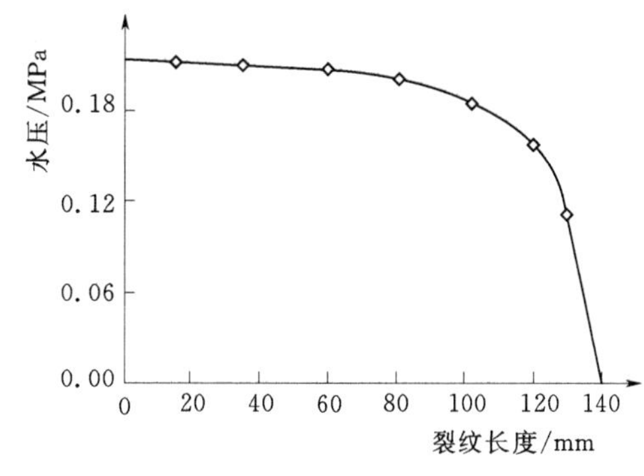

(b) $t=240$s

图 4.2　裂缝内水压分布

4.1.3　水力劈裂临界水压力

岩体内裂纹分布一般是随机的，呈三维分布，为研究方便，以图 4.3 所示的平面穿透闭合单裂纹为研究对象，探求水压对岩体裂纹断裂模式的影响及临界水压计算。

图 4.3 所示的闭合裂纹受地应力 σ_1 和 σ_3 作用，裂纹与垂直向应力夹角为 α，裂纹内作用有孔隙水压力 p。假定水压力沿裂纹各个方向作用力相等，岩体属于脆弹性。由应力状态分析可知裂纹面上的正应力 σ_α 和剪应力 τ_α 分别为

$$\sigma_\alpha=-\left(\frac{\sigma_1+\sigma_3}{2}-\frac{\sigma_1-\sigma_3}{2}\cos 2\alpha-p\right) \tag{4.12}$$

$$\tau_\alpha=-\frac{\sigma_1-\sigma_3}{2}\sin 2\alpha \tag{4.13}$$

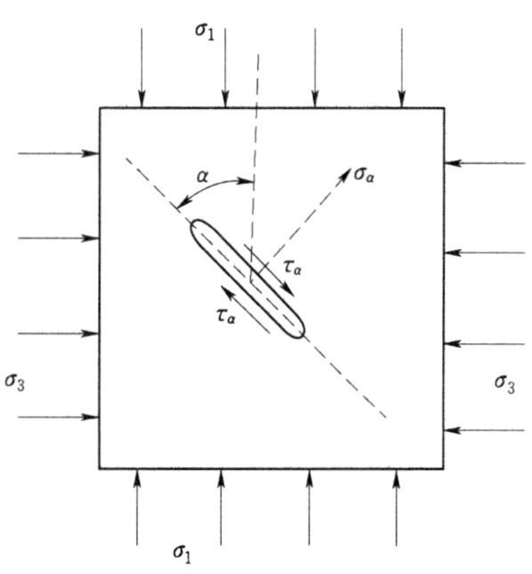

图 4.3　含单裂纹计算模型

断裂力学中规定拉为正压为负，而岩石力学规定正相反，故在式（4.12）和式（4.13）的前面冠以负号。

根据拉剪复合型裂纹失稳准则，有

$$K_{\mathrm{IC}}=K_{\mathrm{I}}+K_{\mathrm{II}} \tag{4.14}$$

其中
$$K_{\mathrm{I}}=\sigma_\alpha\sqrt{\pi a},K_{\mathrm{II}}=\tau_\alpha\sqrt{\pi a}$$

式中：K_{IC}为断裂韧度；a 为裂纹半长。

如果定义裂纹在发生扩展失稳时内部孔隙水压为临界水压，根据裂纹失稳准则得到临界水压计算公式为

$$p_c=\frac{\sigma_1+\sigma_3}{2}-\frac{\sigma_1-\sigma_3}{2}\cos 2\alpha+\left|\frac{\sigma_1-\sigma_3}{2}\sin 2\alpha\right|+\frac{K_{\mathrm{IC}}}{\sqrt{\pi a}} \tag{4.15}$$

式（4.15）表明，岩体发生水力劈裂的临界水压力与初始地应力场和岩体的断裂韧度相关。初始地应力越大，临界劈裂压力越大；断裂韧度越大，临界劈裂压力越大。

当裂纹承受压剪状态时，临界水压计算公式为

$$p_c=\frac{\sigma_1+\sigma_3}{2}-\frac{\sigma_1-\sigma_3}{2}\cos2\alpha+\frac{1}{\tan\phi}\left(\frac{\sigma_1-\sigma_3}{2}\sin2\alpha+\frac{K_{\mathrm{II}C}}{\sqrt{\pi a}}\right) \tag{4.16}$$

其中

$$K_{\mathrm{II}C}=\left[-\frac{\sigma_1-\sigma_3}{2}\sin2\alpha+\left(\frac{\sigma_1+\sigma_3}{2}-\frac{\sigma_1-\sigma_3}{2}\cos2\alpha-p\right)\tan\phi\right]\sqrt{\pi a} \tag{4.17}$$

对于不同的岩体，断裂韧度值可以采用实验方法获得。

4.2 岩体水力劈裂扩展过程分析

4.2.1 基于流量与压力关系的劈裂过程分析

水力劈裂是指由于岩体裂隙水压力升高，引起岩体裂隙发生与扩展的一种物理现象。水力劈裂实际上是在高水头水压力作用下，岩体断续裂隙（或空隙）发生扩展，相互贯通后再进一步张开所致。由于岩体的劈裂在时间上具有突变性，在保证压水压力不变的情况下，必须补充更多的流量来填充新增的孔隙空间。在 p-Q 曲线上的反映就是流量的突然变化。因此岩体是否发生劈裂，可采用 p-Q 曲线是否出现突变点来判断。压力流量曲线中如存在流量突变区间，那么流量突变区间的起始点对应的水压力可以判断为岩体发生水力劈裂的临界压力。

需要注意的是，岩体是否发生水力劈裂与压入流量的绝对值大小无关，只与 p-Q 曲线上是否出现明显突变点有关。

图 4.4～图 4.7 分别为黑麋峰抽水蓄能电站高压岔管段裂隙岩体和断层破碎带岩体在高压压水试验过程中的压力与流量关系曲线。所有这些压力流量关系曲线都要一个共同点，即压水试验过程中，压水段中的流量出现 2 次以上的突变点，这种现象表明随着压水压力的增加，出现多次“扩容”现象。岩体空隙空间的扩容可以看做是岩体发生水力劈裂后的结果。

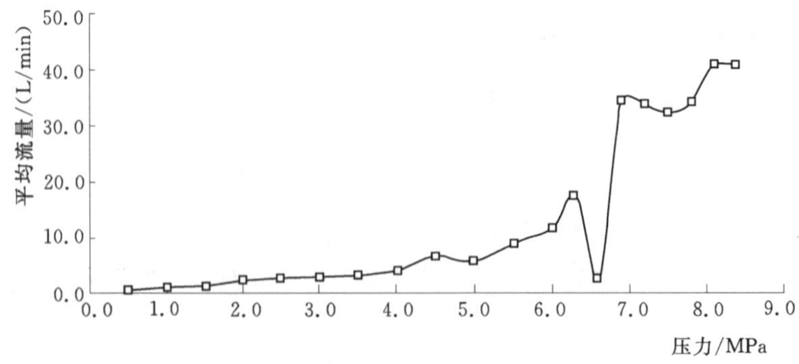

图 4.4　1 号试验孔岩体段压力与平均流量关系曲线（快速法）

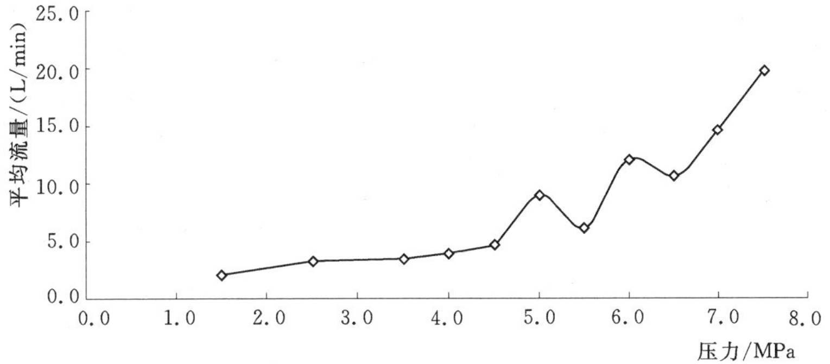

图 4.5　1 号试验孔岩体段压力与平均流量关系曲线（中速法）

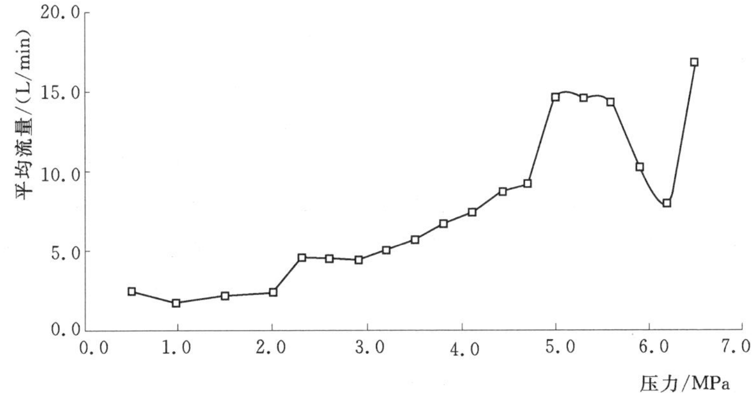

图 4.6　1 号试验孔断层段压力与平均流量关系曲线（快速法）

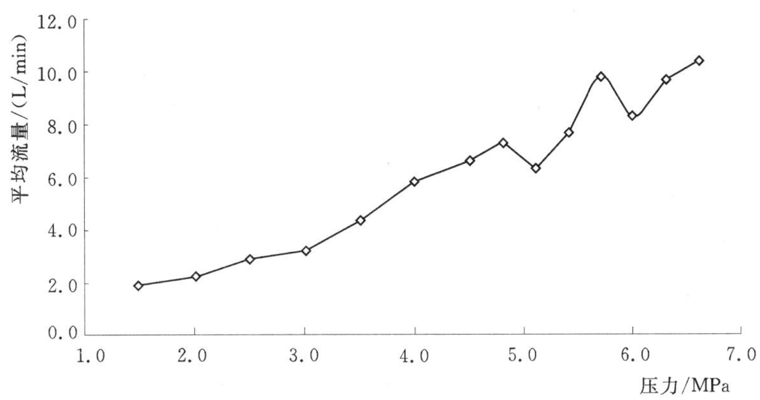

图 4.7　1 号试验孔断层段压力与平均流量关系曲线（中速法）

压水试验中之所以出现上述多次劈裂扩展现象，是由于裂隙对水的阻滞作用，压水孔中的水压力通常会大于裂隙面上的水压力。随着压水孔压力的逐渐增加，在靠近压水孔附近岩体被劈裂后，远离压水孔位置岩体中的水压力升高需要一定的积累过程，如果压水压力继续增加，则可能出现水力劈裂的渐进式发展。

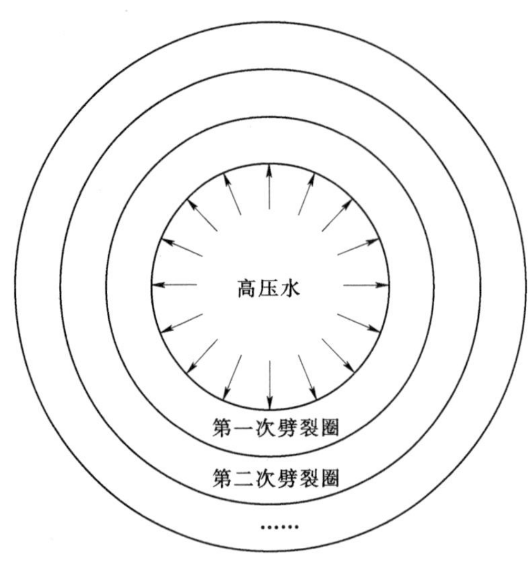

图 4.8　岩石劈裂过程示意图

对于均质岩石或岩体来说，图 4.8 给出了岩石劈裂扩展过程示意图。当孔内充满高压水后，圆孔附近范围岩石在内水压力的作用下将首先达到劈裂条件而出现水力劈裂（第一次劈裂圈）。第一次劈裂后，孔内水压力上升，第一圈和第二圈交界面上岩体承受的水压力在克服岩体的阻力后继续增加，当增加的水压力再次满足岩石发生水力劈裂的水压力条件后，新的水力劈裂圈再次生成。依此类推，随着孔内压力的继续增加，又会形成第三、第四破裂圈。

压水试验过程中，压水孔中的后续水压力较第一次劈裂压力大，但岩体劈裂的水压力并未增加，增加的水压力主要用来克服水的流动阻力，因此岩体真正的劈裂压力应该取第一次产生劈裂现象时的压力。

对于工程岩体来说，确定水力劈裂范围的大小应该被提高到与产生水力劈裂的劈裂压力相同的高度来重视。劈裂压力的大小给出了岩体是否发生劈裂的临界判据；而劈裂范围大小，则为工程设计治理范围的大小提供科学合理的依据。

4.2.2　基于断裂力学机理的劈裂扩展分析

高压压水试验过程中，岩体水力劈裂扩展过程可用上述断裂力学理论加以分析。

在地应力一定情况下，由式（4.12）知，缝内水压力 p 越大，σ_a 越小；根据断裂韧度与地应力关系 $K_{\mathrm{I}}=\sigma_a\sqrt{\pi a}$，可知断裂韧度 $K_{\mathrm{I}C}$ 也就越小。由式（4.17）可知，缝内水压力 p 越大，断裂韧度 $K_{\mathrm{II}C}$ 也越小。考虑到缝内水压力的分布与空间位置和压水历时有关：压水过程中靠近压水孔附近（裂纹开口处）的缝内水压力大；远离压水孔位置（裂纹尖端）的缝内水压力小。随着压水时间的持续，由式（4.11）知，远离压水孔位置岩体内的裂纹中的水压力会逐渐增大，断裂韧度不断减小。当缝内压力满足式（4.15）或式（4.16）时，裂缝失稳并扩展。

对式（4.11）进行变换，有

$$p_x=p_0\exp\left[\frac{\mu}{w_0\dot{w}_0}\left(-\frac{x^2}{a^2-x^2}\right)\right] \tag{4.18}$$

由式（4.18）可知，保持压水孔压力和裂纹宽度改变率不变（即 p_0 和 $\dot{w}_0$ 不变），当岩体中原有裂缝产生水力劈裂后，裂缝长度 a 增加，裂缝宽度 w_0 增加，则由裂缝长度和宽度控制的指数函数自变量数值减小，由指数函数性质可知，指数函数值减小，故缝内压力 p_x 也随之减小。根据断裂韧度与地应力关系和式（4.17）可知，当缝内压力 p 减小时，断裂韧度值 $K_{\mathrm{I}C}$ 和 $K_{\mathrm{II}C}$ 都将增大。根据式（4.15）和式（4.16）可知，断裂韧度值 $K_{\mathrm{I}C}$ 和 $K_{\mathrm{II}C}$ 增大后，裂纹产生水力劈裂的临界水压力 p_C 增大。因此，为了使岩体中产生

新的裂缝或使得原有裂纹继续扩展，需要继续提高压水孔中的压水压力 p_0。这就是岩体高压压水试验过程中随着压水压力的增加，岩体出现渐进式的多次劈裂扩展的基本力学机理。

4.3 黑麋峰岔管段围岩水力劈裂压力分析

4.3.1 劈裂压力的试验分析

岩体的水力劈裂现象通常指岩体在高压水作用下，流量产生突然增加的现象。这种现象在 $p-Q-t$ 曲线上表现为压力达到某一峰值后突然下降，而流量滞后于峰值压力陡增；在 $p-Q$ 关系曲线上则表现为有一个流量异常增加的突变点。

黑麋峰抽水蓄能电站高压岔管段裂隙岩体和断层破碎带岩体高压压水试验部分成果如图 4.4～图 4.7。根据流量压力过程线和关系曲线判断，断层带岩体与裂隙岩体在高压压水过程中均产生了水力劈裂或多次水力劈裂；在压水压力不断升高的条件下，高压水作用半径不断扩大，水力劈裂发生了递进式扩展，出现第二次、第三次水力劈裂现象。

图 4.4 表明 1 号试验孔岩体段在快速法第一次高压压水条件下至少发生了三次较大规模的水力劈裂现象，第一次劈裂时的压力为 5.0MPa，第二次劈裂时的压力为 6.6MPa，第三次劈裂时的压力为 7.8MPa。

图 4.5 表明 1 号试验孔岩体段在中速法第一次高压压水条件下也发生了三次较大规模的水力劈裂现象，第一次劈裂时的压力为 4.5MPa，第二次劈裂时的压力为 5.5MPa，第三次劈裂时的压力为 6.5MPa。

图 4.6 表明 1 号试验孔断层段在快速法高压压水条件下发生了三次较大规模的水力劈裂现象，第一次劈裂时的压力为 2.5MPa，第二次劈裂时的压力为 5.0MPa，第三次劈裂时的压力为 6.8MPa。

图 4.7 表明 1 号试验孔断层段在中速法第一次高压压水条件下发生了三次较大规模的水力劈裂现象，第一次劈裂时的压力为 3.0MPa，第二次劈裂时的压力为 5.5MPa，第三次劈裂时的压力为 6.5MPa。

岩体在高压压水过程中出现的流量突增、降低，又增加的交替现象，表明岩体劈裂后的流量增加是新增裂隙或劈裂引起的贯通裂隙增加而提供的更大的储水空间所引起，当这些裂隙空间被后续高压水充填后，由于水的极低压缩性和岩体裂隙通道对水运动的阻力特性，在岩体产生新的水力劈裂裂隙空间前，必然经历流量降低的过程。随着压水孔压力的增加，产生新的劈裂空间，进而引起流量再次增加。

总体上看，断层岩体在高压压水试验过程中的劈裂压力范围为 2.5～6.8MPa，裂隙岩体在高压压水试验过程中的劈裂压力范围为 4.5～7.8MPa。

4.3.2 劈裂压力的理论分析

根据岩体水力劈裂压力计算公式（4.15）和式（4.16），如果已知岩体试验区的地应力大小，岩体中初始裂纹长度以及断裂韧度等，也可以估计出岩体的临界劈裂压力值。

根据黑麋峰抽水蓄能电站可行性研究阶段水压致裂法地应力测试成果，岔管处地应力属以自重应力为主的中等应力场，σ_1、σ_2、σ_3 分别为－6.52MPa、－4.75MPa、－3.52MPa，方位角分别为149.80°、343.53°、253.39°，倾角84.07°、5.75°、1.39°。表4.1给出了试验区岩体地应力的反演成果。

表4.1　试验区地应力反演成果　单位：MPa

位置	应力分量								
	σ_x	σ_y	σ_z	τ_{xy}	τ_{xy}	τ_{xy}	σ_3	σ_2	σ_1
裂隙岩体	－6.17	－8.96	－11.12	－0.96	0.44	－0.52	－5.80	－9.22	－11.23
断层	－4.79	－4.21	－3.69	1.37	－0.29	0.48	－3.09	－3.57	－6.04

引水系统沿线以陡倾角节理为主，缓倾角节理次之，发育方向以NE、NWW向为主，多为陡倾角结构面，延伸长一般介于1～5m之间，少数NE、NWW向节理和缓倾角节理长度大于10m；节理间距局部达0.1～1.0m；节理宽度一般为1～5mm，少数大于1cm，充填物以碎屑为主，部分充填花岗伟晶岩脉或石英脉，或闭合无充填，少数夹泥。NE向陡倾角结构面与主应力 σ_2 的应力方向近于垂直，NWW向陡倾角结构面与主应力 σ_3 的应力方向近于垂直。

根据上述空间关系，结合压水孔钻孔资料可以推算出节理裂隙与长度方向与大主应力 σ_1 方向夹角约5°。根据室内剪切试验成果，高压压水试验区裂隙岩体和断层岩体的内摩擦角分别为46°和22°，节理裂隙长度按1～10m变化取值。

根据孙宗颀等的试验研究，花岗岩断裂韧度值分别取 $K_{\mathrm{I}C}=1.88\mathrm{MPa}\cdot\mathrm{m}^{1/2}$ 和 $K_{\mathrm{II}C}=4.86\mathrm{MPa}\cdot\mathrm{m}^{1/2}$。

将上述已知条件，代入式（4.15）和式（4.16）分别计算出试验区裂隙岩体和断层岩体临界劈裂压力值见表4.2。

表4.2　计算水力劈裂压力临界值　单位：MPa

裂纹长度/m	Ⅰ型裂纹扩展		Ⅱ型裂纹扩展	
	断层	裂隙岩体	断层	裂隙岩体
1	4.43	7.38	5.89	8.95
2	4.12	7.07	5.79	8.18
3	3.98	6.93	5.71	7.83
4	3.90	6.85	5.63	7.63
5	3.84	6.80	5.56	7.49
6	3.80	6.75	5.50	7.39
7	3.77	6.72	5.44	7.31
8	3.74	6.70	5.39	7.24
9	3.72	6.67	5.35	7.19
10	3.70	6.66	5.30	7.14

由表 4.2 可知，当岩体产生拉剪型劈裂，断层岩体劈裂压力理论值为 3.7MPa，裂隙岩体理论劈裂压力值为 6.66MPa；当岩体产生压剪型劈裂，断层岩体劈裂压力理论值为 5.3MPa，裂隙岩体理论劈裂压力值为 7.14MPa。

根据表 4.2 绘制劈裂压力与裂缝长度关系见图 4.9 和图 4.10。由图可知，裂隙长度越长，临界劈裂压力越小，说明压水试验中首先产生劈裂的是长度较大的节理裂隙。其可能原因是，连通性较好的长裂隙受地应力的作用相对较弱，产生劈裂所需的水压力相对较小。连通性较差的短裂隙受地应力的作用相对较强，产生劈裂所需的水压力相对较大。

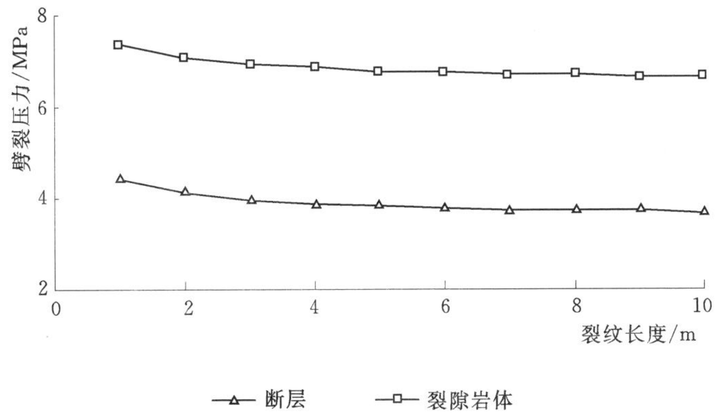

图 4.9　拉剪型临界劈裂压力与裂纹长度关系（Ⅰ型裂纹）

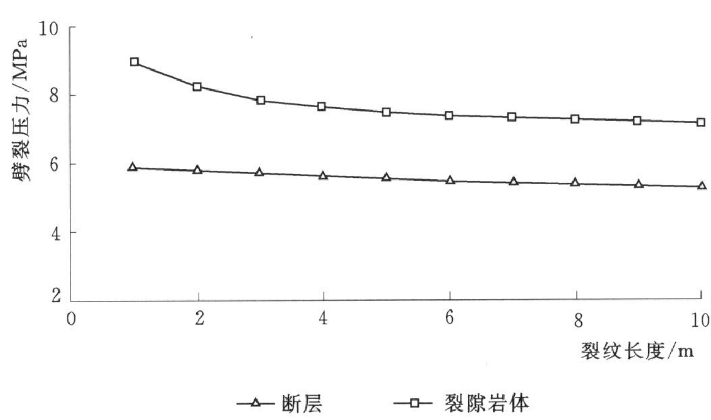

图 4.10　压剪型临界劈裂压力与裂纹长度关系（Ⅱ型裂纹）

综合来看，理论计算得到的断层岩体劈裂压力值在 3.7～5.89MPa 之间，而裂隙岩体的劈裂压力值在 6.7～8.95MPa 之间。由此可见，劈裂压力理论值范围与压水试验得到的实验值范围吻合程度较高，说明理论计算值是合理的。

4.4　小结

高水头条件下岩体水力劈裂特性是影响高压引水隧洞围岩稳定安全评价及高坝坝基稳定性安全评价的关键因素。采用裂缝水流运动的基本理论和裂缝缝内压力分布的计算公式，从理论角度阐释高压压水条件下岩体裂隙劈裂的力学机理。首先从高压压水实验过程中流量压力关系的变化角度，分析了岩体的劈裂扩展过程和扩展模式，然后应用裂隙劈裂的临界水压力公式，从理论分析的角度阐述了裂隙劈裂扩展过程的内在机理。应用压力流量关系曲线的特征及岩体裂缝水力临界劈裂压力的计算公式综合研究了黑麇峰抽水蓄能电站岔管岩体劈裂过程及劈裂压力的取值方法，给出了合理的临界劈裂压力取值。

第 5 章　渗透变形的应力相关性

5.1　无黏性土渗透变形理论

5.1.1　渗透破坏型式

无黏性土破坏的研究工作从 20 世纪 40 年代末期开始，逐渐从宏观认识深入到机理的研究，并从渗透破坏机理的角度将破坏型式细分为流土、管涌、接触流失和接触冲刷 4 种型式，其定义如下：

（1）流土。在渗流作用下，土体出现局部隆起，某一范围内的颗粒或颗粒群同时发生移动而流失的现象。

（2）管涌。在渗流作用下，土体中的细颗粒在粗颗粒形成的孔隙中流失的现象。

（3）接触流失。渗流垂直于渗透系数相差较大的两相邻土层流动时，将渗透系数较小土层中的细颗粒带入渗透系数较大的土层中的现象。

（4）接触冲刷。渗流沿着两种不同土层的接触面流动时，沿层面带走细颗粒的现象。

工程中渗透变形的形式不只是单一出现的，有可能同时发生。就单一土层来说，其渗透变形形式有两种：管涌破坏和流土破坏。

从管涌的发展过程来看，管涌破坏也有两种形态：一种情况，在出现轻微程度的管涌后，细粒跳动停止移动，管涌现象停止，水由混变清；继续增大水头，管涌又重新出现。土体此时仍能承受更高一级的水力梯度；土体破坏时，土样表面出现许多大的泉眼，渗流量开始不断增大，无法继续承受水头；这种土在水力梯度不变的情况下，不会产生渗透破坏，直到水力梯度增加到某一极限值后，土体才产生大面积渗透破坏现象，这种类型的土体称为非发展型管涌土。另一种情况，出现管涌后，在水头不变的情况下，细颗粒将连续不断地被带出土体以外，渗流量不断增大，随着时间的推移最终产生大面积渗透破坏的现象，这类土称为发展型管涌土。

5.1.2　渗透破坏型式的判别方法

对于土体渗透变形型式的判别，国内外许多学者做了大量研究，并从不同的角度给出了判别式，就其中有代表性的方法分述如下。

1. 依斯托美娜的不均匀系数法

B. C. 依斯托美娜对土体渗透稳定性研究作出了很多贡献，并且给出了土体渗透破坏型式与不均匀系数 C_u 的关系，首次将无黏性土的渗透变形特性与颗粒组成特性联系起来，见表 5.1。

表 5.1　　**B.C. 依斯托美娜的研究成果**

C_u	<10	10～20	>20
渗透破坏型式	流土	过渡型	管涌
允许抗渗比降	0.4	0.2	0.1

实践表明，依氏方法对于 $C_u<10$ 的土而言，其结论是正确的。对于 $C_u>10$ 的土，则其可靠程度视颗粒组成类型而定，对级配连续型土的可靠程度要稍大于级配不连续型的土，因为 C_u 只是反映土颗粒组成离散程度的一个参数，不能反映颗粒组成曲线的形状及粗细料含量之间的关系等全部特征，致使依斯托美娜理论带有一定的局限性。该法对于 $C_u>20$ 的土统归于管涌型是不全面的，但其结论是保守的。

2. 孔隙直径与细粒粒径比较法

该法是以土体中细颗粒的某一粒径 d 与土体孔隙平均直径 D_0 之比值来判别土的渗透破坏型式，具体有以下两种方法。

(1) Г. Х. 甫拉维登法。甫拉维登法提出的渗透破坏判别标准是

$$\left.\begin{array}{l}\dfrac{D_0}{d}\leqslant 1.3\\[2ex]\dfrac{D_0}{d}>1.3\end{array}\right\}\tag{5.1}$$

$\dfrac{D_0}{d}\leqslant 1.3$ 为非管涌土，$\dfrac{D_0}{d}>1.3$ 为管涌土。此法认为如果土体中细颗粒的流失量不超过总土重的3%时，土体的渗透稳定性不会受到影响，因此选用 $d=d_3$，D_0 主要决定于细粒粒径，并按式 (5.2) 计算

$$D_0=0.536\sqrt[6]{C_u}\frac{\phi}{1-\phi}d_{17}\tag{5.2}$$

或

$$D_0=0.026(1+0.15C_u)\sqrt{\phi/k}\tag{5.3}$$

最后判别式为

$$\frac{d_3}{d_{17}}\geqslant 0.41\sqrt[6]{C_u}\frac{\phi}{1-\phi}\tag{5.4}$$

或

$$d_3\geqslant 0.02(1+0.15C_u)\sqrt{\phi/k}\tag{5.5}$$

式中：C_u 为不均匀系数；ϕ 为土的孔隙率；k 为渗透系数。

实践证明，这种方法只适用于级配连续型土，若天然土的颗粒组成满足式 (5.4) 或式 (5.5) 的要求，则渗透破坏类型为流土，否则为管涌。

(2) 刘杰法。判别式如下：

管涌型
$$D_0>d_5\tag{5.6}$$

过渡型
$$D_0=d_3\sim d_5\tag{5.7}$$

流土型
$$D_0<d_3\tag{5.8}$$

其中
$$D_0=0.63\phi d_{20}$$

将 $D_0=0.63\phi d_{20}$ 代入式（5.6）～式（5.8）可得

管涌型

$$\frac{d_5}{d_{20}}<0.63\phi \tag{5.9}$$

过渡型

$$d_3\leqslant 0.63\phi d_{20} \tag{5.10}$$

$$d_5\geqslant 0.63\phi d_{20} \tag{5.11}$$

流土型

$$\frac{d_3}{d_{20}}>0.63\phi \tag{5.12}$$

式中：ϕ 为土体孔隙率；d_5、d_{20} 表示该土中小于该粒径土的质量分别占 5%和 20%。

（3）细料含量法。刘杰在吸取 B.C. 依斯托美娜及 B.H. 康德拉且夫研究成果的基础上，将天然无黏性土按其颗粒组成分为均匀土和不均匀土两大类。均匀土的渗透破坏性式为流土，不均匀土的渗透破坏形式有流土和管涌两种形式，其形式主要决定于细料含量。

均匀土和不均匀土按 C_u 来区分，结合 B.C. 依斯托美娜的研究成果，考虑土力学中区分均匀土和不均匀土的区分原则为 $C_u\leqslant 5$，故采用 $C_u\leqslant 5$ 的区分原则。其结果将有更大的安全性。

将不均匀土的颗粒组成分为粗料和细料两部分，级配连续型土和不连续型土的区分原则是不同的，级配连续型的土采用几何平均粒径 d_q 作为区分粒径，即

$$d_q=\sqrt{d_{70}d_{10}} \tag{5.13}$$

式中：d_{70}、d_{10} 分别代表土中小于该粒径土的质量分别占 70%和 10%。

级配不连续型土理论上采用曲线中段缺乏的粒径中的中间粒径作为区分粒径。如缺乏 1～5mm 的粒径，则区分粒径为 2.5mm。对于天然无黏性土，根据砂砾石颗粒组成曲线的实际情况统计结果，缺乏粒径多为 1～5mm 之间，从工程实用角度出发建议采用 2mm 的粒径作为区分粗、细粒径的准则。

细料含量小于 25%时，只填充粗料孔隙，不破坏骨架的结构，混合体积无明显增大。当细料含量超过 25%以后，混合料的性质就发生了根本变化，细料开始参与骨架作用，粗料孔隙体积被细料所撑大，此时混合料的孔隙体积由粗细料共同作用。当细料含量超过 35%后，细料完全填满了粗料孔隙，而且参与了骨架作用。因此，其渗透变形的判别准则为

管涌型
$$P_x<25\% \tag{5.14}$$

流土型
$$P_x>35\% \tag{5.15}$$

过渡型
$$P_x=25\%\sim 35\% \tag{5.16}$$

5.1.3　抗渗强度确定方法

无黏性土的抗渗强度主要决定于其颗粒组成。自然界中土的颗粒组成的变化范围很广

泛，渗透破坏的型式多种多样，因而在抗渗强度的确定方面至今尚不可能用某一多因素的函数式来表达，目前只能将无黏性土先按渗透破坏型式分类，然后分别给出计算公式。

1. 流土型土体的抗渗强度 J_C

由于渗流方向由下向上时，土体才能发生流土破坏。土体的受力条件相对比较单一，已有的抗渗强度计算公式，一般认为还是比较准确的，常用的有以下两种公式。

（1）太沙基公式。主要适用于 $C_u \leqslant 5$ 的土。根据单位体积的土体在水中的浮重和作用于该土体上的渗透力相平衡的原理，太沙基给出了流土型土体的抗渗强度表达式为

$$J_C=(G_s-1)(1-\phi) \tag{5.17}$$

式中：G_s 为土粒密度与水的密度之比，即比重；ϕ 为土体孔隙率。

（2）扎马林公式。多适用于 $C_u>5$ 的土，其抗渗强度计算公式为

$$J_C=(G_s-1)(1-\phi)+0.5\phi \tag{5.18}$$

式中：G_s 为土粒密度与水的密度之比，即比重；ϕ 为土体孔隙率。

2. 管涌及过渡型无黏性土的抗渗强度

对于管涌及过渡型无黏性土的抗渗强度，首先将土体概化为等效粒径为 d_{20} 的理想体，求出作用于可移动颗粒上的渗透力，再与它的浮容重相平衡，就可得出确定管涌及过渡型无黏性土的抗渗强度

$$J_C=2.2(G_s-1)(1-\phi)^2\frac{d_5}{d_{20}} \tag{5.19}$$

式中：G_s 为土粒密度与水的密度之比，即比重；ϕ 为土体孔隙率；d_5、d_{20} 表示土中小于该粒径土颗粒的质量分别占 5%和 20%。

5.2 黏性土渗透变形理论

5.2.1 黏性土的破坏型式

黏性土的渗透破坏型式一般分为流土、接触流土、接触冲刷和裂缝冲刷 4 种类型。

（1）流土。流土发生在表面无任何保护的条件下。

（2）接触流土。土体的渗流出口与多孔材料相毗邻，而且渗流方向垂直两层土接触面。对于渗流向下的情况，渗流出口一定是其他多孔材料，以保护上部防渗土体的静力稳定，所以渗流向下的渗透破坏一定是接触流土。

（3）接触冲刷。这种类型的破坏主要是沿土体与其他材料接触面方向的渗透破坏，如土石坝的防渗体与地基表面的混凝土盖板之间或与砂砾石地基接触面之间沿水平方向渗透破坏。

（4）裂缝冲刷。裂缝冲刷主要发生在坝基岩体充填裂隙、薄心墙坝中水力劈裂或坝顶横向裂缝中。

5.2.2　黏性土抗渗强度确定方法

正常条件下，一般黏性土的抗渗强度取决于粒团遇水后的稳固程度。粒团遇水后的稳固程度主要决定于黏土矿物成分，黏土矿物以伊里石居首位；含有高岭石和蒙脱石的黏性土，颗粒组成中黏粒含量多在30%以下，粉粒居多，塑性指数多小于22%，多属低限液限黏土。

1. 流土破坏的抗渗强度

无论室内试验结果或工程实际观察情况都表明，在上升水流条件下，黏性土渗透破坏的主要特征是局部土体先向上隆起，然后穿孔破坏，属于单元土体的整体破坏，抗渗强度可根据单元土体极限平衡原理确定

$$J_C=0.4C+1.25(G_s-1)(1-\phi) \tag{5.20}$$

式中：C为抗渗黏聚力；G_s为土粒比重；ϕ为土体孔隙率。

式（5.20）即为黏性土抗渗强度，在不考虑黏聚力的抗渗作用下，流土型黏性土的抗渗强度与砂性土完全一致。

2. 接触流土的抗渗强度

决定接触流土抗渗强度的主要因素有土的性质、密度及相邻大孔隙土层的孔隙直径。同一种土，相邻大孔隙土层的孔隙直径愈小，抗渗强度愈高。

（1）渗流方向向上时的抗渗强度

$$J_C=\frac{4C}{\gamma_w D_0} \tag{5.21}$$

式中：C为黏聚力；γ_w为水的比重；D_0为相邻粗层的有效孔隙直径。

（2）渗流方向向下时的抗渗强度

$$J_C=\frac{24(1-\phi)}{(0.21+\phi_L+0.79\phi)(1+0.09D_0^2)} \tag{5.22}$$

或

$$J_C=\frac{24(1-\phi)}{(0.21+\phi_L+0.79\phi)(1+0.0057D_{20}^2)} \tag{5.23}$$

式中：ϕ为土的孔隙率；D_0为相邻的粗层的有效孔隙直径，mm；D_{20}为相邻的粗层的等效粒径，mm；ϕ_L为土体含水率处于液限状态时的孔隙率，在此表示土的性质。

5.3　抗渗强度的应力相关性理论

5.3.1　土体抗渗强度的应力相关性

上述土体抗渗强度计算公式都没有考虑土体有效应力状态对抗渗强度大小的影响。实际上，许多坝基中的砂砾石地层或破碎岩体中的应力值都较高，采用上述方法计算抗渗强度过于保守。

在应力作用下，土体内细小颗粒所受应力必然会增大，因此阻碍小颗粒在土体内的移

动。取单个小颗粒进行研究，土颗粒表面所受到渗透力、重力、周围土颗粒对其的作用力。在渗透力的作用下，只要达到一定的水力梯度，细颗粒就会在土体内部沿渗流方向移动，土体内部受力基本作用在粗颗粒上，而当细颗粒靠近外界时，就会受到粗颗粒对其的正应力和侧应力，侧应力会增大颗粒间摩擦力。细颗粒将会停止移动，直到更高的水力梯度使其再次移动。因此，必须考虑应力状态对土体的抗渗强度的影响。

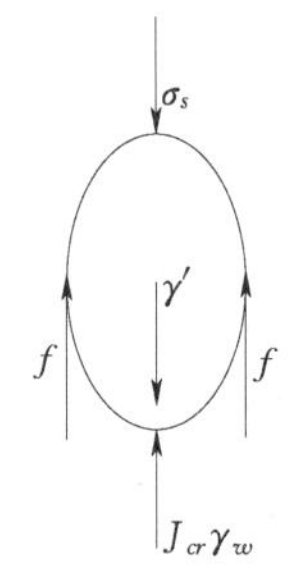

图 5.1　土颗粒受力示意图

图 5.1 为考虑应力状态影响下的土颗粒受力分析简图。假定土体内部颗粒间紧密接触，作用在土体上的力通过土颗粒相互作用进行传递。如图 5.1 所示，作用在无黏性土颗粒上的作用力有：颗粒自重应力 γ'，颗粒上的附加力 σ_s，土颗粒之间的摩擦力 f，颗粒上的渗透力 $J_{cr}\gamma_w$（J_{cr} 为临界水力梯度）。在实验中，水流方向由下向上，渗透力的方向向上，它是引起土颗粒移动的源动力。

土颗粒在这 4 种力的作用下处于平衡状态，即满足

$$J_{cr}\gamma_w=\gamma'+\sigma_s+f \tag{5.24}$$

考虑土颗粒尺度一般都很小，假定附加应力在铅直方向呈矩形分布，则土颗粒间的摩擦力为

$$f=K_0\tan\varphi'\left(\frac{1}{2}\gamma'+\sigma_s\right) \tag{5.25}$$

式中：K_0 为土颗粒间的侧压力系数；φ'为土体的有效内摩擦角。

由式（5.24）和式（5.25）可得

$$J_{cr}=(1+0.5K_0\tan\varphi')\frac{\gamma'}{\gamma_w}+(1+K_0\tan\varphi')\frac{\sigma_s}{\gamma_w} \tag{5.26}$$

式（5.26）即为考虑附加应力作用下的无黏性土临界水力梯度理论计算公式。式（5.26）表明，无黏性土临界水力梯度（或称抗渗强度）受两个因素的影响：一是土体有效容重（浮容重）；二是作用在土体上的附加应力。一般说来，土体的有效容重相对是个不变量，即式（5.26）中的第一项为常数；而土体中的附加应力则是一个不断变化的量，表明无黏性土体的临界水力梯度随附加应力的增加而增加。考虑到对某种土体而言，其颗粒间的侧压力系数和土体内摩擦角可以看成是不变的，在这种情况下，式（5.26）表明无黏性土的临界水坡降将随附加应力的增加而呈线性增加，即临界水力梯度与附加应力呈线性增加的关系。

5.3.2　充填裂隙岩体抗渗强度的应力相关性

高压引水隧洞或高坝坝基中的裂隙岩体一般具有较强胶结性能，或者说黏聚力一般较大。裂隙中的颗粒在渗透力的作用下必须要克服颗粒间的黏聚力作用。同时，坝基岩体在坝体应力作用下，其应力水平较高（本书中应力水平指围压绝对值大小，不是应力与破坏值之比，下同）。因此裂隙岩体渗透变形需要同时考虑这两个因素的影响。

水电工程中涉及的破碎岩体一般都是断层破碎带岩体或裂隙发育岩体。破碎岩体的渗

透变形形式主要表现为管涌、裂隙充填颗粒的冲蚀以及断层颗粒与岩体之间的接触冲刷。注意，根据渗透变形的定义，岩体水力劈裂不属于渗透变形的概念范畴。

以下探讨裂隙岩体渗透变形的临界水力梯度理论分析方法。充填裂隙颗粒受力见图 5.2。

假定土体内部颗粒间紧密接触，作用在土体上的力通过土颗粒相互作用进行传递。作用在无黏性土颗粒上的作用力有：铅直方向力 G（$G=\gamma'+\sigma_s$，颗粒自重应力 γ'、颗粒上的铅直附加力 σ_s）；土颗粒之间的摩擦力 $f=G\cos\theta\tan\varphi'$；颗粒上的渗透力 $J_c\gamma_w$，摩擦力 $G\cos\theta\tan\varphi$。根据图 5.2，破碎岩体中的颗粒渗流方向上处于平衡状态时有

$$G(\sin\theta+\cos\theta\tan\varphi')+cA=F \tag{5.27}$$

式中：A 为颗粒接触面面积。

将 $G=\gamma'+\sigma_s$ 和 $F=J_c\gamma_w$ 代入上式，整理得

$$J_c=\frac{1}{\gamma_w}(\gamma'+\sigma_s)(\sin\theta+\cos\theta\tan\varphi')+\frac{cA}{\gamma_w} \tag{5.28}$$

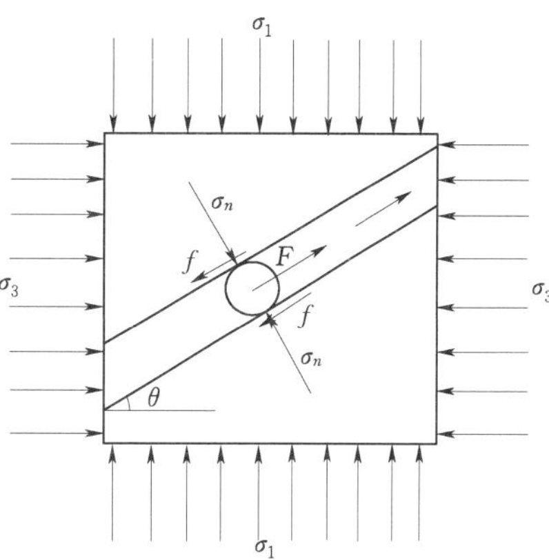

图 5.2　充填裂隙颗粒受力图

当渗流方向铅直向上时，颗粒间的侧压力可由侧压力系数 K_0 计算，式（5.28）改写为

$$J_c=\frac{1}{\gamma_w}(\gamma'+\sigma_s)K_0\tan\varphi'+\frac{cA}{\gamma_w} \tag{5.29}$$

式（5.28）和式（5.29）即为考虑附加应力作用下的破碎岩体临界水力梯度理论计算公式。影响破碎岩体临界水力梯度的因素有体有效容重（浮容重）、作用在土体上的附加应力、土体内摩擦角、土体的黏聚力、土颗粒形状（或接触面面积）和渗流方向。

一般说来，破碎岩体有效容重是一个相对不变量，而附加应力则是一个不断变化的量，表明破碎岩体临界水力梯度随附加应力的增加而增加。同时由于破碎岩体存在一定黏聚力，因此临界水力梯度将随黏聚力的变化而改变。

由于式（5.28）和式（5.29）中的变量 A 值的确定存在困难，因此不能通过上述理论公式来确定破碎岩体临界水力梯度。

当充填裂隙中的颗粒在渗流方向发生移动时，渗透力 F 必须大于裂隙中颗粒两侧的岩体作用在颗粒上的摩擦力。临界状态下，渗透力满足 $F=fA$，即

$$\gamma_w J_c V=2A\tan\varphi'\sigma_n \tag{5.30}$$

假定颗粒直径 d 等于裂缝宽度 b，其体积 $V=4\pi d^3/3$；而颗粒与裂缝面接触面积一般很小，假定接触长度为颗粒直径的 $1/m$，接触面近似看做一个圆，则 $A=\pi d^2/4m^2$。考虑到 $\sigma_n=(\sigma_1+\sigma_3)/2-(\sigma_1-\sigma_3)\cos2\theta/2-p$，于是可得充填裂隙中颗粒冲蚀的临界水力梯度为

$$J_c=\frac{3\tan\varphi'}{8m^2d\gamma_w}\left(\frac{\sigma_1+\sigma_3}{2}-\frac{\sigma_1-\sigma_3}{2}\cos2\theta-p\right) \tag{5.31}$$

式中：φ 为充填颗粒与裂隙岩体之间的有效摩擦角；θ 为裂隙倾角；p 为裂隙中的水压力。

式（5.31）表明裂隙冲蚀的临界水力梯度主要取决于以下因素：充填颗粒与裂隙岩体之间的摩擦角，岩体应力，颗粒与裂隙面接触面积，裂隙水压力，裂隙面的倾角。

5.4 渗透变形应力相关性实验研究

5.4.1 实验方法

参考《土工试验规程》(SL 237—1999）中的研究考虑岩土体应力状态影响的渗透变形试验方法。试验基本流程如下：仪器检查→试样制备→操作规程→试验成果处理及分析。

1. 仪器检查

实验前，应先将水泵、杠杆加载仪、流量计、测压表等按照规定进行校验，各部件无问题后，将仪器部件进行组装。开启水泵，使仪器充水，检查仪器各部件管道及测压管是否堵塞和漏水，如无出现任何问题，检查完毕，整套仪器可以使用。

2. 重塑试样制备

室内大型土体试样渗透变形试验由于其尺寸较大，采用原状样进行渗透变形试验时，取样难度很大，因此，可采用具有相同物理力学指标的重塑样进行代替性试验。

重塑试样的制备：根据所研究岩土体的颗粒级配曲线及各种物理参数，取具有代表性的土体，用振动筛进行筛分，然后按照级配曲线制作试样。根据需要控制的干密度和试样高度，按式（5.32）确定试样所需的质量。

$$m_d=\rho_d \pi r^2 h \tag{5.32}$$

式中：m_d 为试样所需的干质量，g；ρ_d 为需控制的干密度，g/cm^3；r 为仪器筒身半径，cm；h 为试样高度，cm。

称取试样后，还可酌加相当于试样质量 1%～2%的水分。为减少粗细颗粒分离现象，保证试样的均匀性，应当分层装填试样，并用击实锤击实，且每层的级配应相同，拌和均匀后再进行装样。

3. 试验操作规程

渗透变形试验操作步骤如下：

(1) 重塑样材料准备。

(2) 连接水箱和各测压管，提高水箱水头，使其水位上升到试样筒出水口高度，检查仪器的密封情况，确认仪器密封良好。

(3) 垂直试样筒底装填卵石缓冲层，并压密。

(4) 安装下部多孔透水板和滤布。

(5) 重塑样制备：分层装填重塑样材料，并分层击实，直到设计高度为止。

(6) 安装上部多孔透水板（兼传力板）。

(7) 试样饱和：提高水箱水头让水慢慢上升，当水位上升到出水口时停止，静置 6～12h，使土样逐渐饱和。

(8) 连接加载装置：荷载大小根据设计值分别添加相应的砝码，研究采用的荷载为 0.1MPa、0.3MPa、0.6MPa、0.9MPa。

(9) 进行渗透变形试验：调节水头使试样下部的水压力逐渐上升直至渗透破坏发生。实验过程中观察水质混浊、细小颗粒涌动、试样裂缝出现等现象；及时记录并测量试验过程中流量的变化。同时测定室内水温。

(10) 试验成果处理：绘制级配曲线、流量-水力梯度与时间关系曲线，流量（流速）与水力梯度关系曲线，临界水力梯度与试验载荷关系曲线，破坏水梯度与压力关系曲线。

渗透坡降的计算式为

$$J=\frac{\Delta H}{L} \tag{5.33}$$

式中：J 为渗透坡降；ΔH 为测压管水头差，cm；L 为与水头差 ΔH 相应的渗径长度，cm。

渗透速度的计算式为

$$v=\frac{Q}{A} \tag{5.34}$$

式中：Q 为渗流量，cm^3/s；A 为试样面积，cm^2；v 为渗透速度，cm/s。

渗透系数的计算为

$$k=\frac{v}{J} \tag{5.35}$$

在双对数纸上，以渗透坡降 J 为纵坐标，渗透速度 v 为横坐标，绘制渗透坡降与渗透速度关系曲线（$\lg J-\lg v$ 曲线），当 $\lg J-\lg v$ 关系曲线的斜率开始变化，并观察到细颗粒开始跳动或被水流带出时，认为该试样达到了临界水力坡降。

4. 试验细则

(1) 初始水头应该略高于试样最高点，水头递增值为 10cm，但是当试样出现破坏的时候，水头递增值应降低，取 5cm。

(2) 每次升高水头 10～30min 内，仔细观察水头提升后的试样，如发现细颗粒跳动，或者筒壁出现裂缝等现象必须立即记录下来，并进行录像或拍照。30min 后，开始记录流量计流量和测压管水位。预计即将达到临界水力梯度的时候应特别留意试验现象。

(3) 关于水头的控制。提高水头之前要对渗透量及试验现象进行观察：如无明显异样才能把水头提高到下一级。当试验现象出现较激烈变化的情况时，应对试验水头的提高速率予以降低。

(4) 对临界水力梯度的判断应当以试样表面出现细小颗粒跳动时为准。

(5) 破坏水力梯度的判断：绘制以渗透坡降 J 为纵坐标，渗透速度 v 为横坐标的双对数曲线，通过曲线来判断。

5.4.2 试验方案

1. 试样制备

为研究不同性质土的渗透变形特性，配制了两种级配试样：一种含黏粒；一种不含黏粒。两种土的骨架粒径范围都为 2～60mm，作为填充材料的细粒粒径一种为 0.075～2mm，另一种为 0.005～2mm。第一组粗细两种料按细料 30%、35%、40%分别制成 3 组不同的级配的混合料见表 5.2；第二组粗细两种料细料含量为 27%、30%、32%、35%，但是其中黏粒含量分别按 2%、15%、20%、25%、35%，见表 5.3。所有试样制作均以这 2 组级配指标为基准。

表 5.2　　第一组试样 1 颗粒级配表

试样编号	颗粒粒径/mm							
	60～20	20～5	5～2	2～0.5	0.5～0.25	0.25～0.075	0.075～0.005	<0.005
1-1	57.1	26.4	4.7	6.7	2.2	2.9	—	—
1-2	48.6	22.4	4	14.2	4.7	6.1	—	—
1-3	42.1	19.4	3.5	19.9	6.5	8.6	—	—

表 5.3　　第二组试样 2 颗粒级配表

试样编号	颗粒粒径/mm							
	60～20	20～5	5～2	2～0.5	0.5～0.25	0.25～0.075	0.075～0.005	<0.005
2-1	57.1	26.4	4.7	5.3	1.2	1.9	1.4	2
2-2	48.6	22.4	4	5.4	1.2	2.0	1.4	15
2-3	45.3	21.0	3.7	5.4	1.2	2.0	1.4	20
2-4	42.1	19.4	3.5	5.4	1.2	2.0	1.4	25

试样颗粒特征分布见表 5.4，图 5.3 和图 5.4 分别为试样 1 和试样 2 的颗粒级配曲线。

表 5.4　　试样颗粒特征分布表

试样编号	d_{10}	d_{30}	d_{60}	不均匀系数 C_u	曲率系数 C_c
1-1	25	2	0.37	67.57	0.11
1-2	22	1.5	0.33	66.67	0.31
1-3	18	1	0.28	64.29	0.20
2-1	26.0	4.3	0.440	59.09	1.62
2-2	24.0	2.0	0.230	120.00	0.83
2-3	23.0	1.7	0.150	153.33	0.84
2-4	22.0	1.3	0.075	293.33	1.02

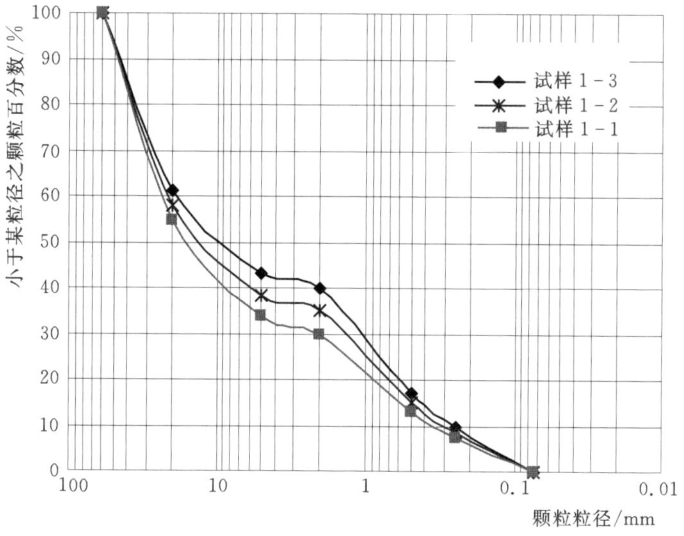

图 5.3　试样 1 各类颗粒大小分布曲线图

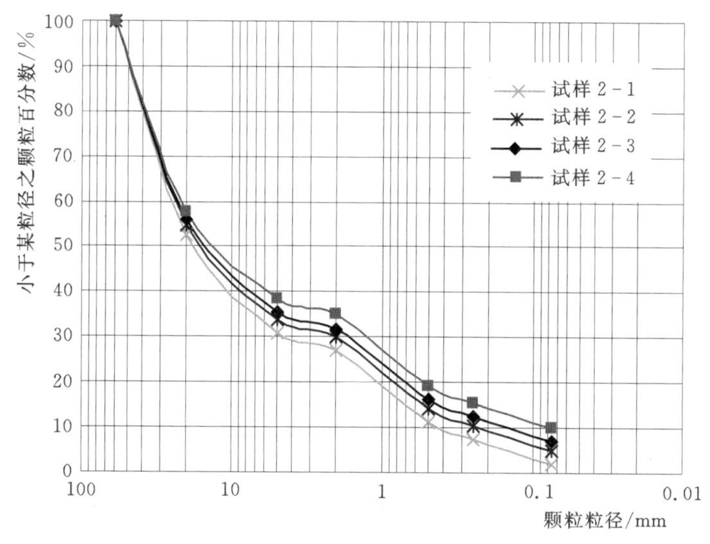

图 5.4　试样 2 各类颗粒大小分布曲线图

从第一组试样 1 中选择编号 1-3 和第二组试样 2 中选择编号 2-4 的颗粒级配曲线制作应力状态影响条件下的渗透变形试样。

2. 方案

方案一：研究颗粒级配对抗渗强度的影响。针对含黏粒和不含黏粒两种情况下的重塑样，分别进行无附加应力状态下的渗透变形试验，研究颗粒级配的变化以及黏粒含量对抗渗强度的影响规律。

方案二：研究应力状态变化对抗渗强度的影响。以试样 1-3 和试样 2-4 的颗粒级配为基准，配制渗透变形试验的试样。以此为基础，分别进行附加应力为 0.1MPa、0.3MPa、0.6MPa、0.9MPa 4 个加载级别条件下的渗透变形试验。研究同种级配条件下的试样在不同密实度和应力状态下的抗渗强度、渗透性等指标的变化规律。

根据上述研究，设计渗透变形试验方案见表 5.5。

表 5.5　　渗透变形试验方案汇总

试样编号	应力状态				
	不加载	0.1MPa	0.3MPa	0.6MPa	0.9MPa
1-1	√				
1-2	√				
1-3	√	√	√	√	√
2-1	√				
2-2	√				
2-3	√				
2-4	√	√	√	√	√

5.4.3　黏性土渗透变形的应力相关性

1. 试验现象

图 5.5 为试样 2-4 颗粒级配粗粒土试样在侧限条件下铅直加载 0.1MPa、0.3MPa、0.6MPa、0.9MPa 时出现渗透变形后的照片。图 5.6 为试验过程中的 $\lg J-\lg v$ 关系图。

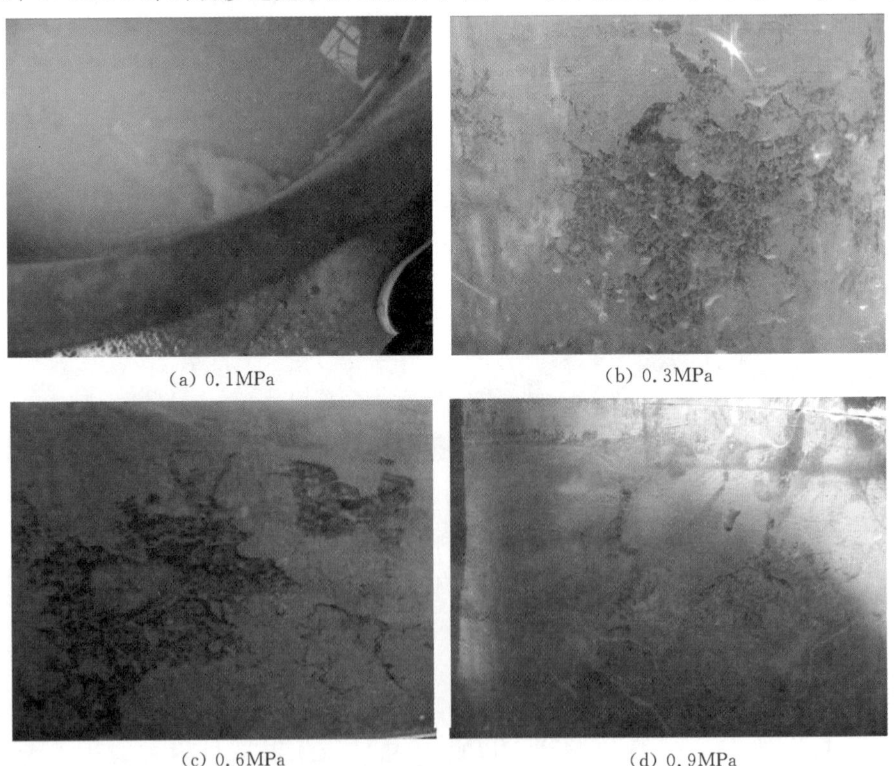

(a) 0.1MPa　(b) 0.3MPa　(c) 0.6MPa　(d) 0.9MPa

图 5.5　渗透变形试样裂缝分布

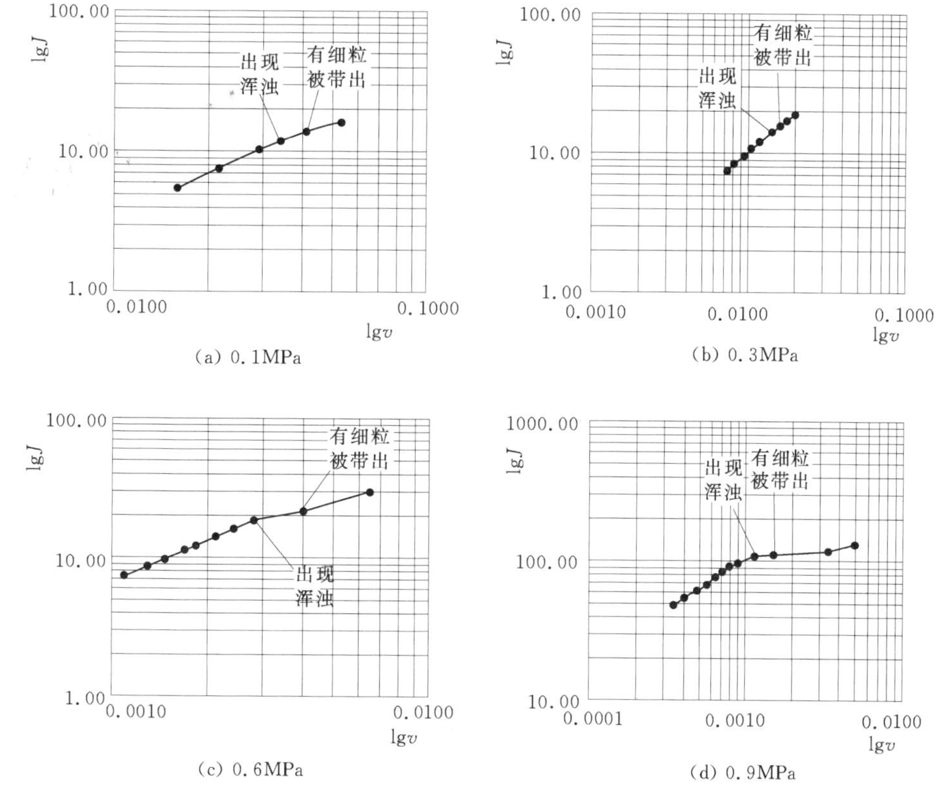

图 5.6　渗透变形试验 lgJ－lgv 曲线图

荷载为 0.1MPa 的情况，试样在水力梯度达到 11.76 时，出现浑浊现象，随着试验水头的提升，水质越来越浑浊，如图 5.5（a）所示，试样中砂粒和黏粒被不断带出，筒壁上也产生了一条细小的裂缝；随着水头的继续增加，细粒跳动开始加剧，而且被带出来的颗粒也逐渐变大。

随着试验荷载的加大，在 0.3MPa、0.6MPa 以及 0.9MPa 压力情况下，水力梯度分别达到 14.57、18.69 和 107.63 时，试样才开始浑浊；随着试验水头升高，各试样中都出现细粒被带出现象，同时，试验筒壁接触的土样表面都不同程度出现了或粗或细的裂缝，如图 5.5（b）～图 5.5（d）所示。

试验过程中，试样产生裂缝后，只有少量细颗粒从裂缝中被带出。由此可见，含黏粒较多的粗粒土在黏粒的胶结作用及应力作用下，使得粗粒土中的细颗粒只有在较高的水力梯度作用下，才能产生颗粒迁移现象；试验过程的现象观察还表明，颗粒迁移现象一般在试样出现裂缝之后。裂缝的出现表明试样在渗透变形过程中产生了水力劈裂。水力劈裂现象的出现，破坏了试样内部结构。由于裂缝出现，作用在裂缝两侧壁上的颗粒应力大幅度降低，裂缝两侧壁上的颗粒在水流冲蚀作用下，产生颗粒迁移现象。

2. 渗透系数演化过程

图 5.7 为渗透变形试样渗透系数在不同应力状态下的变化过程。在渗透变形试验的前期，渗透系数随水力梯度的增加变化幅度不大，基本保持不变。在渗透变形试验后期，即

试样产生明显的渗透变形现象后，试件的渗透系数急剧增加。

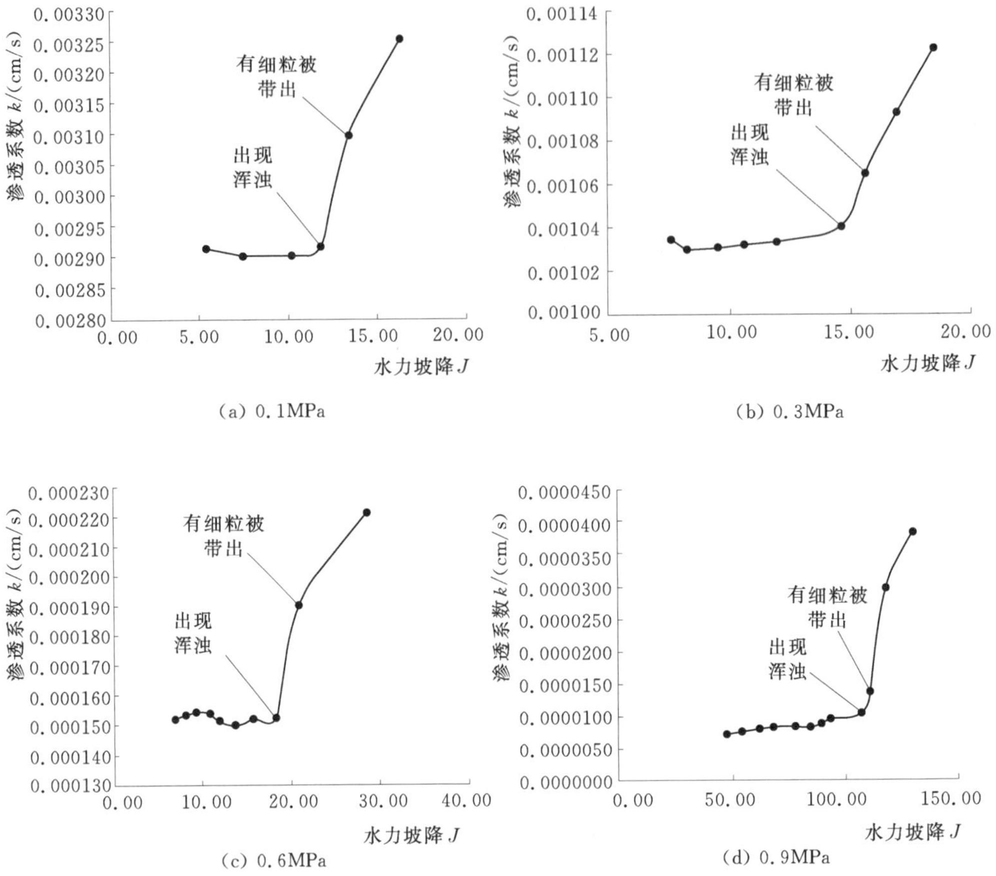
渗透系数 k/(cm/s)
水力坡降 J
有细粒被带出
出现浑浊
(a) 0.1MPa
(b) 0.3MPa
(c) 0.6MPa
(d) 0.9MPa

图 5.7　渗透系数演化过程

4 组试样渗透系数 k 与水力坡降 J 曲线图表明：由于在试样中加入了黏粒成分，试样中的颗粒被胶结在一起；同时在不同程度的应力作用下，颗粒间黏结更加紧密，颗粒在渗透力的作用下“逃逸”变得十分困难。试样的细观组成结构在产生渗透变形之前，基本保持不变，因此，试样在这个阶段的渗透性基本保持不变。当试验水头足够大时，由于土体中较高的孔隙压力使得土体试样产生水力劈裂，形成细小的裂缝通道，从而导致试样的渗透系数开始增大。然而，由于土体处于较高的应力环境中，水力劈裂形成的裂缝受到外部压应力的约束作用，裂缝的扩展较为缓慢。

3. 临界水力梯度判断

粗粒土渗透变形临界水力梯度一般采用《粗颗粒土的渗透及渗透变形试验》（SL 237－056—1999）规程中建议的方法进行判别，即当 $\lg J-\lg v$ 关系曲线的斜率开始变化，并观察到细颗粒开始跳动或被水流带出时，认为该试样达到了临界坡降。对于这一判别准则来说，由于 $\lg J-\lg v$ 图的坐标为对数坐标，在很多情况下，试验中即使观察

到了试样出现了颗粒跳动，但 $\lg J-\lg v$ 曲线的斜率变化并不明显。基于这一事实，工程中绝大多情况对渗透变形临界水力梯度的判别主要依据人工观察细颗粒跳动现象来进行。然而人工观察不可避免地容易引起较大的误差，且要求试验人员精力高度集中，对试验人员要求高。

以渗透变形试验得到的数据为基础，绘制了渗透变形试验过程中试样的渗透系数随水力梯度变化的关系图，见图5.7。在产生宏观渗透变形现象前，含黏粗粒土试样的渗透系数基本保持，而在产生渗透变形现象后，渗透系数急剧增加，突变现象明显，易于判断。为此，对于含黏粗粒土的渗透变形试验，建议采用渗透变形过程中的 $K-J$ 关系曲线来判断临界水力梯度，见式（5.36）：

$$J_c=(J_1'+J_2')/2 \tag{5.36}$$

式中：J_c 为临界水力梯度；J_1' 为 $K-J$ 曲线上渗透系数突变前一级对应的水力梯度；J_2' 为 $K-J$ 曲线上渗透系数开始突变后的水力梯度。

表5.6给出了渗透变形试验规程和本书建议的方法得到的临界水力梯度对比。由表5.5可知，两种整理方法得到的结果存在一定差异，按本书提出的方法得到的临界水力梯度值均大于按规程规定方法得到的结果。考虑到渗透系数的变化客观反映渗透变形现象的内在机理，因此，可以认为按规程规定的方法得到的结果略显保守。

表5.6　　临界水力梯度试验值

土样编号	2-4-1	2-4-2	2-4-3	2-4-4
J_1	11.76	14.57	18.69	107.63
J_2	10.11	11.93	16.04	92.69
J_1'	11.76	14.57	18.69	107.63
J_2'	13.4	15.56	21.3	110.95
规范法	10.93	13.25	17.37	100.16
本书方法	12.58	15.07	20	109.29

4. 抗渗强度变化规律

表5.7为不同应力状态下试样临界水力梯度统计表。图5.8为临界水力梯度与试验载荷之间的关系图。由表5.6可知，含黏粗粒土试样即使在应力较低的情况下，其渗透变形的临界水力梯度也较"零附加应力"状态下的试件临界水力梯度高出许多。试验中相同成分组成的含黏粗粒土在"零附加应力"状态下的临界水力梯度为1.47；在施加荷载为0.1MPa、0.3MPa、0.6MPa、0.9MPa状态下，试样产生渗透变形的临界水力梯度分别达到了10.93、13.25、17.37和100.16，分别是不加载试验条件下的8.5倍、10.2倍、13.6倍和74.3倍。由此可见，试验荷载越大，土体中的应力状态越高，粗细颗粒间的接触状态越紧密，作用在粗颗粒上的外应力越容易传递到填充在粗颗粒骨架孔隙中的细颗粒上，加上黏粒成分的胶结作用，从而强化了土体颗粒间的相互约束作用。因此，细颗粒在渗流作用下，其"逃逸"难度远大于"零附加应力"状态下的土体。

表 5.7　不同应力状态下试样临界水力梯度

土样编号	施加荷载 /MPa	孔隙率 n	不均匀系数 C_u	临界水力坡降 J_c
2-4-1	0.1	0.40	4628	10.93
2-4-2	0.3	0.36	4628	13.25
2-4-3	0.6	0.33	4628	17.37
2-4-4	0.9	0.28	4628	100.16

图 5.8　临界水力梯度与试验荷载关系图

5.4.4　无黏性土渗透变形的应力相关性

1. 实验现象

针对试样 1-3 的级配砂砾石土分别进行了 0.1MPa、0.3MPa、0.6MPa、0.9MPa 4 种不同加载状态下的渗透变形试验。

在不同加载应力条件下，砂砾石土在试验水头较低时均未出现颗粒带出现象，试验筒中的水质清澈透明。随着试验水头的提高，试验土样中的颗粒逐渐从透水板圆孔中逸出，出现轻微的细粒跳动；随着水头的继续增加，细粒跳动开始加剧，而且被带出来的颗粒也逐渐变大，见图 5.9。相同的砂砾石土体在不同应力状态下，土样产生渗透变形的临界水力梯度明显不同，见图 5.10。

(a) 试验压力 0.3MPa

(b) 试验压力 0.9MPa

图 5.9　试件表面渗透变形点分布

2. 渗透系数演化过程

为研究渗透变形过程中砂砾石土试件的渗透性关联变化特性，对试验过程中试件的渗透性变化过程进行整理，见图 5.11。由图 5.11 可知，在渗透变形试验的开始阶段，随着试验水力梯度的增大，各试件的渗透系数均呈现出逐渐减小的现象；而在出现渗透变形现象（管涌）后，试件渗透系数随水力梯度的增大而加大。这种现象说明试件在渗透变形过程首先发生了渗透挤密现象，导致试件局部孔隙减小；而在发生管涌后，试件内部结构遭到不同程度的损伤，导致结构孔隙空间增大。

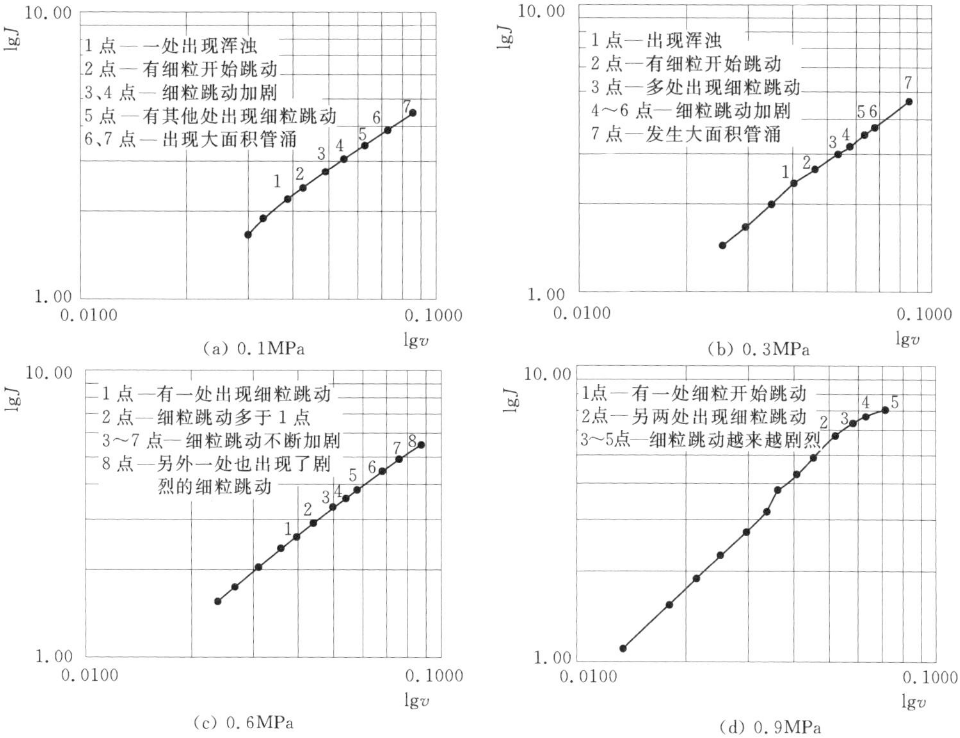

(a) 0.1MPa

(b) 0.3MPa

(c) 0.6MPa

(d) 0.9MPa

图 5.10　渗透变形试验 lg$J$－lg$v$ 曲线图

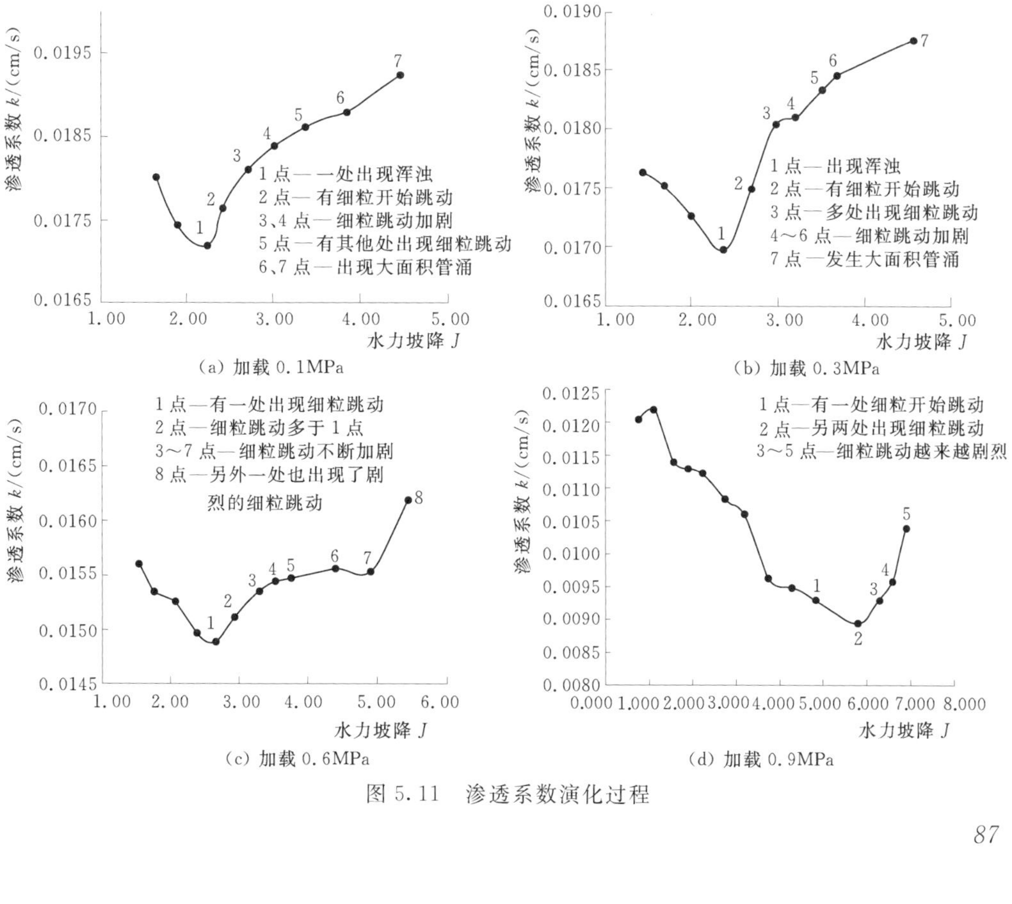

(a) 加载 0.1MPa

(b) 加载 0.3MPa

(c) 加载 0.6MPa

(d) 加载 0.9MPa

图 5.11　渗透系数演化过程

渗透系数先减后增的现象揭示了一定应力状态下的砂砾石土在逐渐抬高的试验水头条件下，位于渗流路径"上游"的试件底部中的细小颗粒在渗透力作用下，首先在砂砾石土体内部发生颗粒迁移，并填充或阻塞在渗流路径上的"下游"通道中，见图5.12(b)。由于试验前期渗透力相对较小，在较大的颗粒流动阻力作用下，渗流不能将试件内部首先发生迁移的细小颗粒一次性带出到试件表面。细小颗粒移动后，改变砂砾石土内局部细观结构，使得颗粒发生迁移的部位孔隙比增加；而颗粒阻塞部位的孔隙比减小，产生渗透挤密效应，从而导致试样的渗透性在总体上表现为渗透性降低的过程。随着试验水头的逐步抬高，作用在试件中的渗透力越来越大，位于试件渗流部位下游的细小颗粒被渗流逐步带出到试件表面，产生渗透变形现象，而试件内部被阻塞的部位逐渐得到"疏通"，渗透系数逐渐变大，见图5.12(c)。

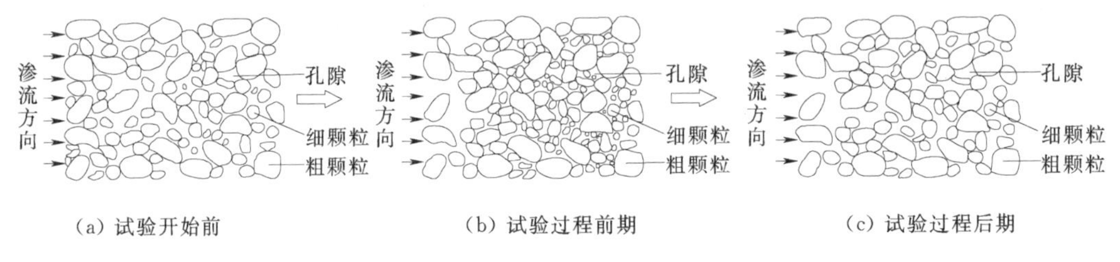

图5.12　渗透挤密概念示意

表5.8给出了同种级配试件在不同加载状态下进行渗透变形试验得到的渗透系数特征值。随着试验载荷的增加，试件的渗透系数值越来越小。由于试验过程中对试样制作过程严格按相同的程序来制作，因此，各试件颗粒结构空间组成尽管不可能完全一致，但总体上应该相同，所以其渗透性也基本相同。在加载试验条件下，加载应力越大，加载应力导致试件产生的压缩量越大，因此其孔隙比越小，因此试验开始时的渗透系数值也就越小。在渗透变形试验开始阶段，由于试件中没有颗粒被带出，因此，渗透系数的减小只可能是渗流导致试件内部渗流通道面积缩小的缘故。

表5.8　　**渗透系数特征值**

特征值/(cm/s) \ 试验载荷/MPa	0.1	0.3	0.6	0.9
初始值	0.0180	0.0176	0.0156	0.0122
最小值	0.0171	0.0169	0.0149	0.0089

尽管渗透变形试件在不同应力状态下渗透系数整体上呈现先减后增的趋势，但在不同应力状态下，试样的渗透性变化过程还是有所差异的，这可能与重塑样试件内部结构的细微差异有关。

3. 临界水力梯度判断

与5.4.3节类似，采用试样渗透变形过程中的 $K-J$ 曲线来判断临界水力梯度，见式(5.36)。同样，无黏土 $K-J$ 曲线拐点比 $\lg J-\lg v$ 曲线的斜率变化更容易判断 J_c，因此，其判断结果会更加明确。表5.9给出了不同试验方法得到的临界水力梯度对比。由表5.8

可知，两种整理方法得到的结果在量级上差别不大，但按本文提出的方法得到的临界水力梯度值均大于按规程规定的方法得到的结果。考虑到渗透系数的变化客观反映渗透变形现象的内在本质，因此，按规程规定方法得到的结果可能略显保守。

表 5.9　　临界水力梯度试验值

土样编号	J_1	J_2	J_1'	J_2'	临界水力坡降 J_c	
					规范法 $(J_1+J_2)/2$	渗透系数法 $(J_1'+J_2')/2$
1-3-1	2.23	1.89	2.23	2.40	2.06	2.32
1-3-2	2.37	2.01	2.37	2.66	2.19	2.51
1-3-3	2.64	2.38	2.64	2.92	2.51	2.78
1-3-4	5.81	4.85	5.81	6.3	5.33	6.06

4. 抗渗强度变化规律

图 5.13 是根据砂砾石试样渗透变形试验得到的临界水力梯度与试验荷载之间的关系。由图可知，砂砾石颗粒级配一定的试件 1-3 在“零应力”状态下，临界水力梯度为 1.26；在对试件顶部施加 0.1MPa 压力的条件下，临界水力梯度值大幅增加，其值达到了 2.06，较无应力状态下的试验成果增加了 63.5%。随着作用在试件顶面的试验载荷的继续增加，试件发生渗透变形的临界水力梯度继续增加，但相对增量不大。当试验荷载增加到 0.9MPa 后，试件渗透变形的临界水力梯度又大幅增加，其值达到了 5.33，较无应力状态下的砂砾石土产生临界水力梯度值增加 323%。由此可见，可以看出应力大小对其砂砾石土渗透变形的临界水力梯度有重大影响：土体应力状态越高，试样发生渗透变形的临界水力梯度就越大。

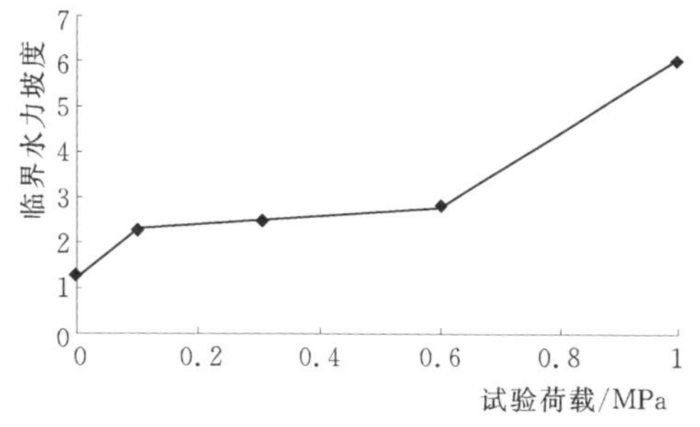

图 5.13　临界水力梯度与试验荷载关系图

砂砾石试样在应力较低的情况下，其渗透变形的临界水力梯度相对较低。其原因是应力较低时，土体的密实度相对较低，粗细颗粒间接触不紧密。从作用在土体骨架上的应力通过颗粒接触传递的本质角度分析，颗粒级配相同，初始密度相同条件下的试件，在施加荷载为 0.1MPa、0.3MPa、0.6MPa、0.9MPa 后，试件产生了一定程度的压缩变形，其孔隙率分别为 0.27、0.27、0.26 和 0.24。由此可见，试验荷载越大，土体中的应力状态越高，粗细颗粒间的接触状态越紧密，作用在粗颗粒上的外应力越容易传递到填充在粗颗粒骨架孔隙中的细颗粒上，从而增加对细颗粒移动的约束作用，细颗粒在渗流作用下，其“逃逸”难度越大。从这一角度看，这就是砂砾石土试件在应力状态较低时，颗粒密实度状态变化不大（孔隙率变化相对较小），其渗透变形的临界水力梯度增加值相对较小的直接原因。

5.5 小结

在总结黏性土和无黏土的渗透破坏型式及抗渗强度确定方法基础上，从岩土体破坏时的实际应力状态出发，提出了岩体抗渗强度的应力相关性理论。采用室内试验方法，对应力状态影响下的土体渗透变形特性进行了深入研究，主要结论如下：

（1）现有岩土体渗透变形临界水力梯度计算公式没有考虑所受应力状态的影响，通过理论分析，从理论上推导了应力状态对临界水力梯度影响的计算公式，并分析了应力状态大小对临界水力梯度的影响规律。

（2）不含黏粒的试样的破坏型式都为管涌。含黏粒的试样，黏粒的含量低时，渗透变形为管涌；当黏粒含量高时，渗透变形表现为水力劈裂。

（3）不含黏粒或者黏粒含量较少的粗粒土在渗透变形过程中，试样的渗透性一般呈现先降低，后升高的变化趋势。当黏粒含量较多时，渗透性在破坏前基本没有变化，破坏后会突然增大。

（4）砂砾石土的渗透变形特性受土体的应力状态影响显著。应力越高，土体产生渗透变形所需的临界水力梯度越大，因此，不同应力状态条件下的土体抗渗特性应该单独进行研究。

（5）无黏性砂砾石土体渗透变形临界水力梯度与土中应力呈近似线性递增关系。

（6）应力状态的高低对含黏粗粒土渗透变形临界水力梯度影响十分显著，且临界水力梯度随土中应力的加大而增加。

（7）渗透变形过程中，砂砾石土产生的渗透挤密和潜蚀现象是引起渗透系数演化的内在原因；渗透系数先减小再增大的变化规律为采用 $k-J$ 曲线进行渗透变形临界水力梯度判别提供了新途径。针对渗透变形试件渗透系数变化特性曲线，提出了基于渗透系数变化规律的渗透变形试验临界水力梯度的辅助性判别方法。

第6章　高压水工隧洞非恒定渗流特性

抽水蓄能电站高压引水隧洞在充水试验及运行期将承受数百米的高水头作用。引水隧洞围岩在高水头作用下需要满足渗流量小和不产生灾害性的渗透变形破坏等要求。然而由于引水隧洞一般较长，不可避免要穿越部分不良地质带（如断层），在这种情况下，由于不良地质体渗透性及抗渗透变形的能力较差，组成不良地质体的岩体在高水头作用下很容易产生渗透破坏或渗漏量过大的现象，严重时会危及电站运行的安全性。本章以海南琼中抽水蓄能电站引水系统为例，研究高压引水隧洞围岩孔隙水压力、水力梯度和渗流量在施工期及运行期间的动态变化过程，研判高压引水隧洞沿断层 F_{35} 和 F_{38} 产生渗透变形的风险。

6.1　工程概况

海南琼中抽水蓄能电站工程由上水库、下水库、输水系统及发电厂房等4部分组成。

输水系统布置在上、下水库之间的雄厚山体内，主厂房位于下水库右岸山体内，该处山体雄厚，上覆岩体厚度在300m左右。引水系统按一洞3机布置，尾水系统按3机一洞布置，设上游调压井，岔洞采用钢筋混凝土衬砌的结构型式。引水主洞洞径为8.0m，长度为1493.4m，引水支洞洞径为3.8m，长度为198.14m；尾水支洞洞径为5.0m，长度为138.056m，尾水主洞洞径为10.0m，长度为495.4m；输水系统线路总长度约为2465m。

6.1.1　地形地质条件

引水发电系统布置于上、下水库间山脊靠下水库一带，总体布置方向近NW向。主要建筑物包括地下厂房、主变室、引水隧洞、尾水隧洞等。其中地下厂房采用一厂3机，尾部式布置方案；引水、尾水隧洞布置1条，为一洞3机方案；单机容量为200MW，电站装机容量为600MW。

地下厂房布置区山体雄厚，地层岩性上水库由侵入的中粒花岗岩为主，分布安山玢岩岩脉和少量石英脉；厂房与下水库为下白垩统鹿母湾组碎屑岩，穿插较多的闪长岩脉与安山岩脉，弱风化及其以下岩石较致密坚硬，力学强度较高，岩体完整性较好，波速一般大于4000m/s，布置区断裂构造虽较发育，但以Ⅲ级结构面为主，断裂构造发育方向以NW、NNE、NNW向为主，规模稍大的断层有 F_{19}、F_{20}、F_{22}、F_{32}、F_{35}、F_{36}、F_{37}、F_{38}，断层的最大破碎带宽度为1m。岩体软弱结构面（含岩脉）及其影响带岩体偶夹灰白色泥。

因工程区内花岗岩与含砾砂岩均无岩体蚀变现象，在雄厚的山体内布置地下厂房，总体成洞条件较好，地下厂房位置的选择主要是选择地质条件相对较好的位置。该工程地下厂房位置的选择，从地质角度而言，主要受断裂构造、花岗岩与含砾砂岩接触带的控制，同时考虑水工建筑物布置的要求。

6.1.2 引水高压岔管

引水高压岔管为“卜”字形，采用钢筋混凝土衬砌。

引水支洞全段采用钢板衬砌，岔管位置地表高程约为 440.00m 左右，根据岔管附近 ZK7 钻孔揭示，岩体微风化层及新鲜岩体厚度为 212.3m，弱风化层岩体厚度 6.2m，强风化风层岩体厚度为 17.4m，岔管最大静水压力 380.0m，地表地形相对较整齐，只在引水支洞附近有冲沟发育，但下切不深，冲沟及山体坡度不大于 18.5°，按照“挪威准则”计算安全系数 F 大于 1.4，能保证围岩在最大静内水压力作用下不发生上抬。

高压岔洞布置在 F_{36} 与 F_{37} 两条断层之间宽度约 170m 内的白垩系砂砾岩岩体内，岩体完整性较好，属于Ⅱ～Ⅲ类，根据岩石力学实验结果可知，岔管围岩单轴饱和抗压强度为 60～65MPa，岩石较硬，强度高。

砂砾岩弹性模量为 8～11GPa，围岩径向变位较小，混凝土衬砌出现裂缝将受到围岩的约束限制，高压岔洞距离两条断层 F_{36} 和 F_{38} 最近约 52.0m，施工期可根据断层规模，在刻槽置换的基础上采用超细水泥及化学灌浆对断层进行处理，适当加大灌浆压力，增加灌浆孔序等工程措施，降低断层的透水性能，确保运行期间不发生渗透失稳和水力劈裂。

6.1.3 高压岔管地应力测试成果

为及时了解工程区地应力，在原中部式高压岔管部位深孔 ZK105 进行了地应力测试。ZK105 孔口高程 516.80m，孔深 350.6m。本次测试的测点布置在钻孔的中下部，共选择了 9 个测试段，每个测试段进行了 2～3 次循环加压，在测试段中选取 2 段用定向印模器记录破裂缝的方向。

由于受岩体完整性和仪器安装等因素的影响，有 2 个测试段的测试成果异常，在整理时予以剔除，其平面应力测试成果见表 6.1。

表 6.1　　ZK105 测孔平面应力测试成果表

测孔号	测孔倾角 /(°)	测点距孔口垂直距离 /m	压力参数 /MPa			平面主应力值 /MPa		破裂缝方向 /(°)
			P_b	P_r	P_s	σ_A	σ_B	
ZK105	90	197.4	14.21	8.55	4.80	5.85	4.80	—
		225.3	13.32	8.36	5.42	7.90	5.42	
		247.0	15.02	6.87	5.26	8.91	5.26	331
		261.1	11.26	7.05	4.58	6.69	4.58	—
		289.3	20.03	12.36	7.37	9.75	7.37	
		310.8	15.32	7.26	5.12	8.10	5.12	
		331.5	19.48	10.23	6.53	9.36	6.53	325

注　P_b 为岩体破裂压力；P_r 为岩体重张压力；P_s 为瞬时关闭压力；σ_A 为钻孔横截面上大主应力；σ_B 为钻孔横截面上小主应力。

根据 ZK105 钻孔水压致裂法平面应力测试成果，由表 6.1 可见，7 个测段平面最大主应力量值介于 5.85～9.75MPa 之间，属低至中等地应力量值范围。随孔深的增加，应力

量值呈增大的趋势，初步判断工程区地应力场以自重应力为主。2 个测点平面最大主应力的方向分别初判为 325°、331°。

6.2　非恒定渗流数值模型建立

由于高压引水隧洞局部穿越断层，数值计算分析时对引水隧洞穿越区内的断层 F_{36}、F_{38}、岩脉带和裂隙岩体分别按实体单元建模进行模拟，以考察薄弱部位岩体非恒定高压渗流作用下的渗透安全特性。

6.2.1　几何模型建模

数值模型 X 方向长度为 450m；数值模型 Y 方向长度为 780m。模型底部高程 70.00m，地面最大高程为 712.00m。

为了更好地研究引水隧洞及勘探平硐周围岩体在施工及运行过程中的水力学变化特性，对断层、岩脉带和隧洞附近岩体的网格进行了细化处理，而对距离隧洞较远区域的岩体采用较大尺寸的网格。整个计算模型网格单元数为 39857，节点数为 24086。图 6.1 为非恒定渗流计算的三维网格图。

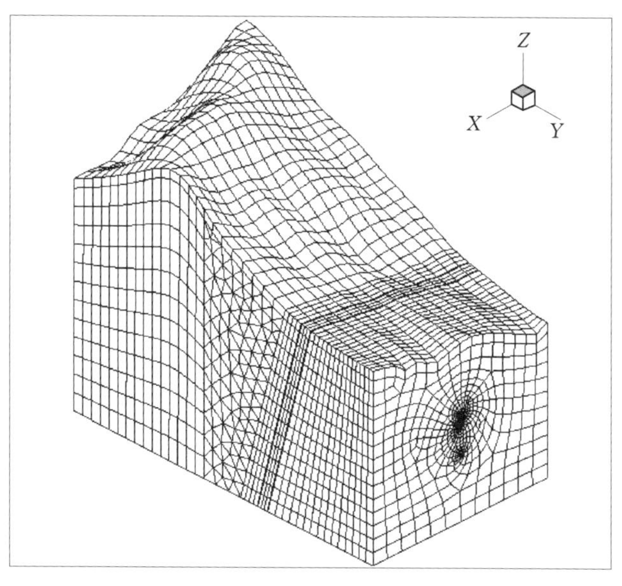

图 6.1　非恒定渗流计算的三维网格图

6.2.2　边界及初始条件

边界条件：由于勘探平洞及引水隧洞距离边界较远，因此认为洞室开挖及充水对边界上的流量没有影响，故在铅直及水平边界上都取不透水边界。

渗流定律：采用线性达西定律。

水力学参数：渗透系数采用地质报告建议值，见表 6.2。

表 6.2 渗透系数取值表

围岩类别	断层	影响带	微风化岩体
渗透系数/(cm/s)	2×10^{-4}	3×10^{-5}	1×10^{-5}

初始孔隙压力场根据地质钻孔测定的稳定地下水位进行拟合确定。

6.2.3 计算工况

非恒定渗流分析主要考察引水隧洞在运行期充水情况下，是否会导致断层 F_{35} 和 F_{38} 在地表或勘探平洞出露位置产生渗透破坏或产生大量渗漏。计算工况如下：

工况一：勘探平洞开挖，历时 6 个月。

工况二：引水隧洞开挖；历时 2 年。

工况三：引水隧洞充水；历时 5 年。

6.3 施工期非恒定渗流场分析

6.3.1 岩体水压力分布

图 6.2 和图 6.3 分别是引水洞中心水平纵剖面和横剖面上的裂隙水压力等值线图。由图可知，引水洞开挖完成后，由于地下水沿勘探平洞和引水洞洞壁的排水作用，使得勘探平洞和引水洞周围岩体中的裂隙水压力出现大幅度降低。经过 2 年的施工期开挖排水，引水洞周围岩地下水压力降低，影响半径达到约 110m。受勘探平洞和引水洞共同影响，该部位岩体中的裂隙水压力较其他部位降低的幅度更大。另外，由于断层岩体渗透系数相对较大。其水压力降低幅度大于其他围岩部位水压力的降低值。

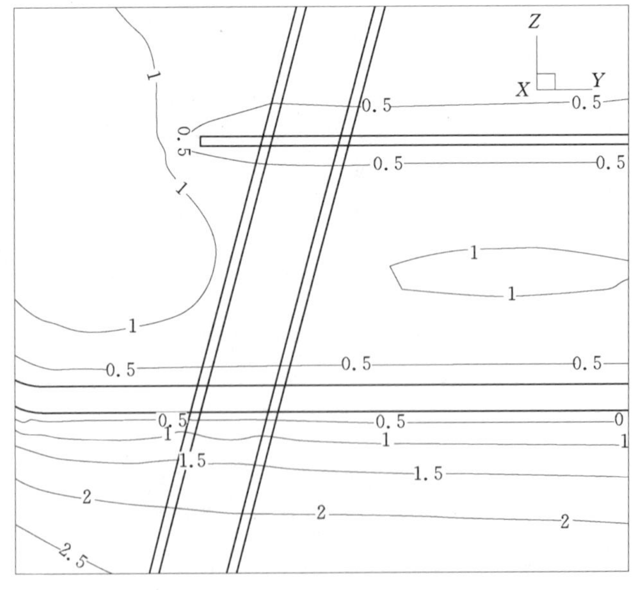

图 6.2 引水洞中心水平纵剖面裂隙水压力等值线图（单位：MPa）

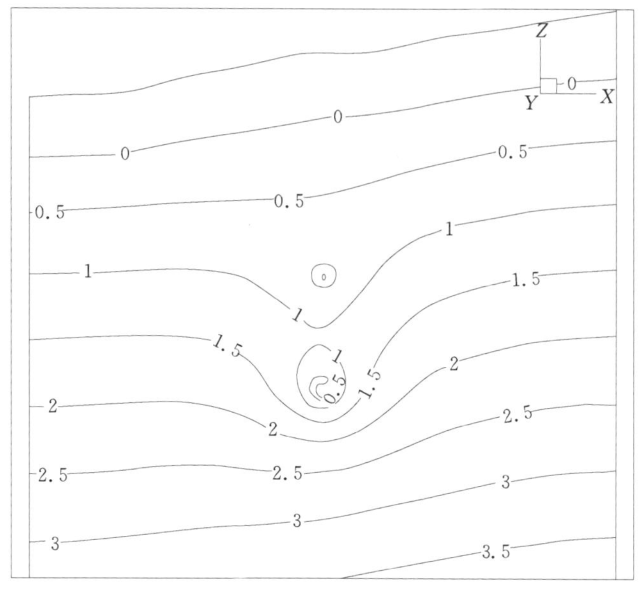

图 6.3 引水洞中心水平横剖面裂隙水压力等值线图（单位：MPa）

6.3.2 水力梯度分析

图 6.4～图 6.6 分别是引水洞中心水平纵剖面、勘探平洞和引水洞横剖面上的水力梯度分布等值线图。引水隧洞开挖完成后，勘探平洞和引水隧洞附近岩体中的水力梯度远远大于其他部位的水力梯度，其中勘探平硐和引水隧洞中断层出露部位的水力梯度值达到

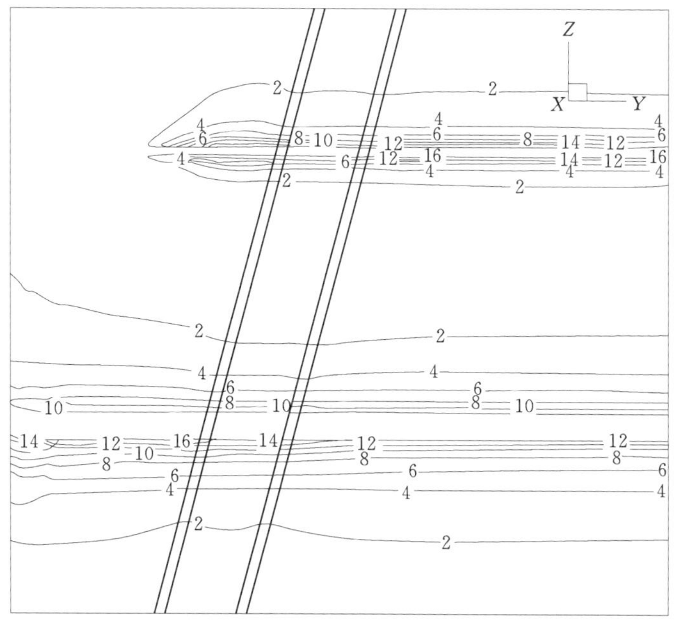

图 6.4 引水洞中心水平纵剖面水力梯度等值线图

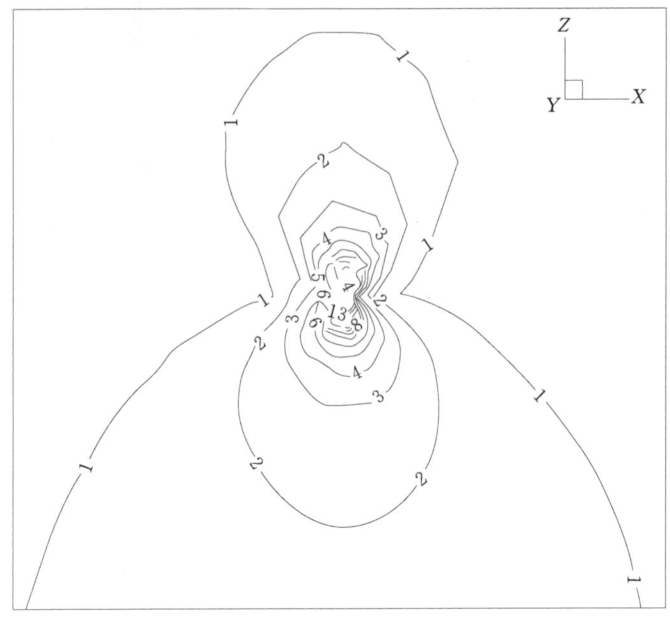

图 6.5　勘探平洞横剖面水力梯度等值线图

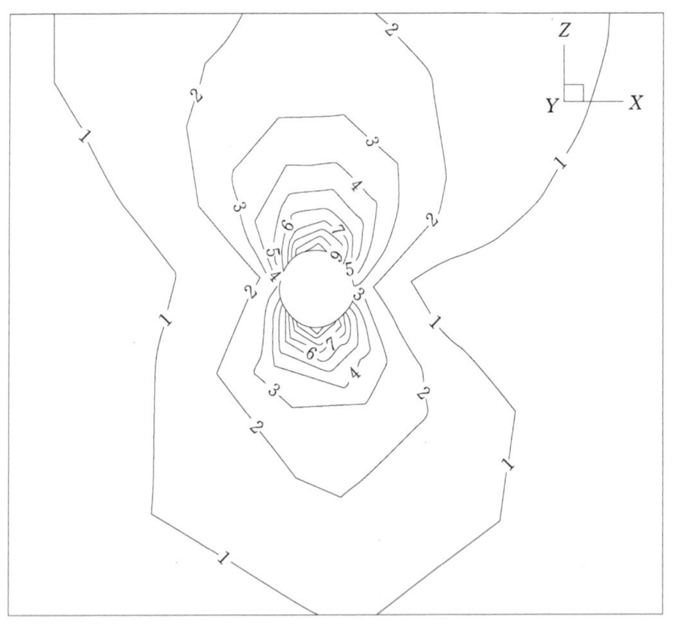

图 6.6　引水洞横剖面水力梯度等值线图

16.0；但远离洞壁 10m 以外部位岩体中的水力梯度降低，其值基本小于 2.0。这种情况说明地下洞室围岩中水力梯度的大小呈现出不均匀分布的特点。按照非恒定渗流分析方法得到的水力梯度分布形态与按恒定渗流存在很大的区别，其最大水力梯度值大于恒定渗流状态下得到的计算结果。由此可见，对于断层等破碎岩体而言，在抗渗强度相同的情况下，

按恒定渗流计算得到的结果有可能导致对断层破碎带岩体渗透稳定性的误判，导致渗透安全风险增大。

6.4　运行期渗流场分析（断层带不置换）

6.4.1　岩体水压力分布

图 6.7 和图 6.8 分别是引水洞中心水平纵剖面和横剖面上的孔隙压力等值线图。由图可知，在引水洞断层不置换条件下充水运行 5 年后，由于高内水压力条件下引水隧洞的钢

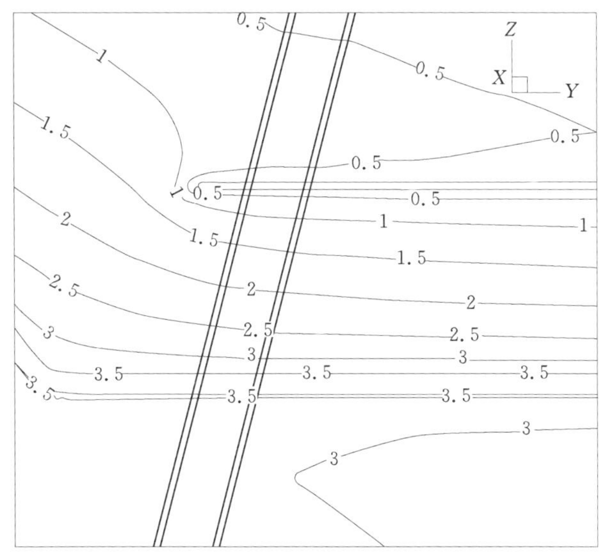

图 6.7　引水洞中心水平纵剖面孔隙压力等值线图（单位：MPa）

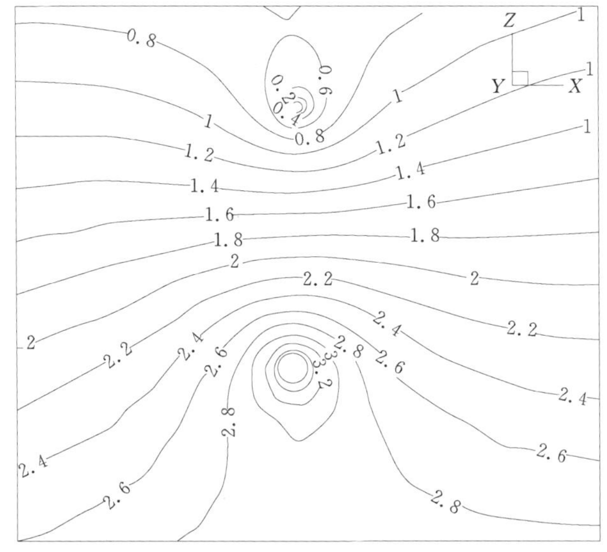

图 6.8　引水洞中心水平横剖面孔隙压力等值线图（单位：MPa）

筋混凝土衬砌将全部开裂，导致引水隧洞附近围岩中的水压力在 3.5MPa 内水压力作用下，出现大幅升高，特别是增加了引水隧洞和勘探平洞之间岩体中的水压力。

6.4.2 水力梯度分析

图 6.9～图 6.11 分别是引水洞中心水平纵剖面、勘探平洞和引水洞横剖面上的铅直

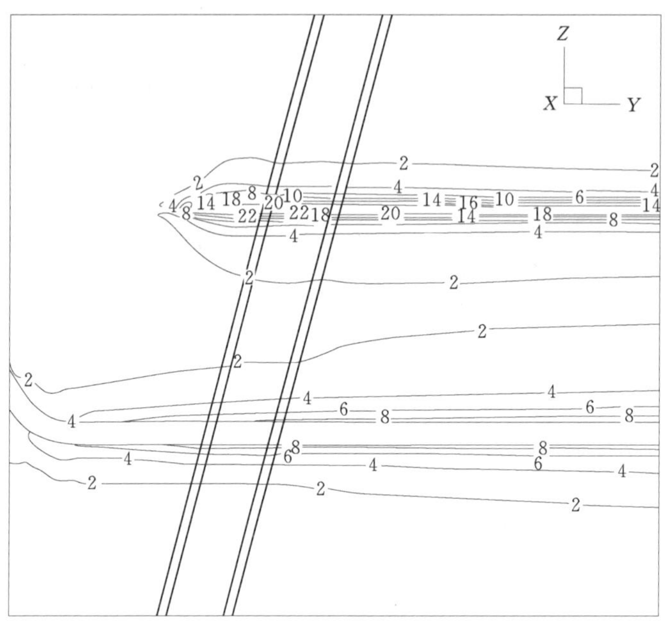

图 6.9　引水洞中心水平纵剖面铅直水力梯度等值线图

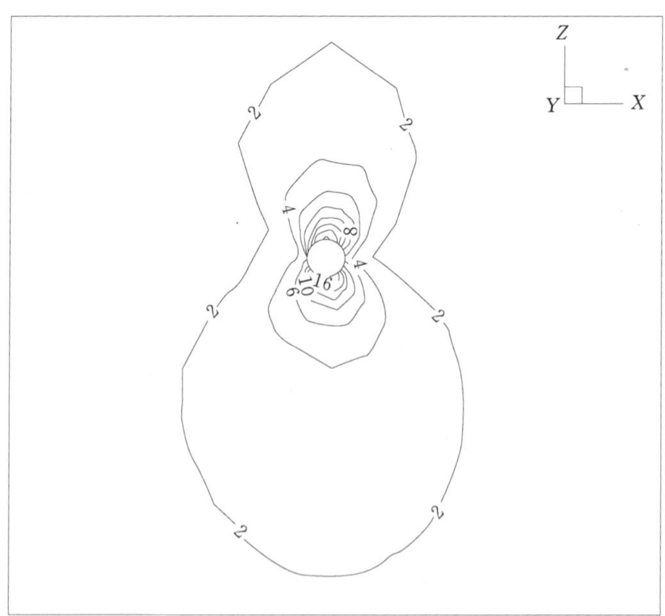

图 6.10　勘探平洞横剖面铅直水力梯度等值线图

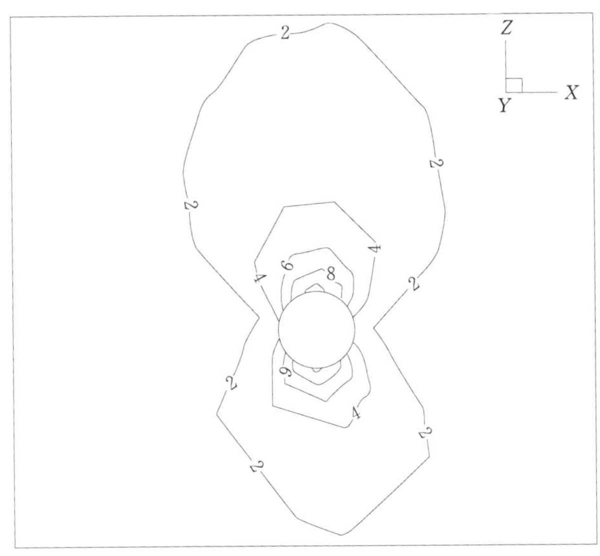

图 6.11 引水洞横剖面铅直水力梯度等值线图

水力梯度分布等值线图。充水运行 5 年后，勘探平洞附近岩体中的水力梯度较开挖结束时进一步增大，勘探平洞断层出露部位的局部水力梯度值达到 24.0。引水隧洞中断层出露部位的水力梯度有所降低，其最大值约为 9.0。引水洞在充水运行条件下，使得地下洞室中的渗流出露部位的渗透力出现大幅度增加，导致渗流出口部位的渗透稳定性进一步降低。

考虑到勘探平洞与引水隧洞铅直距离约 100m，如果按照引水隧洞充水压力 3.5MPa，勘探平洞洞壁压力 0.0MPa 考虑，那么按照常规的水力学方法可以得到平均水力梯度约为 2.5，远远小于按照三维非恒定渗流分析计算得到的局部水力梯度值 24.0。由此可见，按照平均值的简化计算方法判别得到的渗透稳定性结论可靠程度差。

6.5 运行期渗流场分析（断层带置换混凝土）

6.5.1 岩体水压力分布

对于高压引水隧洞，当出现断层等不良地质带后，工程上一般采用混凝土置换方式对软弱不良地质体进行处理。此次研究的置换方案是：置换部位为 F_{35}、F_{38} 以及 F_{35} 和 F_{38} 断层之间的岩体，及置换深度 3.5m。图 6.12 和图 6.13 分别是引水洞断层在置换成混凝土条件下，引水洞中心水平纵剖面和横剖面上的孔隙压力等值线图。

充水运行 5 年后，由于断层部位置换混凝土厚度大，不可能像钢筋混凝土衬砌那样在高内水压力作用下出现大量裂缝，因此置换部位的渗透性远小于其他部位。引水隧洞未置换部位围岩在 3.5MPa 内水压力作用下，裂隙水压力出现大幅升高；而混凝土置换部位后面的岩体裂隙水压力，由于混凝土的防渗作用，其裂隙水压力升高幅度明显小于其他部位。但是由于绕渗作用的存在，远离混凝土置换部位的岩体裂隙水压力基本不受置换混凝

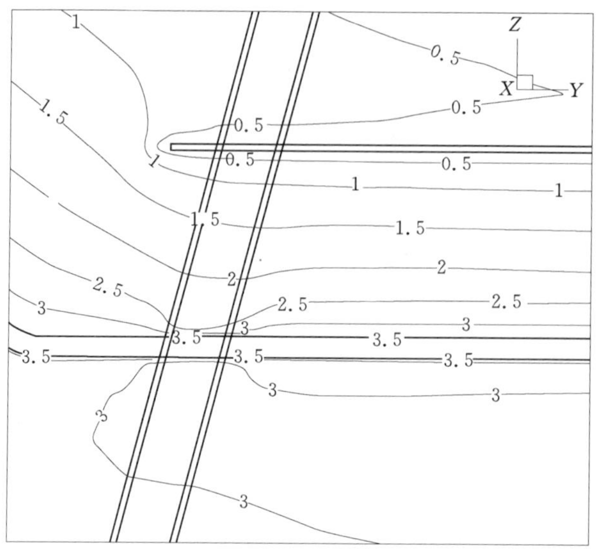

图 6.12　引水洞纵剖面孔隙压力等值线图（置换条件下，单位：MPa）

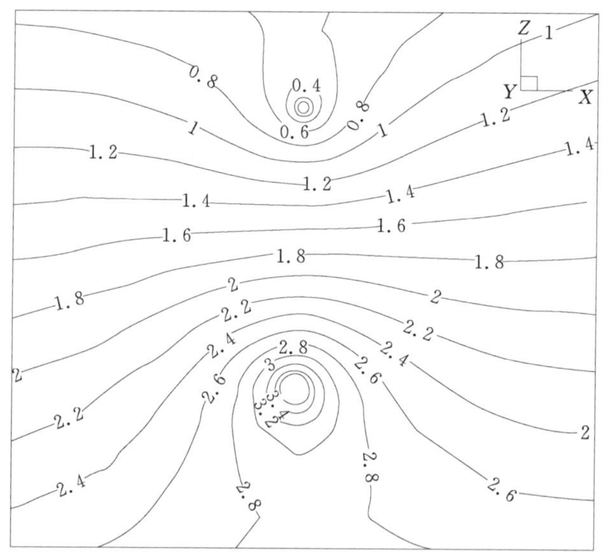

图 6.13　引水洞横剖面孔隙压力等值线图（置换条件下，单位：MPa）

土结构的影响。因此，置换混凝土对渗流场的影响是局部的、其范围也有限。

6.5.2　水力梯度分析

图 6.14～图 6.16 分别是引水洞中心水平纵剖面、勘探平洞和引水洞横剖面上的铅直水力梯度分布等值图。

充水运行条件下，勘探平洞断层出露部位的水力梯度为 22.0，较不置换条件略有减小；引水洞断层置换部位混凝土中的水力梯度值大幅增加，最大水力梯度值达到 30.0。

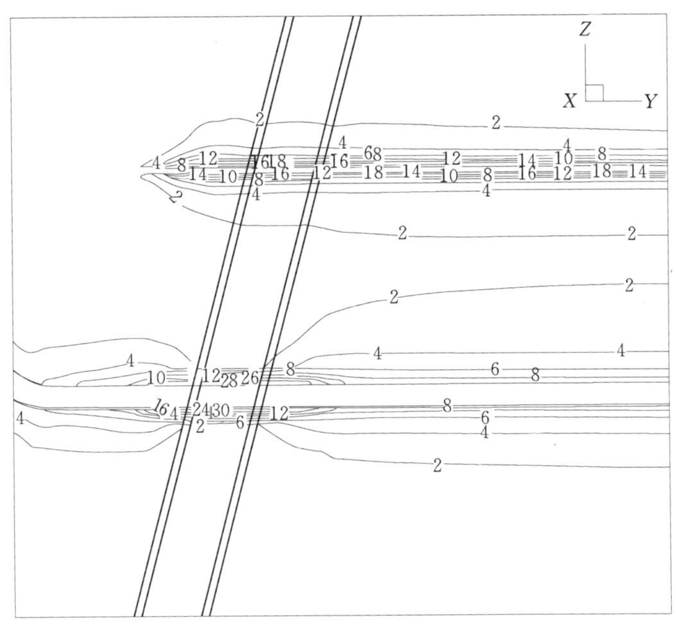

图 6.14　引水洞中心水平纵剖面铅直水力梯度等值线图（置换条件下）

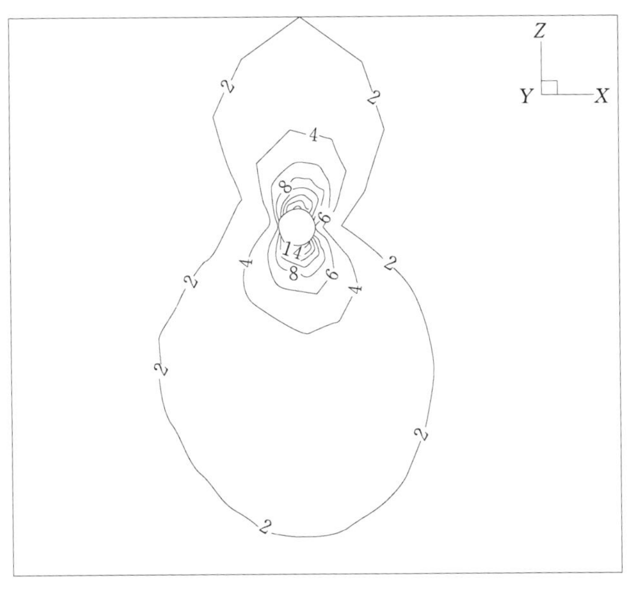

图 6.15　勘探平洞横剖面铅直水力梯度等值线图（置换条件下）

在勘探平洞断层渗流出口处不处理情况下的水力梯度为 22.0，大于平均水力梯度值 2.5。断层置换部位的局部水力梯度更大，达到 30.0，也远大于平均水力梯度。对于混凝土置换区而言，虽然其水力梯度很大，但其抗渗强度也很高，因此一般不会产生渗透破坏。

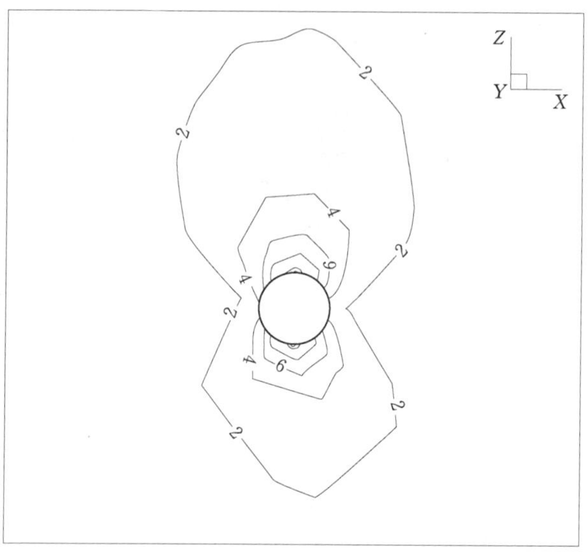

图 6.16 引水洞横剖面水力梯度等值线图（置换条件下）

6.6 测点渗压变化过程分析

为了解勘探平洞和引水洞之间岩体在施工期及运行期间的孔隙水压力变化特性，计算过程中在断层 F_{35} 带中的设置渗压监测点（图 6.17），以了解渗透压力的变化过程。计算过程中分别对各特征点孔隙压力及特征部位流量进行实时监测。

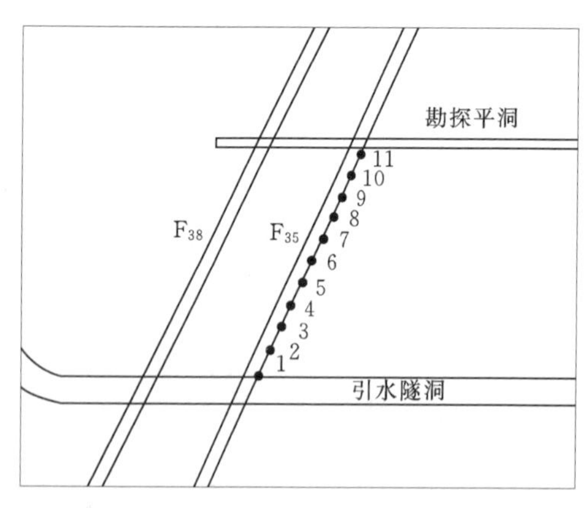

图 6.17 渗压测点位置示意图

图 6.18 和图 6.19 给出了断层带未置换和置换混凝土两种情形下测点渗压在施工及运行期间的变化过程线。总体上，两种情况下 F_{35} 附近的测点孔隙水压力变化过程基本相同，仅在数值上有差异。

勘探平洞开挖后，靠近洞壁部位的岩体（测点 11）渗压快速下降，而靠近引水隧洞部位岩体中的渗压基本变化很小（测点 1）。在引水隧洞开挖排水期间，断层带上各测点的渗压逐渐减小。靠近引水洞洞壁附近的岩体渗压（测点 2 和测点 3）在前期降幅大，后期基本趋于稳定。远离引水隧洞部位岩体（测点 7 等）的渗压变化相对缓慢，需要更长的时间才能达到相对稳定渗流状态。引水隧洞充水后，引水隧洞附近围岩（测点 1、测点 2、测点 3）压力快速上升，基本上半年左右渗压达到稳定状态，而远离引水隧洞的测点（测点 7）渗压上升缓慢，渗压达到稳定所需的时间更长，在隧道充水 1 年半后才能基本达到稳定渗流状态。

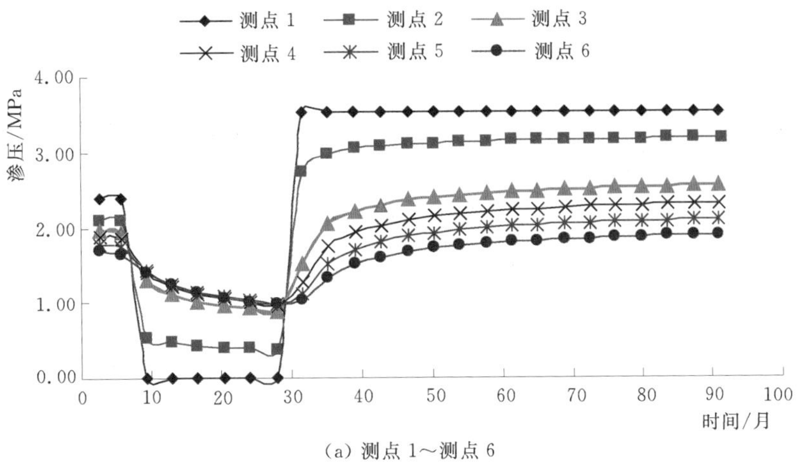

(a) 测点 1～测点 6

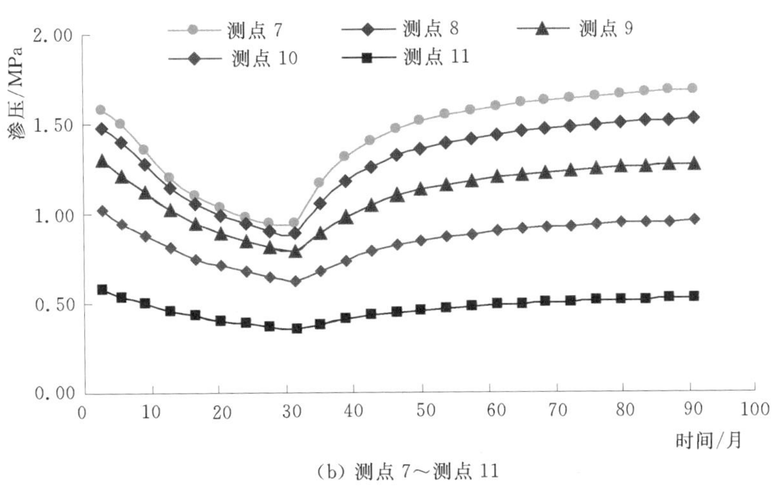

(b) 测点 7～测点 11

图 6.18　测点渗压变化过程图（断层带不置换）

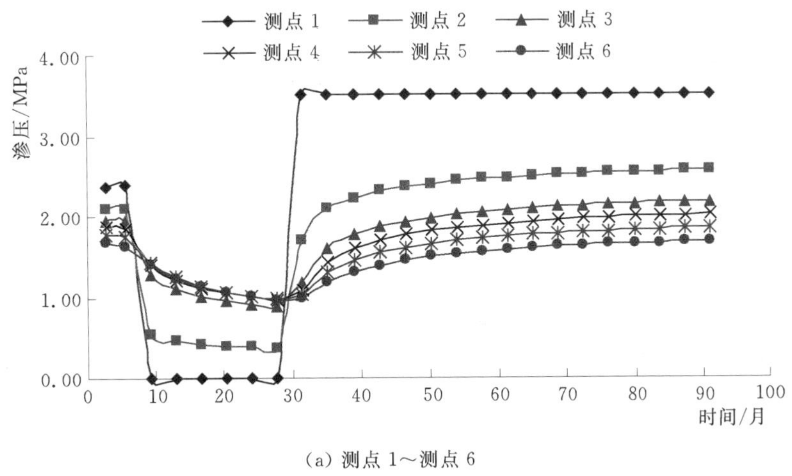

(a) 测点 1～测点 6

图 6.19（一）　测点渗压变化过程图（断层带置换混凝土）

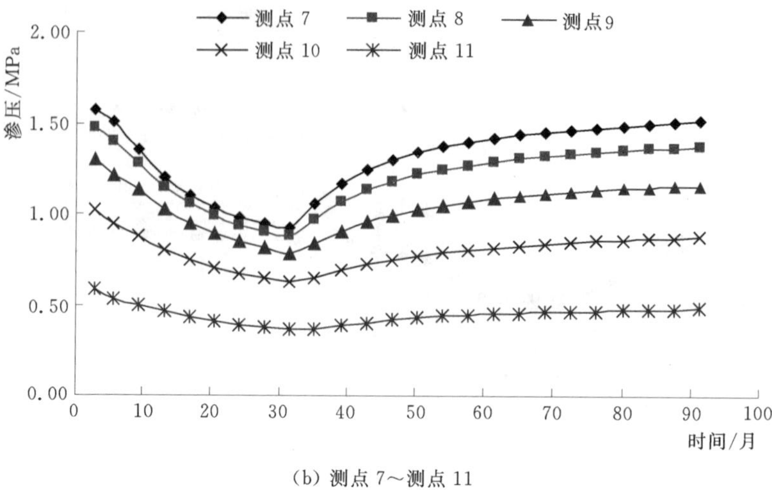

(b) 测点 7～测点 11

图 6.19（二） 测点渗压变化过程图（断层带置换混凝土）

图 6.20 给出了引水隧洞中断层置换和不置换混凝土两种方案条件下测点渗压计算差

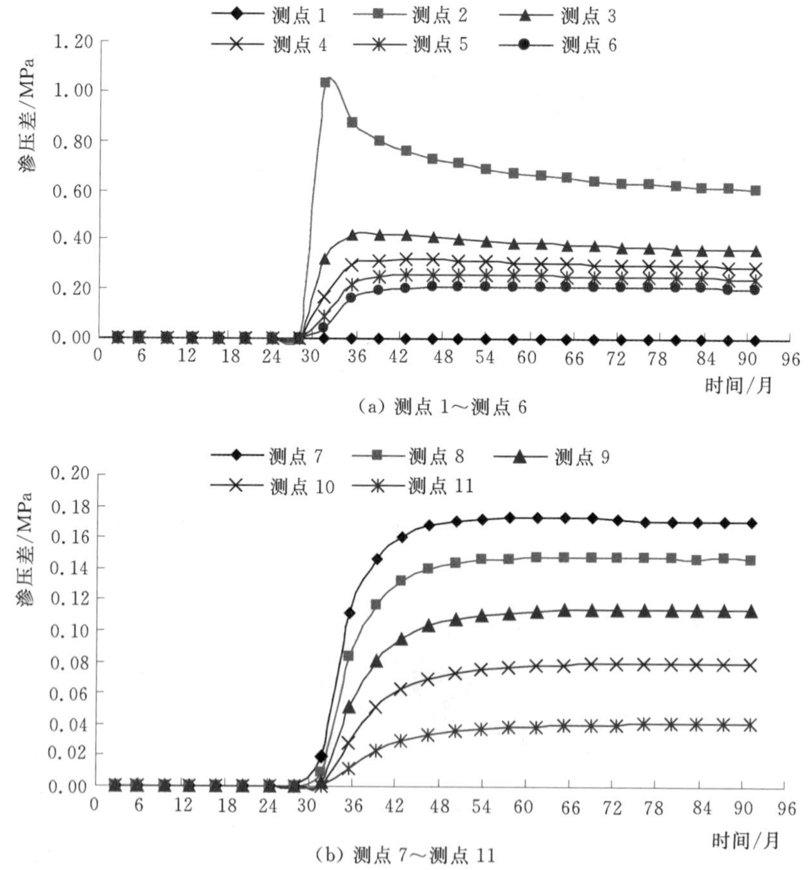

(b) 测点 7～测点 11

图 6.20 测点渗压差变化过程图

值对比过程线。由图可知，施工期间（前 30 个月），由于岩体渗流条件一样，各测点的渗压差都为零。在引水隧洞断层带及影响带置换后充水运行条件下，由于置换混凝土的防渗作用，测点的渗压差值也随运行时间的变化而改变，其中靠近置换混凝土的测点 2 的渗压差最大，在运行初期达到了 1.0MPa 左右，在后期由于绕渗作用，该点的渗压差值又逐渐减小。其余测点渗压差值在运行初期变化大，在经过约 6～12 个月的非恒定渗流后，各测点渗压差基本趋于稳定。

引水隧洞中断层部位置换混凝土后，断层岩体中的孔隙水压力出现不同程度的降低，即断层部位置换成混凝土后，可以降低油水隧洞的渗漏量。

6.7　小结

以琼中抽水蓄能电站高压引水隧洞为例，研究了包含断层及断层影响带渗透特性的地下洞室三维渗流场的非恒定变化过程，研究成果如下：

（1）施工期地下洞室开挖排水导致隧洞周围渗流场的渗压降低，尤其对开挖隧洞附近岩体的渗流场影响巨大；运行期充水运行后引起地下围岩中的渗压上升。

（2）施工期和运行期地下洞室断层出露部位的局部水力梯度显著大于平均水力梯度，高压引水隧洞渗透变形防护措施的重点应放在保护渗漏出口处不产生渗透破坏。

（3）引水隧洞断层置换对渗流场的影响是局部的，对渗流出口处水力梯度降低作用不明显。

第7章　复杂坝基渗流特性分析

7.1　引言

坝基渗流场空间分布和时间演化过程与坝基岩体渗透系数密切相关，能否准确确定坝基岩体渗透系数对数值模拟至关重要。传统方法中，对坝基岩体渗透系数主要采用以下两种方法赋值：一是随机赋值法；二是确定性赋值法。随机法是基于坝基渗透性实测资料分析成果，将坝基岩体渗透系数近似用随机函数来描述。对于复杂坝基而言，坝基岩体渗透性变异性往往很大，单纯用一个函数来近似描述会存在较大误差。确定性赋值方法中岩层参数值的确定又分两种方法：一是依据渗透性的试验统计分析成果进行确定；二是依据部分实测渗流资料进行反演分析来确定。确定性赋值法具有较强的实用性，但也存在较大的局限性；其最大不足是不能反映渗透系数空间变异性对渗流场的影响。

对于许多大型水电工程来说，在整个设计及建设期间对坝基会进行大量现场压水试验来研究坝基渗透性大小，从而可以获得大量的压水试验数据。在数值模拟时，若能充分利用原始钻孔压水试验资料对坝基实测点的渗透系数进行直接赋值，则必然会提高数值模拟的准确度。要实现这种构想，需要采用区域化变量理论进行处理。当一个变量呈空间分布时，就称之为区域化变量。显然地质领域中许多变量都可看成是区域化变量，如渗透率、孔隙度以及各种力学参数等均可看成是区域化变量。由于区域化变量是一种随机函数，因而能同时反映地质变量的结构性与随机性。

坝基渗流分析的目的是为了确定适当的渗控措施。在重力坝的渗控措施中，排水孔幕和防渗帷幕起着至关重要的作用。坝基排水孔幕和灌浆帷幕可以有效控制渗透水流和降低扬压力，以保证工程安全运行。一般认为帷幕的主要作用是切断渗漏通道减少坝基渗漏量；排水系统的主要作用是快速排出坝基中的裂隙水，使坝基中的扬压力迅速消散，从而降低坝基扬压力。为保证向家坝坝基的渗透安全性，工程同时设置了防渗帷幕和排水孔幕，为了评价其渗控效果，基于饱和渗流理论，采用 $FLAC^{3D}$ 软件渗流分析模块，对其左非3典型坝段渗流进行计算分析，并对渗控措施的效果进行评价。

7.2　渗透系数空间分布特性

7.2.1　区域变化变量属性

当一个变量呈空间分布时，就称之为区域化变量，这种变量反映了空间某种属性的分

布特征。在地质领域中许多变量都可看成是区域化变量，如地下水水头高度、岩石破碎程度、硬岩蚀变程度、孔隙度、渗透率等均可看成是区域化变量。

区域化变量是一种随机函数，能同时反映地质变量的结构性与随机性。一方面，当空间一点 X 固定之后，$Z(X)$（表示 X 点处的某一物理量，例如水头等）就是一个随机变量，这就体现了其随机性；另一方面，在空间两个不同点 X 及（$X+h$）［此处 h 也是个三维向量，它的模表示 X 点与（$X+h$）点的距离］处的水头高度 $Z(X)$ 与 $Z(X+h)$ 具有某种程度的相关性，这就体现了结构性的一面。这种功能也可以说是区域化变量在数学上的特征。

克里金插值方法是地质统计学的重要组成部分，也是地质统计学的核心。克里金插值方法，从统计意义上说，是从区域化变量相关性和变异性出发，在有限区域内对区域化变量的取值进行无偏、最优估计的一种方法；从插值角度讲是对空间分布的数据求线性最优、无偏内插估计的一种方法。克里金插值法的适用条件是区域化变量存在空间相关性。克里金插值法是根据样本空间位置不同、样本间相关程度的不同，对每个样本属性赋予不同的权，进行滑动加权平均，以估计中心块段的平均属性值。

设 X_1，X_2，…，X_n 为区域上的一系列观测点，$Z(X_1)$，$Z(X_2)$，…，$Z(X_n)$ 为相应的观测值。区域化变量在 X_0 处的值 $Z^*(X_0)$ 可采用一个线性组合来估计

$$Z^*(X_0)=\sum_{i=1}^{n}\lambda_i Z(X_i) \tag{7.1}$$

式中：λ_i 代表采样 X_i 点的权值。

要得到无偏最优估计值，必须满足下面两个条件：

第一，无偏估计，即

$$E[Z(X_0)-Z^*(X_0)]=0 \tag{7.2}$$

第二，估计方差最小，即

$$\mathrm{Var}[Z(X_0)-Z^*(X_0)]=\min \tag{7.3}$$

根据无偏最优估计条件即可以求出式（7.1）中的 λ_i 值，即可得估计值。

克里金插值最显著的特点是无偏性和最优性，除此之外还有以下 4 个特点：

（1）对称性。即若区域化变量是各向同性的，则其权系数也有对称性；若区域化变量是各向异性，则权系数也不对称。

（2）减弱丛聚效应。当某一局部位置的数据过多时，若待估点与该位置接近，则插值可能忽视该位置邻近的已知数据。为尽量降低这种影响，克里金插值法采用八分搜寻方法，以保证各象限均有代表数据。

（3）屏蔽效应。块金效应代表微观结构，表征变差函数原点处的连续性。若块金效应为 0 或很小时，则在待估区内的样本权系数最大，稍远一点则其权系数显著减少，即为屏蔽效应，该效应随块金常数增大而减弱。

（4）可正可负性。克里金权系数从本质上说是可正可负的，这样可使其估计值超出信

息样本的最大、最小值范围，有利于达到最优估计的目的。

7.2.2 渗透系数空间变异性确定方法

FLAC^{3D}是一款基于有限差分理论的数值分析软件，主要用于分析岩土结构在不同荷载下的静力及动力响应，同时也可用于恒定非恒定渗流场的数值模拟。利用FLAC^{3D}软件的FISH编程功能，采用基于区域化变量理论的克里金插值方法对渗透系数空间变形进行赋值研究，数值模型渗透系数的赋值流程如下：

(1) 依据现场压水试验实测资料，利用克里金插值软件对坝基范围内的岩体渗透系数进行克里金插值计算，得到坝基区域渗透系数的空间分布。

(2) 将克里金插值得到的坝基区域渗透系数值形成一个包含空间坐标与渗透系数对应的数据文件。

(3) 利用FISH语言在FLAC^{3D}平台中导入利用克里金插值得到的渗透系数数据文件。

(4) 利用FISH语言获取数值模型单元中心坐标，并将此空间坐标与渗透系数数据文件中的空间坐标信息进行匹配或计算两点之间距离，当两点之间距离小于给定误差时，将渗透系数文件中该点对应的渗透系数值赋给渗流数值模型中的该单元。

(5) 重复(4)，直至对所有单元进行赋值，得到反映渗透系数空间变异性的数值模型。

上述赋值方法最大的优点是能把压水试验资料准确地反映到数值模型对应的单元上，使得数值模型单元渗透系数与该部位渗透性实测值相同，大大提高了数值模拟时渗透性参数确定的准确度。

7.3 向家坝坝基渗控工程概况

向家坝水电站坝址位于向家坝峡谷河段出口处，河流流向由西向东，河谷形态呈不对称的“U”形，宽高比5∶1。常年河水位266.50m时，水面宽度160～220m，水深3～10m。高程380.00m的河谷宽770m。坝址两岸地形整齐，无大的冲沟切割，两岸山势总体向下游倾斜，岸坡微地貌形态受地层岩性控制呈阶坎状，除缓坡被第四系崩坡积物覆盖外，大部分基岩裸露。坝址两岸边坡自然坡度以左岸较缓，边坡坡角25°～40°，右岸边坡稍陡，坡角35°～50°。区域内地层出露比较齐全，自震旦系起，各系地层均有分布。坝址地层以中生界为主，主要出露三叠系须家河组的河-湖相沉积的砂岩、泥岩、粉砂质泥岩和泥质粉砂岩。

大坝坝顶高程384.00m，正常蓄水工况下，库水位380.00m，下游水位260.00m。坝基设有上下游防渗帷幕，帷幕宽度5m，上游帷幕底高程80.00m，最大深度达到142m；下游帷幕底高程157.00m；坝基从上游至下游平行于坝轴线依次设有上游主排水孔幕、第一辅排水孔幕、第二辅排水孔幕和下游主排水孔幕，其中上游主排深度72m，排水孔直径均为110mm。图7.1为左非3坝段渗控措施布置图。

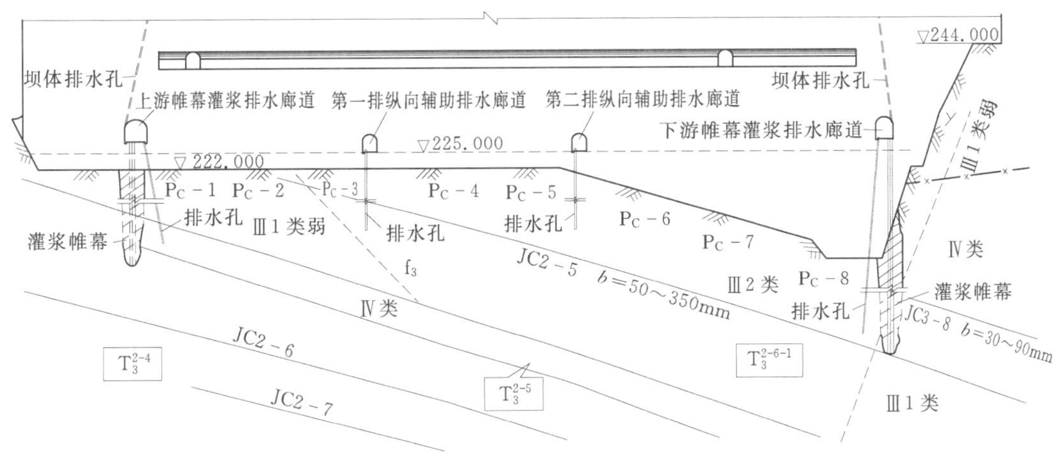

图 7.1　左非 3 坝段渗控措施布置图（高程：m）

7.4　数值模型

7.4.1　计算网格及边界条件

以向家坝水电站左非 3 坝段为例，建立数值分析模型，见图 7.2。

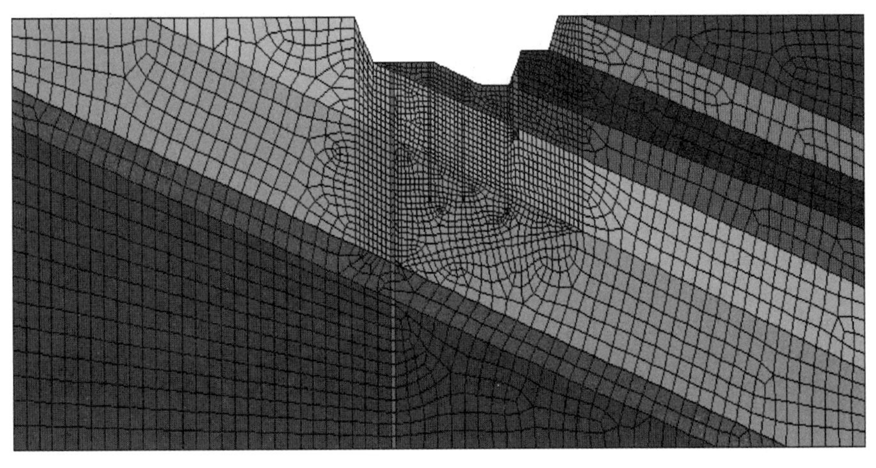

图 7.2　左非 3 坝段数值计算网格

左非 3 计算模型单元数 14606 个，节点数 17225 个。模型左边界（上游）为坝轴线上游方向 400m，右边界（下游）为坝轴线下游方向 500m，模型底边界高程为－100.00m。由于混凝土坝体渗透系数相对较小，可以认为不透水，故在建模时，没有考虑大坝，只在计算时把坝基开挖面作不透水边界处理。上、下游帷幕和本坝段所有排水孔也进行单独建模。为了更好地研究坝基岩体的水力学特性，对坝基附近岩体部分区域网格进行了细化处理，而对远离坝基的区域采用较大尺寸的网格。在建模时将直径为 110mm 圆形排水孔简化边长为 100mm 的矩形排水孔，见图 7.3。

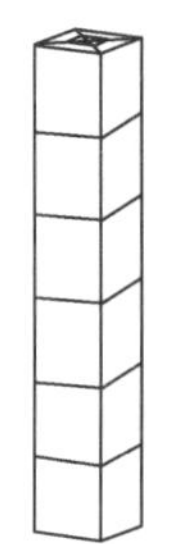
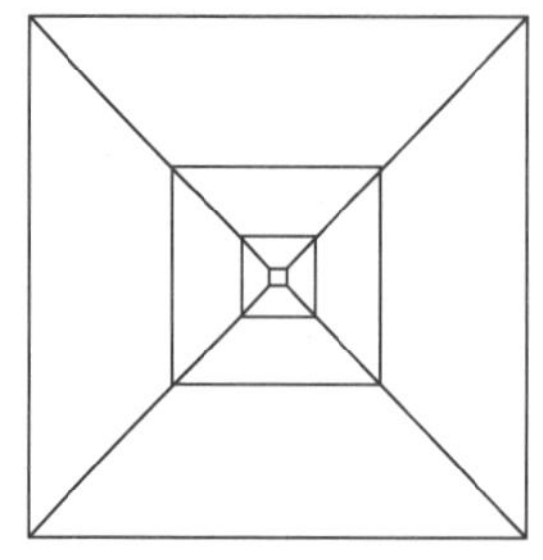

图 7.3 排水孔计算网格

7.4.2 计算参数

为了充分反映坝基岩体渗透性的空间变化特性，在坝基压水试验所涉及的范围内，采用基于区域化变量理论的克里金插值方法对坝基岩体渗透系数进行赋值；坝基压水试验所涉及的范围外，采用按高程统计分析赋值的方法确定单元渗透系数，以消除渗透系数空间插值方法所带来的误差影响，取值见表 7.1。左非 3 坝基渗透系数空间分布示意图见图 7.4。

表 7.1 渗透系数取值表

分区	渗透系数/(cm/s)	分区	渗透系数/(cm/s)
高程 200m 以上	3.90×10^{-4}	<40m	1.30×10^{-5}
200～160m	2.60×10^{-4}	上下游帷幕	1.30×10^{-5}
160～100m	1.30×10^{-4}	固结灌浆	2.60×10^{-5}
80～100m	6.50×10^{-5}	挠曲核部破碎带	2.34×10^{-4}
40～80m	3.90×10^{-5}		

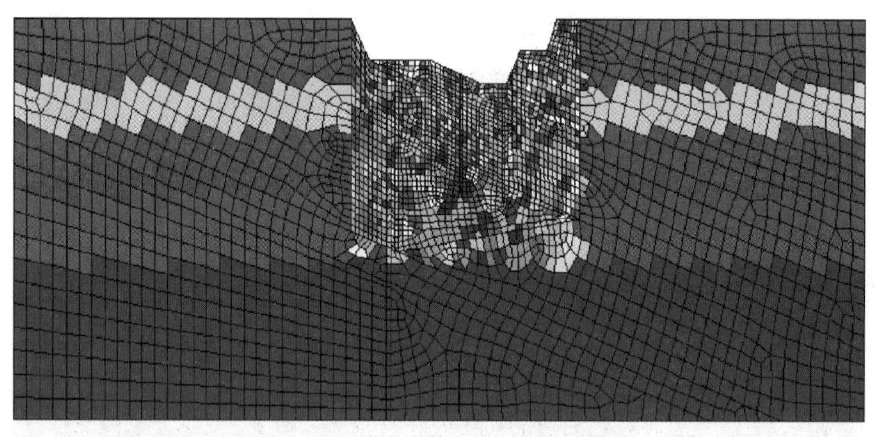

图 7.4 左非 3 坝基渗透系数空间分布示意

7.5 坝基渗控效果分析

7.5.1 扬压力分析

图 7.5 为正常蓄水位工况下的坝基岩体中流网图。等值线和流线在总体上分布较为合理，流网的分布形态和疏密程度都较准确地反映了坝基的渗流特性。渗压等值线在帷幕和

排水孔附近分布密集，上游主排水孔与下游帷幕之间水头值稳定在 240m 以下，表明该区域渗流场在防渗帷幕和排水孔幕的有效控制之下。

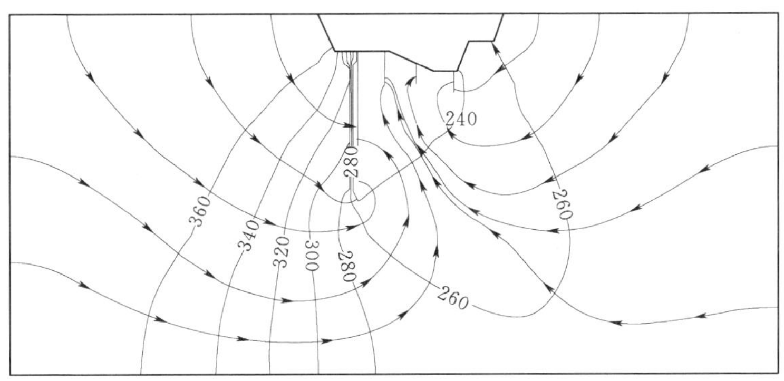

图 7.5　正常蓄水位工况下的坝基岩体中流网图

坝基扬压力分布见图 7.6。由图 7.6 可知，坝基扬压力实测值与数值模拟值总体上接近，计算模型可以合理反映左非 3 坝基渗流状态。由图 7.6 可以计算得到正常蓄水位工况下的实测扬压力值为 34878kN，数值模拟得出的扬压力值为 32050kN。根据设计规范得到的设计扬压力值为 49364kN，因此，坝基扬压力满足设计要求。

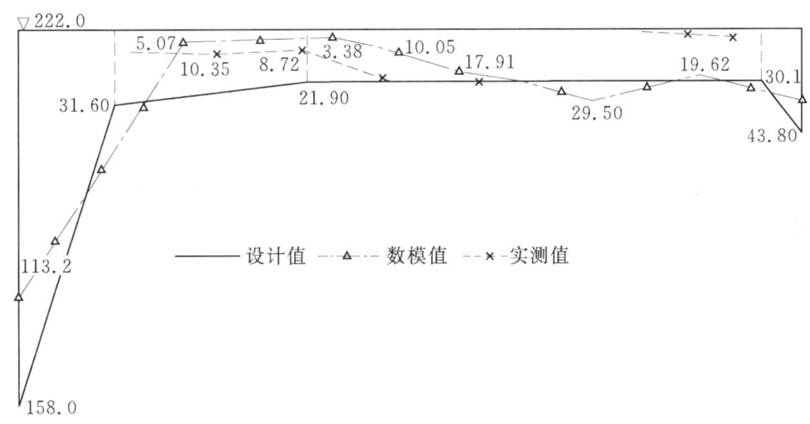

图 7.6　坝基扬压力分布（单位：m）

7.5.2　上游帷幕深度敏感性分析

图 7.7 为上游帷幕深度与排水孔涌水量关系图。从图 7.7 中可知，当上游不设帷幕时，主排水孔涌水量和总涌水量达到最大值。随着上游帷幕深度增加，上游主排水孔的涌水量逐渐减小，而辅排（辅助排水孔）和下游主排水孔的涌水量出现小幅增加，主要受上游主排水孔的影响，总涌水量也逐渐减小。上述现象表明上游帷幕的加深有效地阻止了坝基岩体裂隙水流向幕后流动，使得主排水孔和总涌水量减小。辅排和下游主排水孔的涌水量小幅增加的原因是上游帷幕的加深使通过帷幕深度以下基岩的渗流量有所增加。当帷幕深度超过 122m 后，排水孔涌水量基本上不再变化。

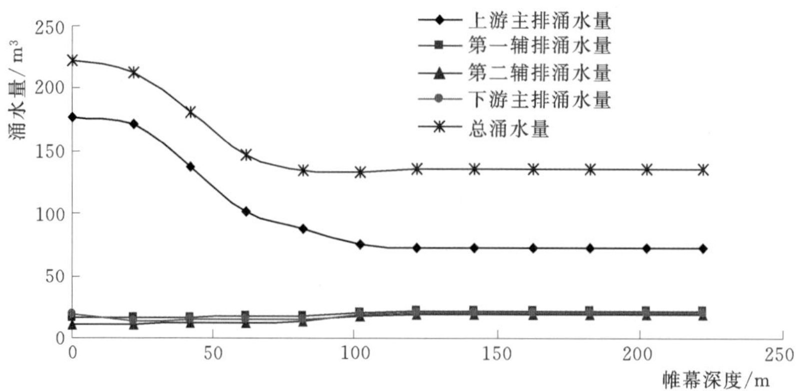

图 7.7　上游帷幕深度与排水孔涌水量关系图

图 7.8 为上游帷幕在不同深度条件下的坝基扬压力变化图。由图 7.8 可知，当上游不设帷幕时，扬压力最小。随着上游帷幕深度增加，不管是幕前扬压力，或者是幕后扬压力，还是总扬压力都出现增加。幕前扬压力和总扬压力增大的原因是上游防渗帷幕的阻水作用，削弱了排水孔对幕前的泄压效果，随着上游帷幕的深度的增加，这种作用变得越明显。主要受幕前扬压力增大的影响，总扬压力也随之增大；而幕后扬压力增加是防渗帷幕加深使得通过帷幕深度以下的渗流量增加导致的。当上游帷幕深度超过 122m，坝基扬压力变化逐渐趋于平缓。

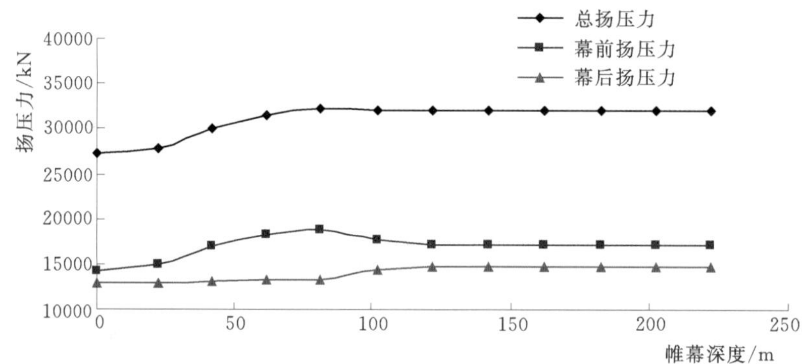

图 7.8　上游帷幕深度与扬压力关系图

综上分析可知，当帷幕的深度达到 122m 后，帷幕深度再加深对减小渗流量的作用很小，而施工难度和经济投入却在加大。另外，从减小扬压力的角度讲，帷幕的作用并不明显，但是帷幕设置可以减小坝基尤其是排水孔壁附近的渗透比降，这对防止排水孔的渗透破坏有利。所以对于上游帷幕，应综合考虑各方面因素，合理设置深度。上游防渗帷幕的实际深度为 142m，与敏感性计算得到的临界深度 122m 相接近，表明上游防渗帷幕的深度设置相对合理。

7.5.3　上游排水孔深度敏感性分析

图 7.9 为上游主排水孔深度与排水孔涌水量关系图。从图 7.9 中可知，上游主排深度

越大，上游主排水孔涌水量和总涌水量越大，且呈近似线性增加关系，而辅助排水孔及下游排水孔涌水量则越小。这表明进入到坝基中的水量主要被上游主排水孔排出。上游主排超过 70.0m 深度后，辅助排水孔及下游排水孔涌水量几乎不受上游主排深度影响。

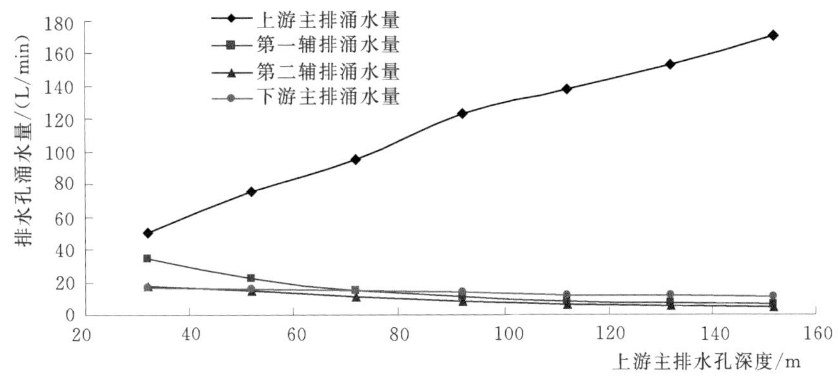

图 7.9　上游主排水孔深度与排水孔涌水量关系图

图 7.10 为上游主排水孔深度与扬压力关系图。坝基总扬压力、幕前坝基扬压力和幕后基底扬压力都随上游主排水孔深度增加而减小，但减小幅度都不大。这说明增加上游主排水孔深度对减小坝基扬压力的作用是有限的。

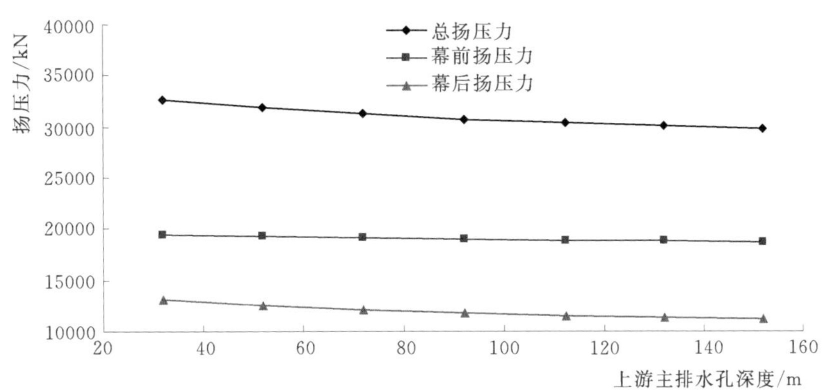

图 7.10　上游主排水孔深度与扬压力关系图

通过前面的分析可知：依靠增大上游主排深度来减小坝基扬压力效果有限。增大上游主排的深度还会使上游主排水孔的涌水量增大，带来渗透破坏的问题；在满足设计要求的前提下，上游排水孔其实是越浅越好的。

7.6　小结

利用向家坝大量的现场钻孔压水试验资料，采用基于区域化变量理论的克里金插值方法对坝基渗透系数的空间变异性进行描述，可以更好地反映坝基渗流场的真实情况。通过对左非 3 坝基渗流场的数值研究，得到以下几点认识：

(1) 在防渗帷幕和排水孔幕协同作用下，向家坝左非 3 坝段坝基扬压力满足设计要求，坝基渗控效果明显，坝基渗控措施的设计是合理有效的。

(2) 上游防渗帷幕深度增加，排水孔总涌水量减小，但坝基扬压力增大，对稳定不利。

(3) 上游防渗帷幕设置深度应该综合考虑阻水效果和经济性的影响，向家坝上游防渗帷幕深度取 142m 是合理的。

(4) 随着上游主排水孔深度增加，坝基总扬压力减小，上游主排水孔涌水量增加。

第 8 章　重力坝坝基排水孔涌水量控制标准

8.1　引言

坝基灌浆帷幕和排水是重力坝坝基渗流控制的两个最主要的措施。设置灌浆帷幕的主要目的是减少坝基的渗漏量；坝基排水的主要目的则是降低作用在重力坝基底上的扬压力。坝基渗漏量一般是指上游水库中的水体通过坝基渗透到下游河床以及进入坝基排水系统中的渗水量，也有文献将坝基排水系统的出水量当做坝基渗流量。从“坝基渗漏量”所表达的内涵来看，笔者更倾向于第一种定义。本书将坝基排水系统的出水量称作坝基涌水量。因此，坝基涌水量实质上只是坝基渗漏量的一部分。

一般来说，坝基渗漏量大小不宜作为大坝安全运行评价的充分性指标。国内外许多大坝工程长期大量漏水、却能长期安全运行。例如土耳其的凯班（Keban）坝，高 208m 的土石坝建在岩溶十分发育的石灰岩地基上，经 1977 年最后一次处理后，坝基漏水量仍维持在 6～8m^3/s 之间，约占平均径流量的 1%，至今未发生过管涌等不安全情况。我国的猫跳河二级（百花），漏水量长期维持在 1m^3/s 左右，已安全运行了几十年。坝基渗漏量长期偏大，对工程的经济效益会带来一定的影响，因此，对坝基渗漏量进行控制是必要的。目前，国内对大坝坝基渗漏量的控制还没有形成统一标准，一般情况下，以水库来水量的 0.1%～1%作为渗漏控制标准，但这种经验做法缺乏理论依据。

大坝坝基渗漏量的评判一般采用部分实测数据进行推求估算。这种坝基渗漏量估算方法存在的误差目前还不易评价。工程实践中对坝基工程渗漏控制一般是对坝基岩体或帷幕灌浆体的透水率进行规定，而不是直接控制坝基渗漏量。

向家坝工程地质条件复杂，岩层软硬相间，坝基不仅发育有挤压带及挠曲核部破碎带等大型软弱带，而且发育有较多的一、二级软弱夹层。向家坝坝基渗流控制要解决的主要问题：一是减少坝基和绕坝渗漏，防止其对坝基和两岸边坡稳定产生不利影响；二是防止软弱夹层、构造破碎带等在渗流作用下产生渗透破坏；三是使坝基面渗透压力控制在允许范围内。为此，坝基采用灌浆帷幕和排水孔幕相结合的渗流控制方案。坝基及消力池部位布置排水孔共计 1892 个，初期运行后观测到出流排水孔 1497 个，涌水孔 755 个。为了调节大坝和消力池抗滑稳定、渗透稳定、排水孔总涌水量三者之间的综合平衡，向家坝水电工程采用了“可控制抽排系统”，可实现坝基扬压力和排水孔涌水量的在线自动控制。

由于坝基扬压力与排水孔幕总涌水量之间存在密切的相关关系：即排水孔涌水量越小，坝基扬压力越大，排水孔附近的渗透坡降越小；反之，亦然。因此，坝基渗控自动化系统主要是通过排水孔阀门开度的调节，改变坝基排水孔涌水量从而改变坝基扬压力及坝基渗透坡降。由此可见，排水孔涌水量控制标准的制定是向家坝渗控自动化系统运行的最关键指标。

尽管目前关于坝基渗漏量还没有统一标准，但各工程对坝基渗漏量都有一定要求。显然，坝基排水孔涌水量是包含在坝基渗漏量中的一部分漏水量，其控制标准究竟该如何确定，需要研究合理的坝基排水孔的控制指标。本章以向家坝水电工程左非 3 坝段坝基水文地质条件为基础，结合坝基渗流自动化控制系统的监测设计和监测资料，采用渗流数值分析法深入研究排水孔涌水的控制标准。

8.2 工程概况

向家坝水电站坝基分布有倾向下游的岩体及软弱结构面，存在深层抗滑稳定性问题。为降低深层滑动面上的扬压力，在上游帷幕附近设计了孔深较大的排水孔，最大排水孔深度超过 100m，加之坝基岩体的渗透性大（挠曲核部破碎带等），导致部分排水孔涌水量偏大（与国内其他工程相比）。图 8.1 为左非 3 坝段坝基渗控系统及渗压计分布图，图中 P_C-1～P_C-8 为监测坝基扬压力的坝基渗压计。左非 3 坝基设置上、下游两道防渗帷幕；上游防渗帷幕底高程为 80.00m，下游防渗帷幕底高程为 157.00m。靠近上、下游防渗帷幕分别设置了上游及下游主排水孔幕，其深度分别为 72.0m 和 47.0m；坝基中间部位设置了两道辅助排水孔幕，深度均为 35.0m。

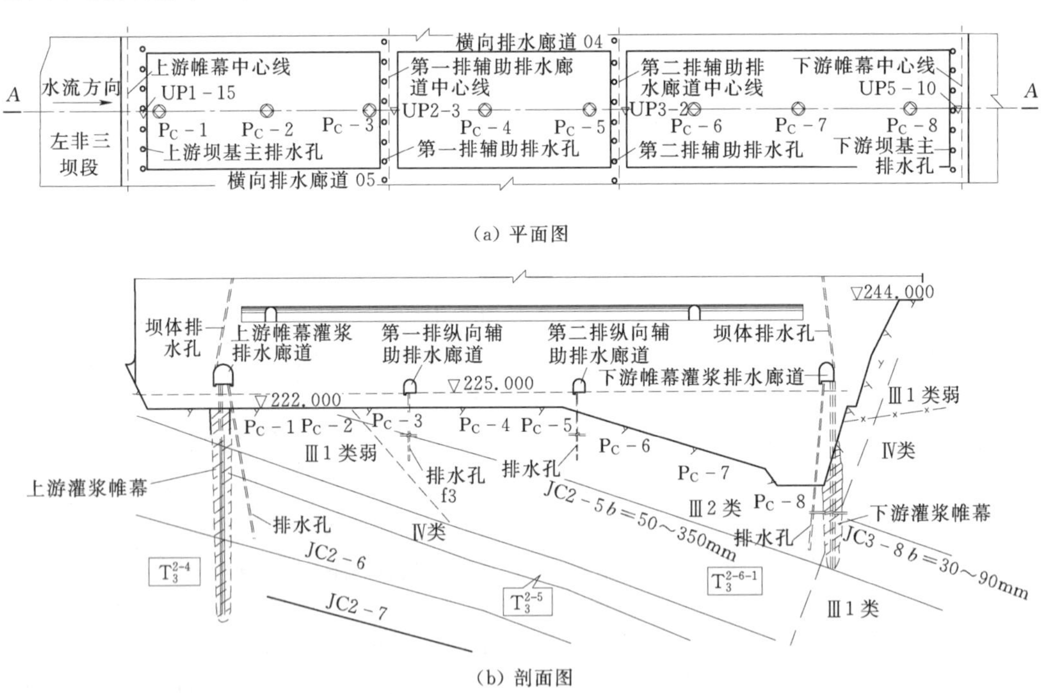

图 8.1 左非 3 坝段坝基渗控系统及渗压计布置图

A—A—扬压力监测断面；P_C-1—渗压计；UP2-3—测压管

向家坝水电站自 2013 年 9 月 12 日蓄水到正常蓄水位后，左非 3 坝段坝基总涌水量总体上在 550～650L/min 之间变化，上游排水廊道 7 个排水孔涌水量在 260～280L/min，

见图 8.2。单孔最大出流量达到 80L/min。由此可见，无论是坝段总涌水量、还是单孔最大涌水量，左非 3 坝基涌水量均较大。图 8.3 为左非 3 坝段 $A—A$ 监测断面上的扬压力实测值分布图。由图 8.3 可知，左非 3 坝基实测扬压力均小于设计扬压力，满足设计要求。截至 2013 年 12 月 23 日，坝基实测扬压力约为设计扬压力值的 70%左右。根据坝基排水孔涌水量与坝基扬压力之间的关系，坝基排水孔涌水量较大且坝基扬压力富余度较大情况下，通过一定的调控手段，减少排水孔涌水量是可行的。排水孔涌水量减少后，坝基扬压力将升高。因此，寻求排水孔涌水量与坝基扬压力之间的平衡关系显得至关重要。

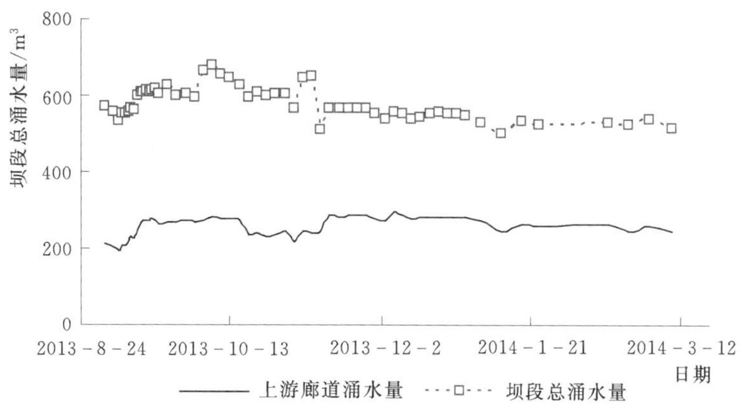

图 8.2　左非 3 坝基上游排水廊道涌水量过程线

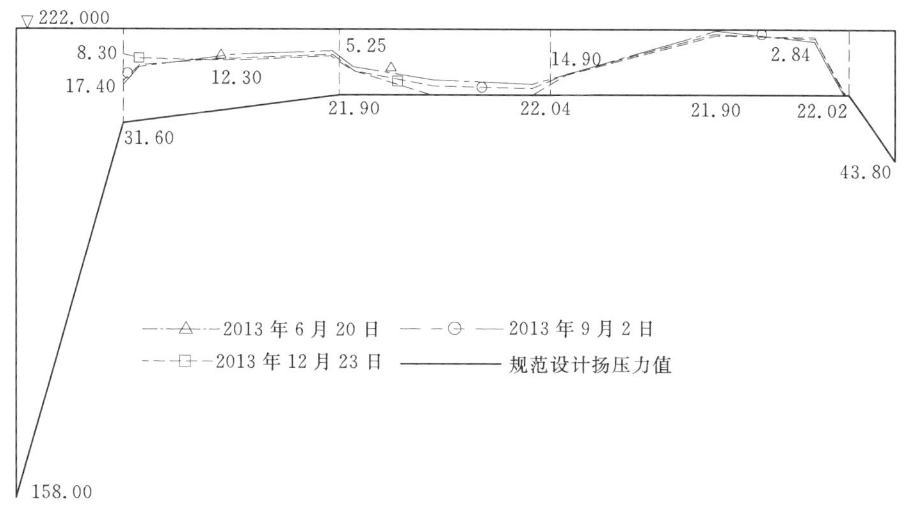

图 8.3　左非 3 坝基实测扬压力分布（单位：m）

8.3　渗流计算模型

8.3.1　基本方程

如图 8.4 所示，水库蓄水至 380.00m 正常蓄水位 3 个月后（2013 年 12 月 10 日后），左非 3 坝段坝基排水孔涌水量基本维持稳定；第一辅排涌水量实测值在 2013 年 11 月 12 日出现大幅度降低的原因是对其中流量较大的排水孔采取关闭措施。图 8.5 表明测量坝基扬压力的渗压计在水库蓄水至 380.00m 正常蓄水位后，其渗压测值也基本保持恒定。

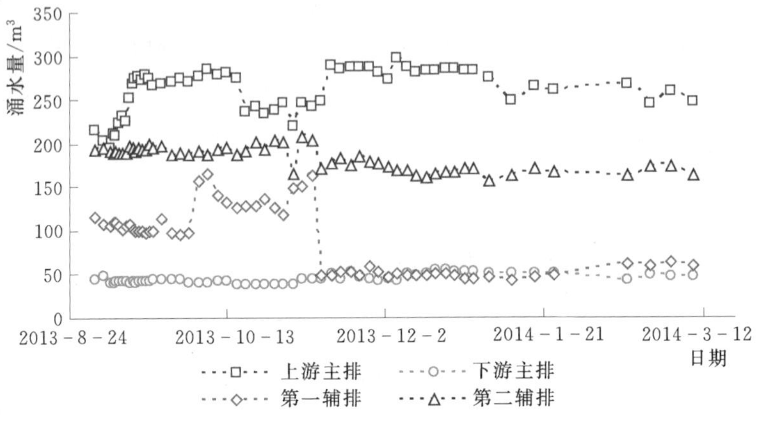

图 8.4　坝基涌水量过程线

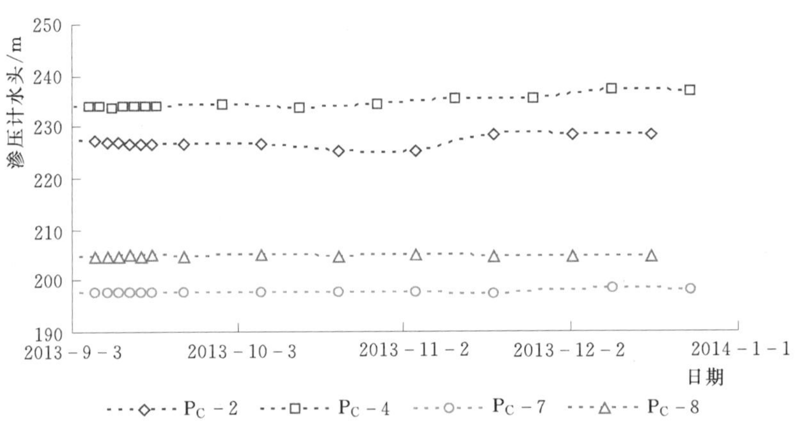

图 8.5　坝基渗压过程线

由此可见，在正常蓄水位条件下坝基中流量和渗压等保持恒定状态，因此，采用稳定渗流理论对左非 3 坝段渗流状态进行分析是合理的。由于排水孔深度大，不同高程处排水孔孔壁的渗出水量不相同；此外，排水孔穿越多种水文地层，其渗透系数也不相同。在对左非 3 坝基进行渗流分析时，将坝基中的排水孔按水头边界处理。

8.3.2　数值模型

数值分析采用基于有限差分的 FLAC^{3D} 软件进行计算。数值模型考虑的地层岩组有 T_3^{2-6-4}、T_3^{2-6-3}、T_3^{2-6-2}、T_3^{2-6-1}、T_3^{2-5}、T_3^{2-4}、T_3^{2-3}、T_3^{2-2} 等。上、下游帷幕和排水孔进行单独建模。为了准确地反映排水孔实际尺度大小对排水孔附近渗流场分布的影响，将直径为 110mm 圆形排水孔按实际尺度建立排水子结构网格。数值模型中排水孔共 4 排，每排 7 个排水孔。图 8.6 为左非 3 坝段计算网格。上、下游水库底面为水头边界，分别为 380m 和 266m 水头。模型底部及侧向边界为不渗透边界。

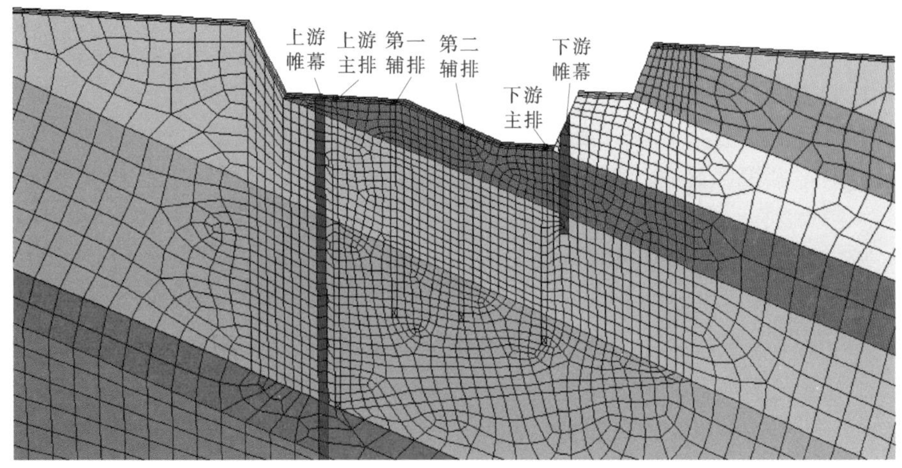

图 8.6　计算网格

由于区域化变量可以真实地反映地质结构特性的空间变异性，因此，此次渗流计算所需的渗透系数依据压水试验成果，采用基于区域化变量理论的克里金插值方法对坝基渗流计算单元进行赋值，见图 8.7。不同位置单元具有不同的色彩，表示其渗透系数取值不相同。压水试验范围外的计算区域按高程差异化赋值的方法进行渗透系数赋值，见表 8.1。

表 8.1　　压水试验区外渗透系数取值　　单位：m/s

部位	高程				挠曲核部破碎带	帷幕
	>200m	200～160m	160～100m	<100m		
渗透系数	6.90×10^{-6}	4.60×10^{-6}	2.30×10^{-7}	1.30×10^{-7}	4.32×10^{-6}	1.30×10^{-7}

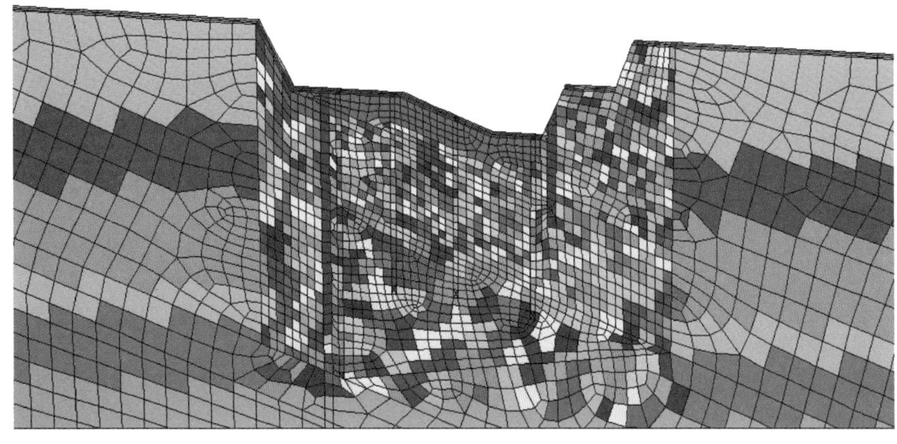

图 8.7　渗透系数空间分布

8.3.3　计算方案

基于排水孔孔口压力越大、涌水量越小的认识，为获得确定坝基排水孔涌水量标准所需的排水孔涌水量与坝基扬压力及坝基水力坡降之间的关系，针对上述建立的渗流计算模型，采用调整排水孔孔口压力大小的方法来实现对排水孔涌水量控制的目的。排水孔中的水压力总体上沿高程呈线性分布；而流量沿高程分布复杂，且未知。因此，数值计算中对排水孔施加水头（压力）边界更容易实现，且误差小。数值模型左非3坝基中的上游主排、第一辅排、第二辅排和下游主排均按实际排水孔的尺度和数量进行建模。

为获得排水孔涌水量与坝基扬压力及坝基水力坡降之间的关系，根据左非3坝段上、下游主排和第一、第二辅排流量和孔口压力实测值变化情况，拟定计算工况见表8.2。基准方案考察坝基不设置排水孔条件下坝基的扬压力是否满足要求；方案一考察不设置中间辅助排水廊道情况下坝基扬压力变化情况；方案二主要了解辅排水孔和下游主排水孔在自由排水情况下的坝基扬压力变化情况；方案三主要考察辅助排水孔和下游主排水孔孔口压力等于实测值情况下的扬压力及水力梯度变化情况；方案四用于研究坝基辅助排水孔和下游主排水孔位置处按设计扬压力控制条件下排水孔的涌水量控制标准。

表8.2　　计算方案表

方案编号	孔口压力/kPa			
	上游主排	第一辅排	第二辅排	下游主排
基准方案	关闭	关闭	关闭	关闭
方案一	0.0～200	关闭	关闭	0.0
方案二	0.0～200	0.0	0.0	0.0
方案三	0.0～200	50	60	0.0
方案四	100～400	219	219	219

注　表中孔口压力水头为零，代表排水孔的阀门完全开启，孔口可自由出流；孔口压力水头大于零，代表排水孔阀门可进行不同程度的关闭，排水孔有控制地出流；排水孔关闭代表坝基不设置排水孔。

8.4　排水孔涌水量控制标准确定步骤

排水孔单孔涌水量控制标准确定步骤如下：

第一步：根据设计规范确定研究坝段的坝基设计扬压力。

第二步：根据试验研究成果确定坝基控制水力坡降。

第三步：基于数值计算成果，整理获取坝基排水孔的单孔最大涌水量与扬压力（$Q-P$）关系曲线及单孔最大涌水量与水力坡降（$Q-i$）关系曲线。

第四步：利用扬压力设计值和水力坡降控制值求解单孔涌水量控制标准。

8.5　计算成果及分析

向家坝坝基可能产生渗透变形的潜在软弱结构面主要有左岸挤压带、挠曲核部破碎带和软弱夹层。左非 3 坝段坝基涉及的软弱结构面有左岸挤压带和软弱夹层两类结构面。为了获得这些软弱结构面的抗渗强度，中国电建集团中南勘测设计研究院有限公司采用多种试验方法进行了试验研究，经综合分析后得到的软弱结构面抗渗强度指标为：坝基岩体层间夹层的临界水力梯度为 5.35，破坏水力梯度为 33.79；挤压破碎带临界水力梯度为 15.91，破坏水力梯度为 48.66。大量数值分析表明，排水孔壁附近的水力梯度往往大于破碎岩体或夹层渗透变形的临界水力梯度。向家坝坝基排水孔在初期也出现了涌水浑浊现象，后期涌水变清澈。这表明排水孔附近局部范围产生了渗透变形现象，但排水孔附近并未产生渗透破坏现象。因此，严格控制坝基不产生轻微的渗透变形现象是不现实的，关键是要控制坝基不产生渗透破坏。因此，从工程安全及经济性角度综合出发，左非 3 坝基软弱夹层抗渗透变形破坏的水力梯度确定为 30.0。在此基础上，取安全系数 2，即控制水力梯度为 15.0，并以此作为坝基排水孔出水量控制的依据。

按照《混凝土重力坝设计规范》（SL 319—2005）的规定，左非 3 坝基扬压力分布见图 8.3。坝基扬压力合力设计值为 49364.43kN。

8.5.1　坝基扬压力分布

图 8.8 为上游主排水孔压力在 0～200kPa 之间变化时 3 种不同渗控方案条件下的坝基扬压力分布图。下游主排水孔和辅助排水孔出流条件相同下，上游主排水孔孔口控制压力越小，坝基扬压力越小；上游主排水孔孔口控制压力越大，坝基扬压力越大。因此，控制排水孔孔口的压力对坝基扬压力值可以进行有效控制。图 8.8（d）为上游主排水孔孔口压力为零条件下，各计算方案的坝基扬压力计算成果对比。表 8.3 为 4 种计算方案得到的坝基扬压力合力，幕前扬压力值是上游帷幕前扬压力的总和，即图 8.8 中水平坐标－20～0m 范围内的扬压力通过求和得到。由图 8.8 可知，上、下游主排水孔对坝基扬压力大小起绝对主导作用；辅助排水孔在一定程度上也可降低坝基扬压力。设置辅助排水条件下坝基总扬压力由无辅助排水孔情况的 51030.0kN 降低到 41046.9kN，降低幅度达到 19.6%。因此，对于向家坝水电工程而言，设置辅助排水措施是必要的。

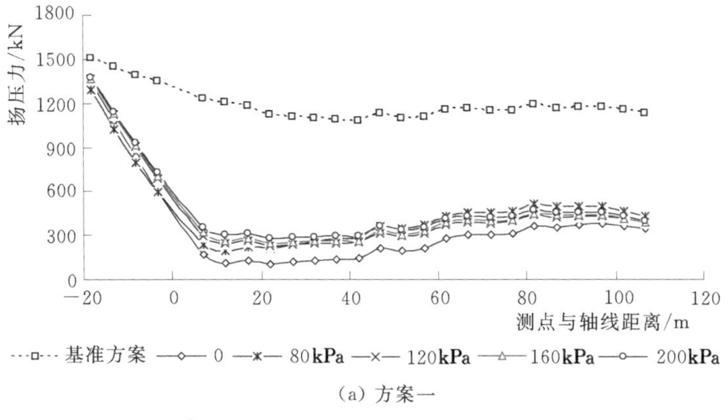

(a) 方案一

图 8.8（一）　坝基扬压力分布图

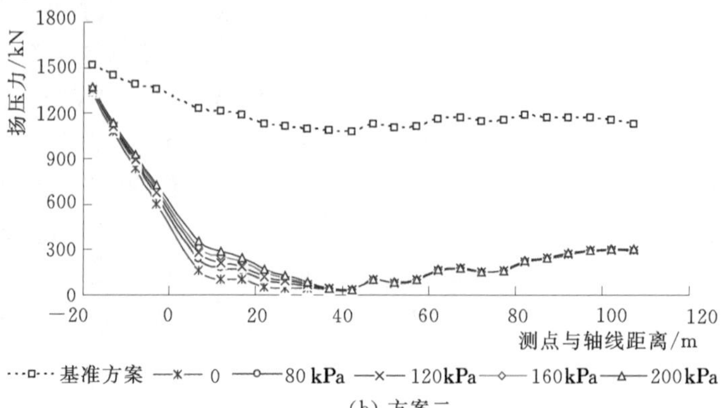

(b) 方案二

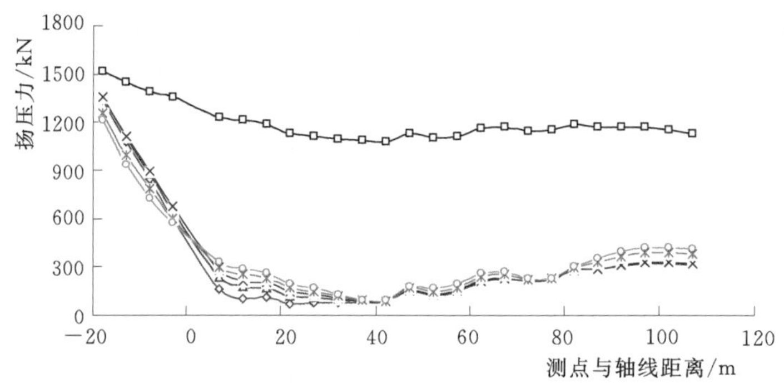

(c) 方案三

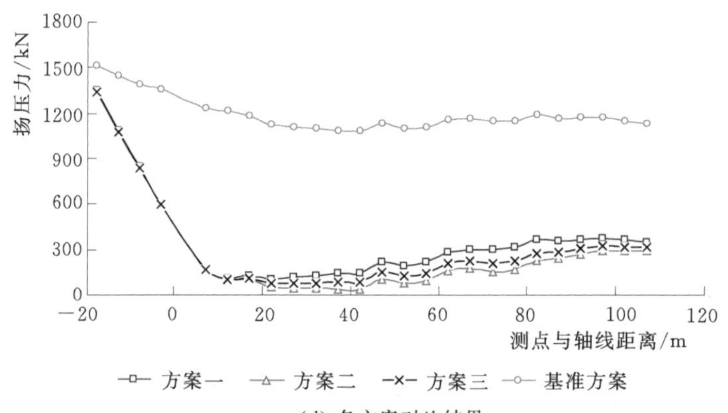

(d) 各方案对比结果

图 8.8（二） 坝基扬压力分布图

表 8.3　　4 种计算方案得到的坝基扬压力合力　　单位：kN

扬压力类型	基准方案	方案一	方案二	方案三
总扬压力	180045.9	51030.0	41046.9	45060.6
幕前扬压力	27658.9	18244.6	18203.1	18219.3
幕后扬压力	152387.1	32785.4	22843.8	26841.4

8.5.2　涌水量与扬压力关系

上、下游主排水孔是控制坝基扬压力的关键措施。实测资料表明，上游主排水孔涌水量远大于下游主排水孔的涌水量。涌水量长期过大可能导致坝基产生渗透变形。从坝基扬压力控制角度出发，当坝基实测扬压力与设计扬压力分布接近时，表明渗控措施一方面有效，另一方面也经济。在左非 3 坝基的辅排和下游主排作用下，辅排和下游主排所在部位的实测扬压力基本接近于设计扬压力；而上游主排和第一辅排处的扬压力实测值小于扬压力设计值，仅为设计值的 1/4。其原因是上游主排和第一辅排的排水量大，坝基扬压力降低值大。下游主排处扬压力较小，孔口涌水量也较小。从安全角度看，实测扬压力值较小部位，排水孔孔口压力可以适当增大。坝基扬压力的增大可以通过减少排水孔的涌水量来实现。

为了获得左非 3 坝段坝基涌水量控制标准，对第一、第二辅助排水孔及下游主排水孔的孔口压力分别按设计扬压力值进行控制（方案四，其目的是充分利用扬压力设计值，在经济上更合理)，即通过改变上游主排水孔的孔口压力大小来获得上游主排水孔中的涌水量变化量，进而获得坝基总扬压力与排水孔中的涌水量关系。图 8.9 为坝基排水孔不同涌水量与坝基总扬压力关系。图 8.9 中，横坐标相同的情况下，上游主排、辅排 1、辅排 2 和下游主排的涌水量相对应。当上游主排水孔的涌水量发生变化时，其他排水孔中的涌水量相应发生变化。上游主排水孔涌水量降低时，代表上游主排水孔位置处的孔口压力增加(即排水孔阀门开启程度减小)，该部位处的水头增加。在其他排水孔孔口压力维持不变的情况下，上游主排水孔与其他排水孔之间的水力梯度将增大，进而导致第一、第二辅排和下游主排水孔的涌水量增加；其中第一辅排的涌水量增加幅度较大。由图 8.9 可知，坝基总扬压力与各排孔涌水量基本上呈线性变化关系；坝基总涌水量减小，坝基总扬压力增加。

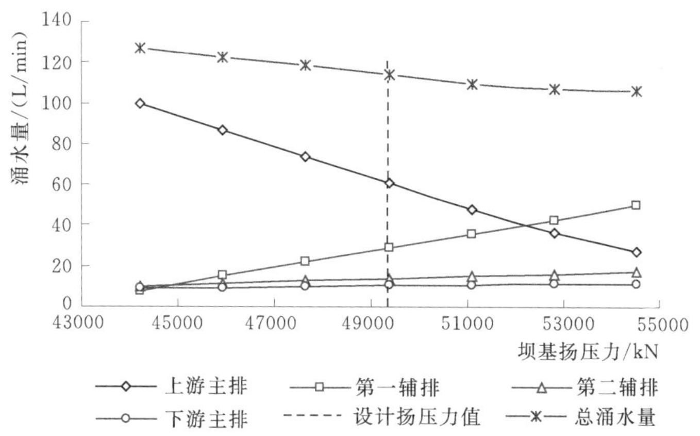

图 8.9　坝基扬压力与排水孔涌水量关系

根据图 8.9 可以得到坝基各排水孔涌水量和压力的拟合关系如下：

上游主排水孔单孔涌水量与坝基水力梯度关系

$$q=-0.0071P+412.79 \tag{8.1}$$

第一辅助排水孔单孔涌水量与坝基水力梯度关系

$$q=0.0041P-172.76 \tag{8.2}$$

第二辅助排水孔单孔涌水量与坝基水力梯度关系

$$q=0.0007P-17.86 \tag{8.3}$$

下游主排水孔单孔涌水量与坝基水力梯度关系

$$q=0.0002P-1.2896 \tag{8.4}$$

式中：q 为排水孔单孔流量；P 为坝基水力梯度。

按照正常蓄水位条件下坝基设计扬压力值 49364.43kN，由式（8.1）～式（8.4）可得上游主排单孔控制涌水量为 62.30L/min，第一辅助排水孔控制涌水量为 29.63L/min，第二辅助排水孔控制涌水量为 13.82L/min，下游主排单孔控制涌水量为 8.58L/min。

8.5.3 涌水量与水力坡降关系

图 8.10 为坝基每一排排水孔幕的中间排水孔单孔涌水量与坝基夹层岩体最大水力梯度之间的关系曲线。图 8.10 中夹层岩体最大水力梯度与排水孔涌水量之间相互对应，即排水孔中的涌水量是联动变化的。由于坝基排水孔涌水量在实际工程中采用单孔控制方法，因此，对排水孔穿越的软弱夹层渗透变形控制宜按单孔涌水量控制。

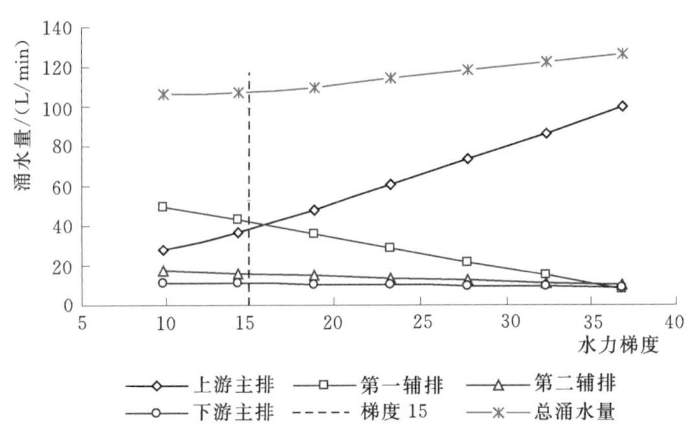

图 8.10 坝基扬压力与排水孔涌水量关系

由图 8.10 可知，排水孔涌水量与夹层中最大水力梯度值呈线性关系。上游主排孔涌水量越大，坝基夹层岩体中水力梯度越大，第一、第二辅助排水孔及下游主排水中的涌水量越小。第一辅助排水孔中涌水量降低程度相对较大。依据图 8.10 拟合得到的坝基夹层最大水力梯度与排水孔涌水量之间的关系式分别如下：

上游主排水孔单孔涌水量与坝基水力梯度关系

$$q=2.7231i-1.4735 \tag{8.5}$$

第一辅助排水孔单孔涌水量与坝基水力梯度关系

$$q=-1.5656i+65.407 \tag{8.6}$$

第二辅助排水孔单孔涌水量与坝基水力梯度关系

$$q=-0.2731i+20.224 \tag{8.7}$$

下游主排水孔单孔涌水量与坝基水力梯度关系

$$q=-0.0898i+12.371 \tag{8.8}$$

式中：q 为排水孔单孔流量；i 为坝基水力梯度。

将坝基夹层控制水力梯度值 15 代入式（8.5）～式（8.8）可得上游主排单孔控制涌水量为 39.37L/min，第一辅助排水孔控制涌水量为 41.92L/min，第二辅助排水孔控制涌水量为 16.13L/min，下游主排单孔控制涌水量为 11.02L/min。

8.5.4　涌水量控制标准

前述研究表明，第二辅助排水孔及下游主排水孔的涌水量较小，在现有条件下可以不予控制。上游主排和第一辅助排水孔的单孔涌水量较大，为防止单孔涌水量过大引起坝基产生渗透变形现象，需要对这两个部位的排水孔涌水量进行人为控制。从控制扬压力角度看，排水孔涌水量越大越好；但从渗透变形角度来讲，排水孔涌水量越小越好。

对上游主排来说，满足扬压力要求的涌水量应该大于 62.30L/min；而满足渗透变形要求的涌水量必须小于 39.37L/min。两者不能同时成立。

对第一辅助排水孔来说，满足扬压力要求的涌水量应该大于 29.63L/min；而满足渗透变形要求的涌水量必须小于 41.92L/min。也就是说只要第一辅助排水孔涌水量在 29.63～41.92L/min 之间取值都可以同时满足两者的要求。

对第二辅助排水孔来说，满足扬压力要求的涌水量应该大于 13.82L/min；而满足渗透变形要求的涌水量必须小于 16.13L/min。也就是说只要第二辅助排水孔涌水量在 13.82～16.13L/min 之间取值都可以同时满足两者的要求。

对下游主排水孔来说，满足扬压力要求的涌水量应该大于 8.58L/min；而满足渗透变形要求的涌水量必须小于 11.02L/min。也就是说只要第一辅助排水孔涌水量在 8.58～11.02L/min 之间取值都可以同时满足两者的要求。

为解决上游主排涌水量对坝基扬压力和渗透变形影响之间的矛盾，同时考虑坝基设计扬压力为总扬压力，因此，对上游主排采用渗透变形控制得到的涌水量 39.37L/min 作为控制值。在这种情况下，由于涌水量减小，上游主排附近扬压力将增大，其数值局部超过设计扬压力图形，见图 8.11。为此，对辅助排水孔及下游排水孔涌水量控制值可取区间值的上限值；此时，辅助排水孔及下游主排水孔的涌水量大于按设计扬压力图形控制得到的涌水量值，即辅助排水孔及下游主排水孔控制范围内的扬压力比设计值有所降低，并小于该部位的扬压力设计值。采取上述调控方式条件下的坝基总扬压力值为 47209.293kN，是设计扬压力值 49412.447kN 的 95.54%，由此可见，调控后的坝基总扬压力满足设计要求。

在正常运行期，考虑坝基同时满足设计扬压力和抗渗透变形要求后，提出向家坝坝基“可控制抽排系统”的上游主排及第一辅助排水孔的控制涌水量标准取 40L/min，下游主

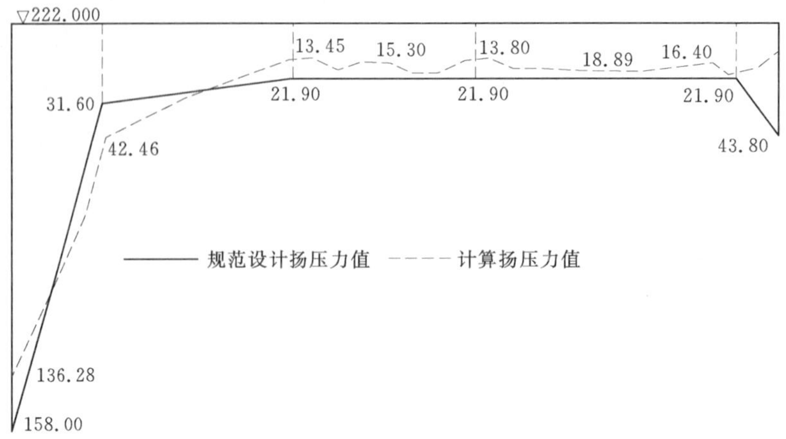

图 8.11 流量调控下的坝基扬压力分布（单位：m）

排和第二辅助排水孔的控制涌水量标准取 20L/min。

8.6 小结

重力坝坝基渗控系统是保证大坝抗滑安全的重要措施。对于坝基存在渗透性较强的岩层以及排水孔深度较大情况下，排水孔的孔口涌水量可能出现较大的现象，为坝基渗透变形稳定带来风险。为了保证大坝坝基的渗透变形稳定性，向家坝水电站采用了“可控制抽排”的排水系统运行方案。通过对坝基实测渗流资料的分析和数值计算成果的研究，得到以下认识：

（1）左非 3 坝段坝基实测扬压力和数值模拟成果分析表明向家坝水电工程所采用的坝基排水系统是合理有效的，设置辅助排水孔也是必要的。

（2）提出了重力坝坝基排水孔涌水量控制标准的研究方法。

（3）基于左非 3 坝段坝基水文地质条件，利用数值方法，提出了向家坝坝基排水孔的涌水量控制标准：即上游主排水孔及第一辅助排水孔的涌水量控制值为 40.0L/min，下游主排水孔及第二辅助排水孔的涌水量控制值为 20.0L/min。该标准值已在向家坝水电工程运行中得到成功采用。

第9章　边坡饱和非饱和渗流特性

降雨入渗是诱发边坡失稳的主要因素之一。许多工程实践揭示了边坡失稳多发生在雨季。降雨导致边坡原有非饱和区负孔隙水压力发生强烈的变化，表层岩土体不同部位出现暂态饱和区，增大该区域边坡土体自重，导致下滑力增加，对边坡稳定性不利。长期降雨情况下，坡体内地下水位还会出现大幅度的上升，增大边坡岩土体中的孔隙水压力，降低有效应力，导致该区域抗剪强度降低。因此，全面深入认识边坡在降雨条件下的饱和非饱和渗流特性是十分必要的。

9.1　土体非饱和渗流特性

9.1.1　土水势理论

在土中水相所具有的势能称为土水势，土中任两点之间土壤水势能之差，即土水势之差。通常，水势是根据一定的标准基准面而来，假定该基准面，则土水势可根据某点的水分状态与基准面的差值定义，见式（9.1）。

$$\varphi=\varphi_g+\varphi_p+\varphi_m+\varphi_s+\varphi_t \tag{9.1}$$

式中：φ_g 为重力势；φ_p 为压力势；φ_m 为基质势；φ_s 为溶质势；φ_t 为温度势。

在研究中溶质势及温度势相对较小，一般予以忽略。若以水头形式表达，饱和土体总水势为 $h=h_w+z$，其中 h_w 为压力势，z 代表该点的位置势，即为重力势。

在非饱和土中，压力势一般为0，因此，非饱和土总水势由重力势和基质势组成，即 $\varphi=\varphi_m+z$，若以负压力水头 h_w 替代 φ_m，则非饱和土的总水势的水头表达形式为 $h=h_w+z$，其中 h_w 为负值。一般把基质势称为负压势。由此可见，饱和与非饱和土的总水势的表达式是统一的。饱和与非饱和流动具有的相同表达式为饱和非饱和渗流问题的简化提供的基础。

9.1.2　基质吸力

自然状态下的土体孔隙中由水和空气充填。孔隙中水-气分界面两侧因水分子受力不平衡将导致收缩膜表面上出现表面张力，其大小为收缩膜单位长度上所受的张力，见图9.1，单位为N/m。

根据图9.1，依据受力平衡条件有：

$$\Delta u=\frac{T_S}{R_S} \tag{9.2}$$

式中：T_S 为膜的张力；R_S 为膜的曲率半径；Δu 为膜内外压差。

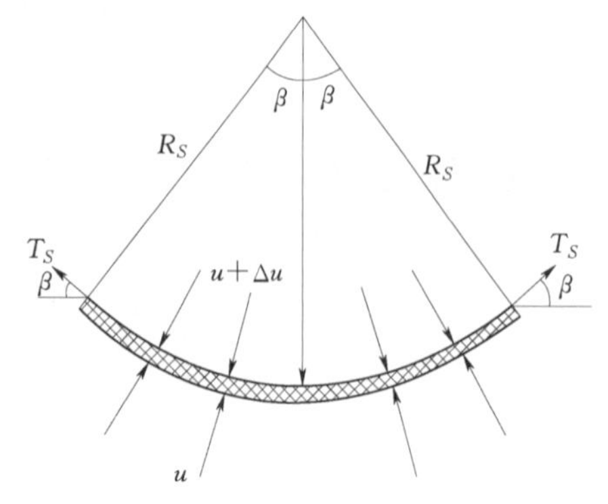

图 9.1 收缩膜上的力

对于曲率半径 R_S 相同的三维膜，利用 Laplace 方程，把式（9.2）写成：

$$\Delta u=\frac{2T_S}{R_S} \tag{9.3}$$

在非饱和土中，孔隙气压力 u_a 大于孔隙水压力 u_w，气压和水压的差值（u_a-u_w）即为基质吸力。将式（9.3）中 Δu 用基质吸力替代，得

$$(u_a-u_w)=\frac{2T_S}{R_S} \tag{9.4}$$

式（9.4）是 Kelvin 毛细模型方程。

由于非饱和土中存在水气收缩膜，收缩膜上的表面张力表现为不平衡力，因此，非饱和土体不同于饱和土体，它存在基质吸力。

9.1.3 土水特征曲线

土体饱和渗透系数与非饱和渗透系数都可根据达西定律确定。两者因饱和度不同而有所区别，饱和土中饱和度始终不变，其渗透系数 K 为常数；非饱和渗透系数 K 因土体基质吸力的存在，其大小与含水量有关。直接测定土体非饱和渗透系数试验过程非常困难，一般采用间接法测定，即先测定体积含水量与基质吸力的关系曲线，该曲线也称为土水特征曲线（Soil Water Characteristic Curve，SWCC）；然后根据经验模型拟合曲线，进而可推求体积含水量与渗透系数的关系曲线。

土水特征曲线的研究起源于土壤学和土壤物理学中的土壤水分特征曲线或土壤持水曲线，被定义为反映土的重力含水量或体积含水量或饱和度与基质吸力的关系曲线。它是与非饱和土结构、土颗粒组成成分、孔隙尺寸大小及分布以及土壤中水分变化历史等因素有关，反映了非饱和土对水分的吸持特性，是描述土-水作用的重要关系曲线。非饱和土-水特征曲线获取方法主要有以下两种。

1. 试验测试法

非饱和土土水特征曲线的测定方法有体积压力板仪、盐溶液法、Tempe 仪、滤纸法、离心机等，其特点见表 9.1。

表 9.1　非饱和土水特征曲线的测定方法及适用范围

测定方法	适　用　范　围	测定方法	适　用　范　围
体积压力板仪	最大基质吸力值小于 1500kPa	滤纸法	可测大范围吸力值
盐溶液法	基质吸力超过 1500kPa	离心机	适用范围广，可测大吸力值
Tempe 仪	吸力小于 100kPa		

离心法具有快速高效并且能测定高吸力值等特点。这里介绍离心机测试法，仪器为 H-1400PF 土壤水分特征曲线测定系统。

用离心机测定土水特征曲线的基本原理，实际上就是把重力场装置搬移到离心力场。在重力场中，H 高度的水体受重力加速度 G 作用。在离心场中，加速度的作用由离心加

速度 $r\omega^2$ 代替（r 为运转半径，ω 为角速度）。

$$\rho gh=\rho\omega^2 H\left(r_1-\frac{h}{2}\right) \tag{9.5}$$

$$H=\left(r_1-\frac{h}{2}\right)\times h\frac{\omega^2}{g} \tag{9.6}$$

$$H=\left(r_1-\frac{h}{2}\right)\times h\frac{(2\pi N/60)^2}{980} \tag{9.7}$$

$$H=1.118\times10^5\times N\times h\left(r_1-\frac{h}{2}\right) \tag{9.8}$$

式中：H 为水势；r 为离心机半径；h 为装土高度；ρ 为水的密度；N 为转速，r/min。

将 H 转化为吸力值，进而可以计算出吸力和转速的对应关系。H－1400PF 离心机转速与 PF 和 bar 值之间的关系，可用式（9.9）进行换算，

$$PF=2\lg N+\lg h+\lg(r-h/2)-4.95 \tag{9.9}$$

PF 与 bar 值之间的换算式如下

$$PF=\lg X \tag{9.10}$$

X 为基质吸力值，mbar。

根据不同转速值，就可得到相应 bar 值，见表 9.2。根据不同转速对应的基质吸力值、体积含水量就可拟合土水特征曲线。

表 9.2　离心机转速 N 与 PF 和 bar 值对应关系

转速 N	PF	bar 值
100	0.32	0.0021
200	0.92	0.0083
500	1.72	0.0525
700	2.01	0.1023
1000	2.32	0.2089
2000	2.92	0.8318
3000	3.28	1.9055
4500	3.63	4.2658
6000	3.88	7.5858
7500	4.07	11.7490
8700	4.20	15.8489

2. 经验拟合法

在试验结果基础上，可以拟合出不同的土水特征曲线模型。常用的经验模型有 Broods－Corey 模型、Gardner 模型、Fredlund 模型、Van－Genuchten 模型（简称 VG 模型）和 Gardner－Russo 模型。目前国内外使用最为普遍土壤水分特征曲线方程是 VG 模型。目前这些经验关系已经在实际工程中得到了大量的验证，现介绍两种常用的经验模型。

（1）VG 模型。Van Genuchten 通过对土水特征曲线的研究，得出非饱和土体含水量与基质吸力之间的幂函数形式的关系式：

$$h(\theta)=\frac{1}{a}\left[\left(\frac{\theta-\theta_r}{\theta_S-\theta_r}\right)^{-\frac{1}{m}}-1\right]^{1-m} \tag{9.11}$$

$$K(h)=\frac{\{1-[ah(\theta)]^{n-1}[1+[ah(\theta)]^n]^{-m}\}^2}{[1+(ah)^n]^{\frac{m}{2}}}K_S \tag{9.12}$$

式中：$h(\theta)$ 为土体基质吸力（负孔隙压力）；θ 为土壤含水率；θ_s 和 θ_r 分别为土体饱和含水率和残余含水率；a、m 和 n 分别为非线性回归系数，其中 $m=1-1/n$；K_S 为饱和导水率；$K(h)$ 为非饱和导水率。

(2) Fredlund 模型。Fredlund 等通过土体孔径分布曲线的研究，用统计分析理论推导出适用于全吸力范围的土水特征曲线表达式

$$\frac{\theta}{\theta_S}=F(\psi)=C(\psi)\frac{1}{\{\ln[e+(\psi/a)^b]\}^b} \tag{9.13}$$

$$C(\psi)=1-\frac{\ln(1+\psi/\psi_r)}{\ln(1+10^6/\psi_r)} \tag{9.14}$$

式中：a、b、c 为拟合参数，a 为进气值函数，b 为当基质吸力超过土的进气值时，土中水流出率函数，c 为残余含水量函数；ψ 为基质吸力；ψ_r 为残余含水量 θ_r 所对应的基质吸力；θ 为体积含水率；θ_S 为饱和体积含水率。

9.2 降雨入渗基本规律

9.2.1 降雨入渗曲线

随着科学技术的发展，降雨入渗分析已经从一维发展到了二维和三维，但是由于技术上难以得到解决，只有一维的降雨入渗模型得到了广泛的运用，运用该模型也能较真实地反应降雨过程中各渗流特征的变化规律。

降雨入渗主要受到时间和空间两个因素的影响，是一个动态的变化过程。降雨强度、降雨持续时间、土体的物理性质（渗透系数）、边坡坡面角度、植被覆盖等因素决定了雨水入渗量。

当降雨强度超过土体的入渗能力时，地表将产生径流或积水，并在土体内部形成不断扩大的暂态饱和区。这种状态可以用“积水模型”来进行描述。当单位降雨强度小于土体的入渗能力时，入渗过程受降雨强度的大小控制，称之为“降水模型”。

降雨过程可分两个阶段。第一阶段：降雨初期，地表的含水率梯度很大，入渗率也很高，且大于降雨强度。这一阶段称为通量控制阶段，雨水入渗为无压入渗或自由入渗。第二阶段：随着入渗的进行，含水率梯度不断减小，入渗率不断降低，当入渗率小于降雨强度时，地表出现径流或积水，降雨过程进入到坡面控制阶段，雨水入渗为有压入渗。边坡降雨入渗量取决于土体的初始含水率，降雨强度和降雨持时以及地表径流量。

大量实验表明，降雨入渗曲线是一条递减曲线，见图 9.2。根据递减速度的快慢，降雨渗曲线可划分为 3 个阶段。第一阶段为渗润阶段：这一阶段土壤含水量较小，没有达到土体的饱和含水率，入渗量较大，随时间推移，降雨入渗量快速降低。第二阶段为渗漏阶

段：此阶段由于土壤含水量不断增加，入渗量明显减小，入渗量随时间推移变得缓慢。第三阶段为渗透阶段。在这一阶段，土壤含水量达到了饱和体积含水量，单位时间内的入渗量趋于稳定，入渗量达到最小值，此时的入渗率称为稳定入渗率。

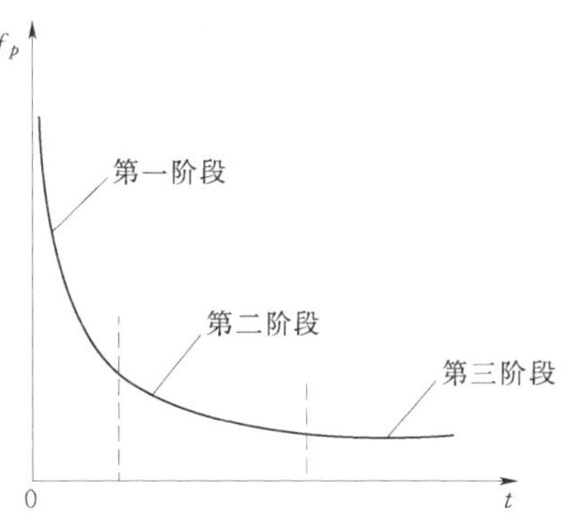

图 9.2　降雨入渗曲线

在降雨开始时，由于地表处（特别是坡脚处）的含水率梯度$\partial\theta/\partial z$的绝对值较大，对应的水头梯度$\partial h/\partial z$也较大，所以入渗率 $i(t)$ 相对较大。随着入渗过程的进行，水头梯度$\partial h/\partial z$绝对值不断减小，入渗率随之降低；当降雨入渗进行到一定时间后，入渗率趋于一稳定值，该值相当于地表含水率为 θ 时的入渗系数 K_0，一般 $K_0 \leqslant K_S$，K_S 为表层土体的饱和渗透系数。

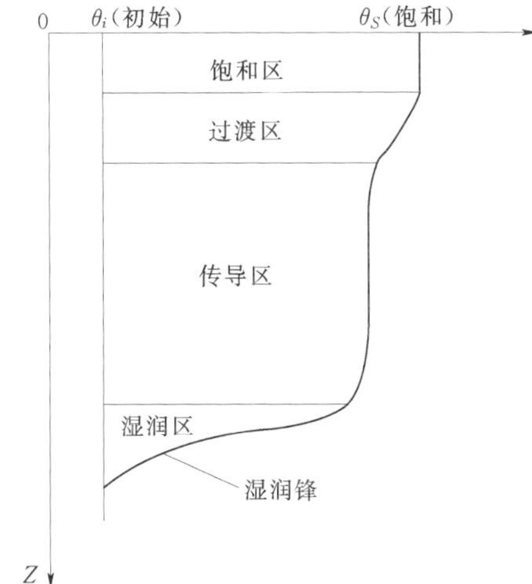

图 9.3　典型含水率分布剖面分区

当均质土体地表为有积水入渗时，典型含水率分布剖面从上往下可分为 4 个区：饱和区，过渡区，传导区，湿润区。湿润区的前缘称为湿润锋，见图 9.3。

（1）饱和区。孔隙被水充满或处于饱和状态，该区域受到降雨时间、降雨强度及土体饱和渗透系数的影响。

（2）过渡区。该区域含水率随深度增加迅速下降，一般采用试验方法确定或者 VG 模型进行模拟。

（3）传导区。该区域含水率随深度增加变化很小，通常传导区是一段较厚的高含水率非饱和区。

（4）湿润区。该区域含水率随深度增加从传导区较高含水率值急剧下降到接近初始含水率值。

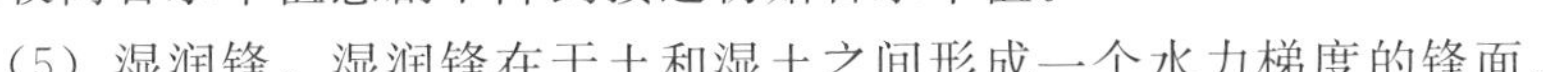
（5）湿润锋。湿润锋在干土和湿土之间形成一个水力梯度的锋面。

9.2.2　边坡降雨入渗控制参数

在降雨过程中，由于降雨初期地表含水率较低，当雨水渗入土体中以后，在地表处将形成较高的水力梯度区域。随着降雨入渗的持续，表层土体中的降雨入渗梯度将趋于稳定，此时降雨入渗梯度的稳定值称为水力传导度。

1. 边坡体入渗率和稳定入渗率

入渗率是指单位时间内通过地表单位面积入渗到土壤中的水量，单位为 mm/min 或 cm/d。任一时刻 t 的入渗率 $i(t)$ 与该时刻地表处的土壤水分运动通量 $q(0,t)$ 相等，即

$$i(t)=q(0,t)=-K(h)\frac{\partial(h+z)}{\partial z}=-K(h)\left(\frac{\partial h}{\partial z}+1\right)\Bigg|_{z=0} \tag{9.15}$$

式中：h 为在饱和土中取压力水头，在非饱和土部位则是按基质势大小换算的负压水头。

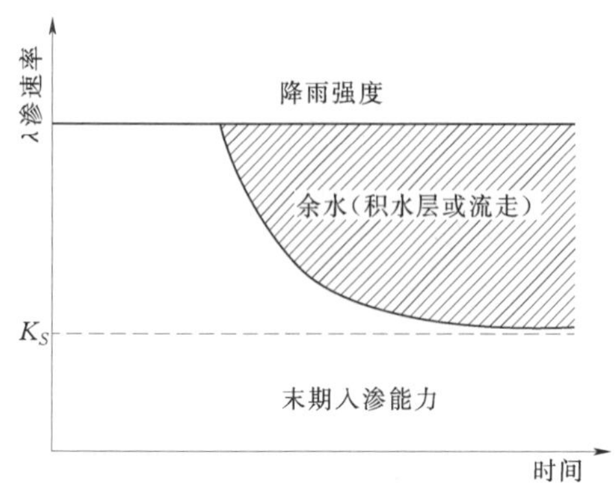

图 9.4 入渗率与时间关系

降雨入渗率具有速度量纲。大量的试验资料和理论分析表明：当降雨强度较大时，入渗初期的降雨入渗率相当大；随着降雨历时增加，降雨入渗率减小。当降雨过程达到一定时间后，降雨入渗趋于稳定，此时的入渗率称为稳定入渗率 q，见图 9.4。

2. 累积入渗量

累积入渗量指降雨过程中某一定时间段内通过单位面积入渗进入土体中的总水量，记为 Q_i，常用水深 m 或 mm 表示。

$$Q_i = \int_0^t q_i \mathrm{d}t \tag{9.16}$$

由此，降雨入渗率也可由下式计算

$$q_i = \frac{\mathrm{d}Q_i}{\mathrm{d}t} \tag{9.17}$$

9.3 边坡降雨入渗的三维非饱和渗流数值方法

9.3.1 三维非饱和渗流分析方法

本章介绍基于 FLAC^{3D} 软件平台的边坡三维非饱和渗流数值计算方法。FLAC^{3D} 软件在进行饱和与非饱和计算时，都采用达西定律，即

$$q_i = -K_{il} k_r(s) [p - \rho_f x_j g_j]_l \tag{9.18}$$

式中：q_i 为单位流量向量；p 为孔隙压力；K_{il} 为饱和渗透系数张量；$k_r(s)$ 为与饱和度 s 有关的相对渗透系数，$k_r(s) = s^2(3-2s)$；ρ_f 为流体密度；x_j 为笛卡尔坐标分量；g_j 为重力加速度分量；$i=1$、3，$j=1$、3，$l=1$、3。

FLAC^{3D} 软件在渗流计算过程中，孔隙水压力、饱和度与流体体积改变量的关系式为

$$\frac{1}{M}\frac{\partial p}{\partial t} + \frac{\phi}{s}\frac{\partial s}{\partial t} = \frac{1}{s}\frac{\partial \zeta}{\partial t} \tag{9.19}$$

式中：M 为比奥模量；ϕ 为孔隙率；t 为时间；ζ 为流体扩散作用引起的单位体积土体中流体体积改变量，当流体不可压缩时，其值等于单元流量改变量。

FLAC^{3D} 软件在进行饱和渗流计算时直接将节点上的饱和度置为 1.0，于是由式 (9.19) 得到下一计算时刻节点上孔隙水压力的更新计算公式，

$$\frac{1}{M}\frac{\partial p}{\partial t} = \frac{\partial \zeta}{\partial t} \tag{9.20}$$

在进行非饱和渗流计算时，FLAC^{3D} 软件将节点上孔隙压力置为 0，然后由式 (9.19) 得到计算节点饱和度的更新值

$$\frac{\phi}{s}\frac{\partial s}{\partial t}=\frac{1}{s}\frac{\partial \zeta}{\partial t} \tag{9.21}$$

由此可见，FLAC^{3D}软件在进行非饱和状态计算时，主要依据计算微元中的流体体积改变量的来描述计算单元的饱和度变化情况，这种处理方式与饱和度的本质是相一致的。

9.3.2　FLAC^{3D}非饱和渗流功能开发

非饱和渗流计算的关键是获得正确的饱和度与负压关系，并根据饱和度计算出非饱和区的渗透系数，然后在求解过程中实时调整单元渗透系数即可实现非饱和渗流过程的分析。

对于非饱和土，1980 年，Van Genuchten 提出了土体中体积含水率与负压的四参数关系方程，即

$$\theta=\theta_r+\frac{\theta_s-\theta_r}{[1+(p/a)^n]^m} \tag{9.22}$$

式中：θ 为体积含水率；θ_r 为残余体积含水率；θ_s 为饱和体积含水率；p 为负孔隙压力，kPa；a、m、n 为拟合参数。

根据体积含水率与饱和度关系 $\theta=\phi s$（ϕ 为孔隙率，s 为饱和度），由式（9.22）得到饱和度与负孔隙压力的关系式为

$$s=s_r+\frac{1-s_r}{[1+(p/a)^n]^m} \tag{9.23}$$

式中：s 为饱和度；s_r 为残余饱和度；其余符号意义同前。

非饱和渗流分析的实质是：①计算过程中非饱和区的渗透系数小于饱和区渗透系数，饱和度越小，渗透系数越小；②负孔隙压力（基质吸力）与饱和度存在对应函数关系，对不同岩土体，吸湿和脱湿过程的函数关系可能不同。为简化起见，也有在吸湿和脱湿过程中采用相同函数的做法。

在 FLAC^{3D}软件中，可以通过设置流体抗拉强度来允许负孔隙压力的产生与发展，这为利用 FLAC^{3D}软件进行非饱和渗流分析提供了可能。在 FLAC^{3D}软件进行计算时，在非饱和状态下，FLAC^{3D}软件直接将负孔隙压力置零，然后根据节点流体体积的改变量来计算饱和度的增量。非饱和负压的计算也根据节点代表流体体积的改变量来完成。当流出节点的流体体积大于流入节点的流体体积，流体体积该变量为负值（导致孔隙体积不能被流体全部充填），从而计算出的孔隙压力为负值。

从 FLAC^{3D}渗流计算过程来看，其负压形成机理是合理的、正确的。FLAC^{3D}软件现有的版本在渗流数值计算过程中始终将负压区的饱和度强制置为 1，使得计算过程中非饱和区的渗透系数也始终采用恒定的饱和渗透系数，这做法与非饱和渗流理论是相悖的。因此，如果能在非饱和渗流计算时段内，能自动根据上一计算增量时间步的结果来调整非饱和区的渗透系数，就能够实现利用 FLAC^{3D}软件进行非饱和渗流计算了。

FLAC^{3D}软件提供了内置 FISH 语言，用于在计算过程中对各种计算物理量进行控制或修正。其提供的 FISHCALL 命令可根据每一计算步的结果调整各种 FISH 变量和 FLAC^{3D}内置变量（诸如各种力学参数和渗流计算参数等）。该功能与增量法有限元软件处理相同问题的思路完全一致。

根据上述思想，利用 FISH 语言在 $FLAC^{3D}$软件中实现非饱和渗流过程的方法如下：

(1) 设置流体抗拉强度，允许渗流计算过程中因节点流量负流入而形成的负压区（尽管此时节点出现负孔隙压力，节点饱和度仍为 1.0)。

(2) 通过 FISH 内置变量 z _ pp (pz) 获取单元的负孔隙压力值（该值根据节点孔隙压力，在 $FLAC^{3D}$中自动插值获得)，然后用式 (9.23) 计算单元饱和度，

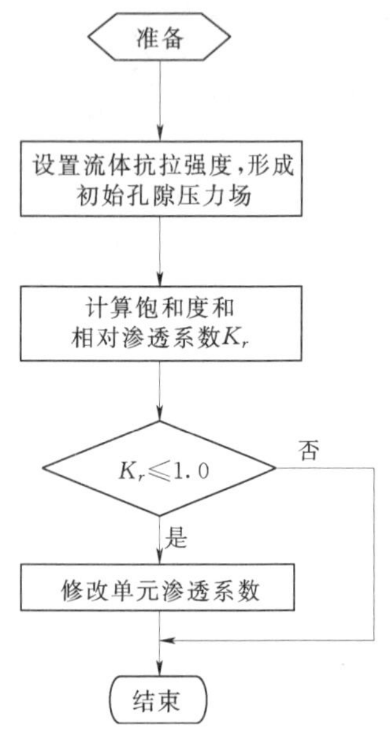

图 9.5 非饱和单元渗透系数修正计算框图

(3) 根据式 (9.23) 计算得到的单元饱和度，利用关系式 $K_r(s)=s^2(3-2s)$ 计算单元相对渗透系数。

(4) 对负压区单元的渗透系数进行修正：即对非饱和区单元的饱和渗透系数（计算输入值）乘以第 (3) 步计算得到的 $K_r(s)$ 值，然后再赋值给该单元，从而实现非饱和区渗透系数的修改。值得注意的是，通过式 (9.23) 计算得到的饱和度必须另外开辟存储单元，而负压节点的饱和度在整个计算过程中仍然保持为 1.0。

经过上述 4 个步骤，即可在 $FLAC^{3D}$ 软件中实现一般意义上的非饱和渗流计算过程。值得一提的是，上述过程仅对渗流模块有效，而负压引起的土体有效应力的增加，需要在力学计算步中通过编写 FISH 函数另行处理。图 9.5 为 $FLAC^{3D}$在增量计算时步中的非饱和单元渗透系数修正计算 FISH 程序框图。

9.3.3 降雨入渗及出渗边界处理

降雨入渗边坡条件实际上为一个动态的边界条件。地面产流前，在降雨入渗过程中，当降雨强度小于边坡表层土体最大入渗率时，入渗量取降雨强度，当降雨强度大于边坡表层土体最大入渗率时，入渗量取最大入渗率。一般最大入渗率按饱和渗透系数考虑。地表产流前的边坡表面施加流量边界，为第二类边界条件。地面产流后，土体表层单元处于饱和状态，此时，在表层饱和单元处施加一个压力很小的压力边界或者取表面压力为零，即第一类边界条件。

降雨停止后，由于降雨入渗进入斜坡体内的水体在重力作用下，继续保持向边坡体内和下部渗流的趋势，在边坡斜坡表面，坡体内的水分既可向边界外溢出，也可能在重力作用下继续下渗。当斜坡上点因坡体内水分溢出而达到正孔隙压力时，边坡表层节点的边界调整为压力为零的压力边界。降雨停止后，边坡上部边界表面上的孔隙压力在重力作用下变为负值时，渗流边界改为零流量边界。

$FLAC^{3D}$可以直接利用的边界有 3 种：①固定流量边界；②固定压力边界；③渗漏边界。为了实现边坡降雨条件的模拟，需要对边坡表面的边界状况进行实时调整，以实现降雨入渗和边坡坡面在降雨停止后的出渗模拟。FISH 函数的实施过程如下：

(1) 在地表面生成 interface 单元，利用 interface 单元信息自动寻找表层实体单元 (zone)，获得地表不同部位的饱和渗透系数 k_{sat}（控制最大入渗率)。

(2) 通过 interface 单元信息，寻找地表表层每一个实体单元 (zone) 的外表面，并

在该表面上施加流量边界，边界上的流量数值可以随计算时间实施调整，以模拟不同时期降雨强度的变化；在每一个计算时间步，对比降雨强度值与边坡岩土体的入渗率（可取边坡表层实体单元饱和渗透系数）之间的大小关系，取两者之间的小值作为边界上的流量输入值 q_s。

（3）通过 interface 节点信息，定位地表单元的节点位置，并在每一个计算步中，判断地表单元节点的孔隙压力（p）是否大于零。如地表节点的孔隙压力大于零，表明该节点达到饱和状态，地表将出现积水，因此在后一计算时间步中，将该节点的流量边界修改为压力边界（可取压力为零；考虑边坡表层积水驻留时间短，故可以按照一薄层水厚度换算成水压力，该值一般较小）。

（4）降雨停止后，移除地表单元表面的流量边界。对地表节点的孔隙水压力进行实时监控，当地表节点孔隙水压力大于零时，将该节点孔隙压力强制置零。节点孔隙压力为零的部位即为坡体内的地下水溢出点。

将上述过程编写为 FISH 函数，然后利用 FISHCALL 命令，即可在 FLAC^{3D}软件中实现降雨边界的模拟。图 9.6 为边坡降雨入渗边界及出渗边界模拟计算的 FISH 程序框图。

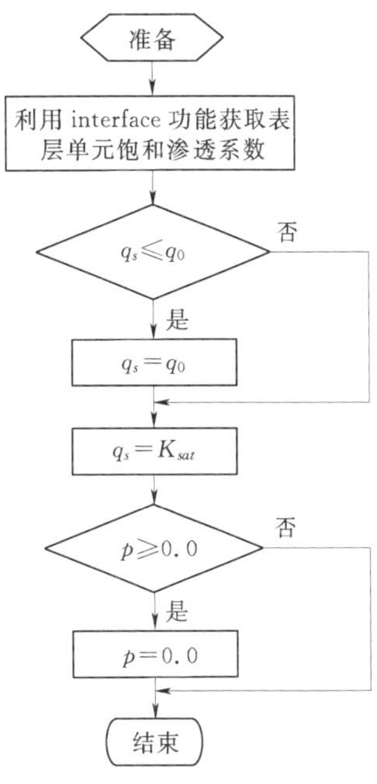

图 9.6　边坡降雨入渗边界及出渗边界模拟计算程序框图

9.4　降雨过程边坡非饱和渗流场分布特性

9.4.1　计算模型

以某实际路堑边坡的降雨入渗饱和非饱和渗流分析为例，研究边坡在降雨入渗条件下的饱和非饱和渗流场分布特性。图 9.7 为网格模型，X 坐标在坡脚处沿水平方向指向坡内，Z 方向在坡脚处沿竖直方向向上为正。计算网格单元数量为 1591，节点数量为 3356。根据现场压水试验成果，边坡岩体饱和渗透系数为 2.5×10^{-4}cm/s，非饱和区渗透系数按照 VG 模型确定，模型计算中的拟合参数取 $a=10$、$m=0.5$、$n=2$，残余饱和度 0.05。初始孔隙压力场根据边坡体上稳定的钻孔水位和地表处基质吸力（取－200kPa，地表各点相同），采用改进后饱和非饱和分析模块进行拟合生成。图 9.7 同时给出了饱和非饱和初始渗压场分布，图 9.7 中虚线表示初始状态下的非饱和区负孔隙压力等值线，孔隙压力为 0 的等值线为初始地下水位线。

计算条件：连续降雨 10 天，降雨强度为 3×10^{-6} m/s；降雨停止后，继续计算 5 天，以查看雨后边坡孔隙压力的变化。

由于 FLAC^{3D}只能给出等值云图，故将 FLAC^{3D}计算结果导出后，用 Tecplot 软件进行后处理，并绘制等值线。

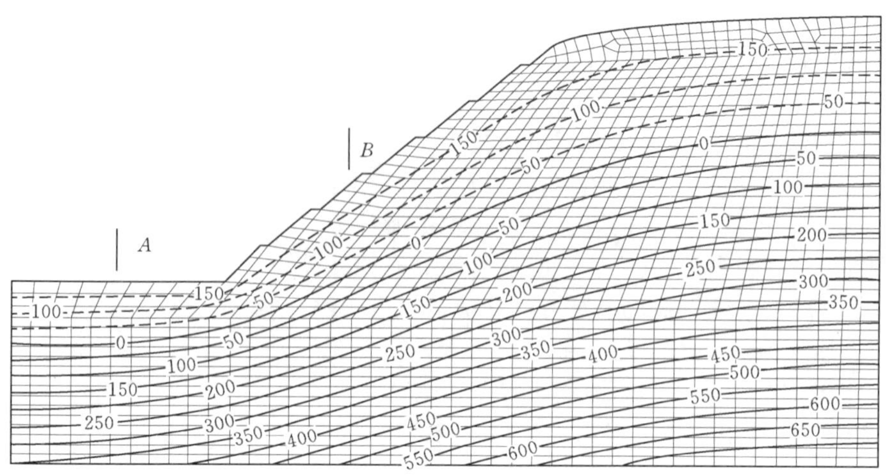

图 9.7　边坡计算网格及初始孔隙压力场分布图（单位：kPa）

9.4.2　饱和非饱和孔隙压力场变化过程

图 9.8 反映了边坡在连续降雨 5 天后和雨后 5 天内的孔隙压力分布变化。连续降雨 5 天后，边坡坡体、坡顶和坡脚土体已经由降雨前的负孔隙压力状态转化为正孔隙压力状态，且与坡体下部中的正孔隙压力区连通；坡体以上正孔隙压力区范围相对较小。降雨 10 天后，坡体中的负孔隙压力区继续减少，但相对于前 5 天的负压区减少速度要缓慢；边坡坡体上部中的正压区范围继续扩大。

图 9.8（c）、图 9.8（d）、图 9.8（e）表明降雨停止后，边坡坡顶表层以下暂态饱和区中的水分在重力作用下，继续向边坡下部渗透；而在斜坡面表面以下暂态饱和区中的水分在重力一方面继续向边坡体更低位置渗透，另一方面暂态饱和区中的水分通过坡面出渗，向坡体外部排出。降雨停止 1 天，斜坡表层和坡顶以下 1～2m 范围内重新出现负压区；而雨后 3～5 天后，负压区大幅度增加，边坡原来连通的暂态饱和区被明显分割成两部分。

图 9.8（b）、图 9.8（c）清晰地表明：在降雨过程中及降雨停止后，边坡体中出现了较大范围的暂态饱和区，饱和区内出现正孔隙水压力，即暂态水压力。暂态水压力分布规律：坡面孔隙水压力很小（近似为零）；坡面附近数值较小；暂态饱和区下缘与非饱和区接触面上的孔隙水压力为零；最大值出现暂态饱和区中部偏上部位。由于边坡坡脚处受坡脚平台降雨入渗补给和斜坡体下岩土体中孔隙水下渗补给的双重影响，因此，地下水位上升较大。坡顶部位铅直下方的土体由于仅仅受坡顶面上的降雨入渗补给，降雨过程中始终存在非饱和区，使得暂态饱和区很难延伸到潜水面的位置，潜水面的升高也将会很小（通过非饱和区补给到初始潜水面上引起的潜水面升高），因此，该部位饱和区的渗流场变化不大。

图 9.9 为不同时期边坡的饱和度。饱和度小于 1.0 的区域表示边坡中出现的非饱和区，其对应的孔隙压力压小于零。饱和度为 1.0 的位置与孔隙压力为 0 的等值线相对应。由此可见边坡中的地下水位线的动态变化过程是十分复杂的。

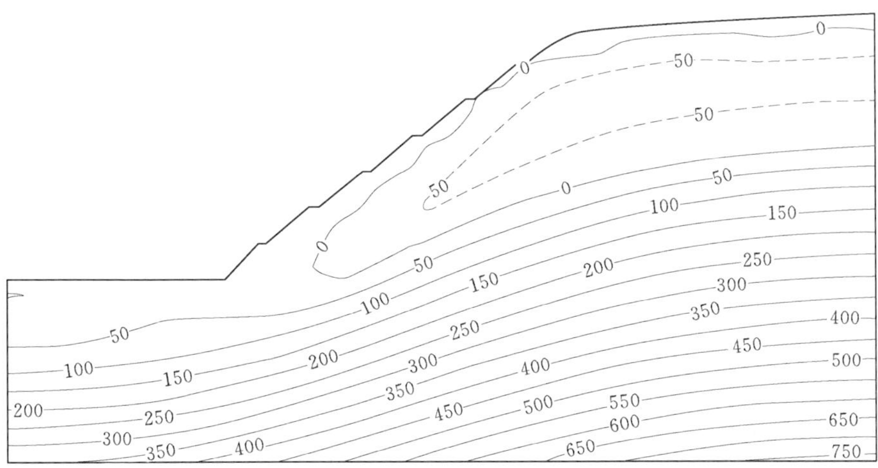

(a) 连续降雨 5 天

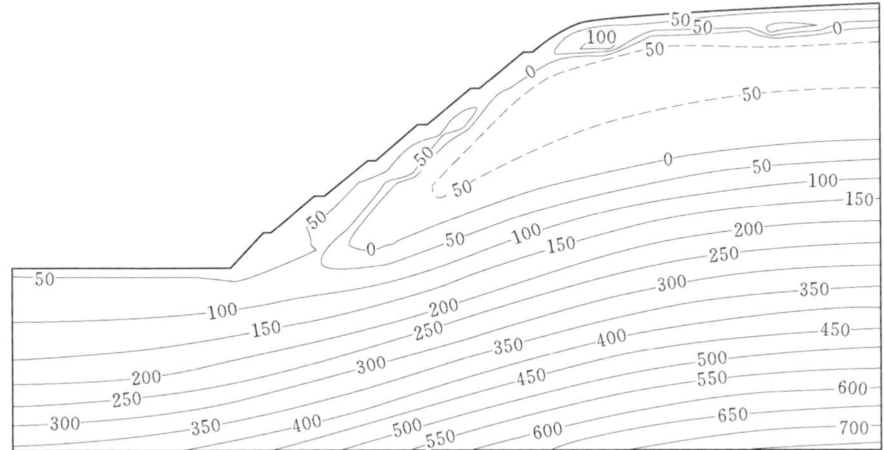

(b) 降雨结束

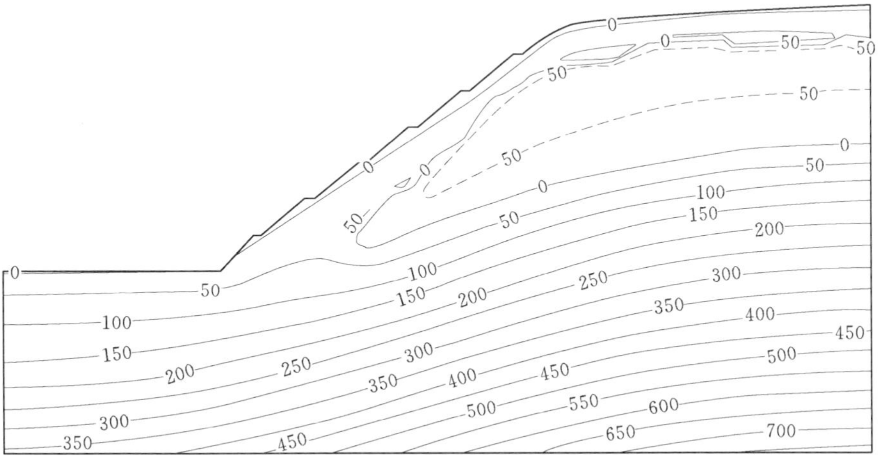

(c) 雨后 1 天

图 9.8（一）　孔隙压力分布变化图（单位：kPa）

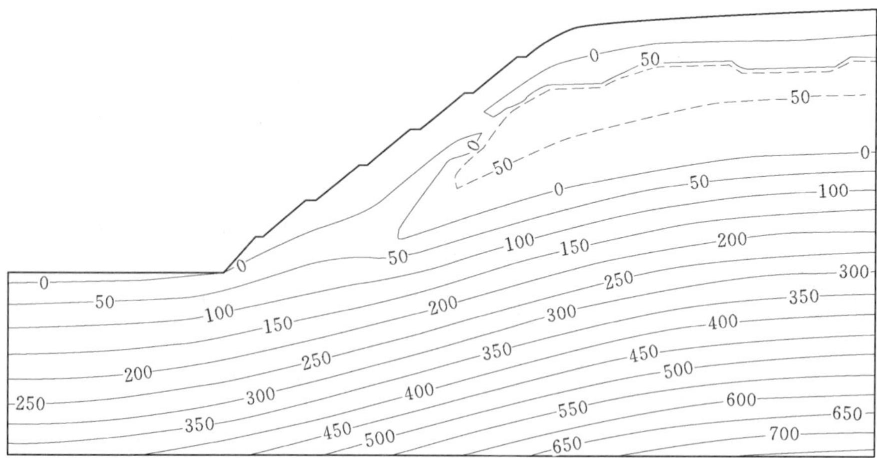

(d) 雨后 3 天

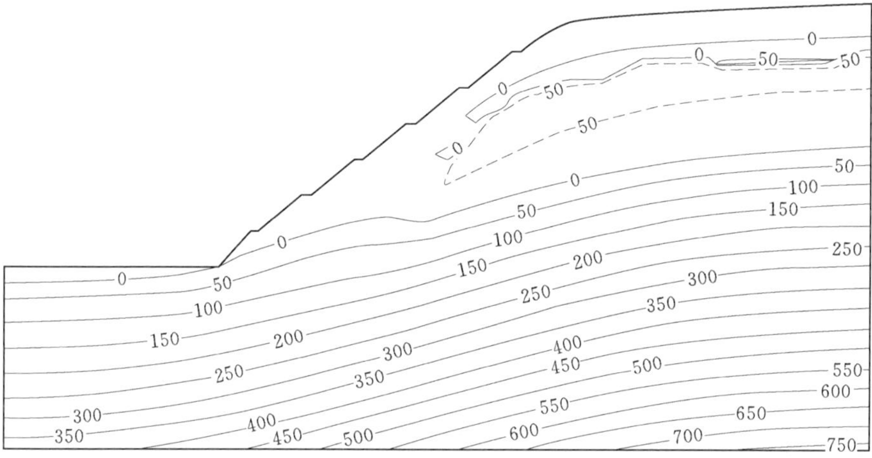

(e) 雨后 5 天

图 9.8（二） 孔隙压力分布变化图（单位：kPa）

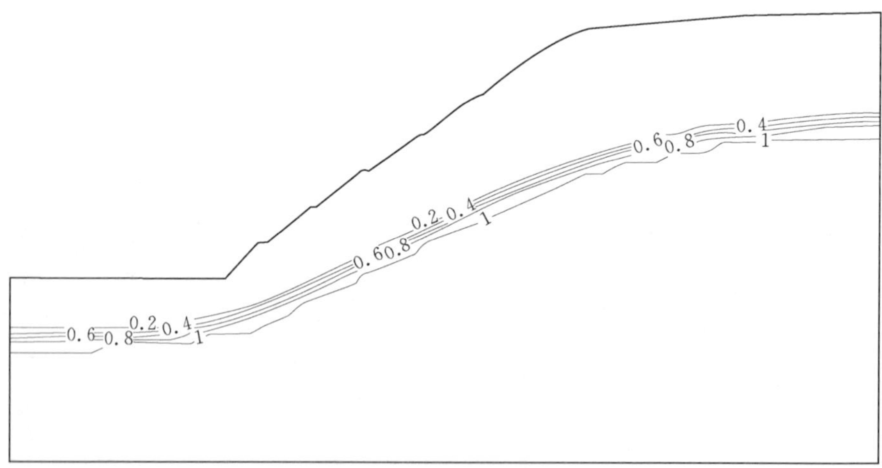

(a) 降雨前

图 9.9（一） 边坡饱和度等值线图

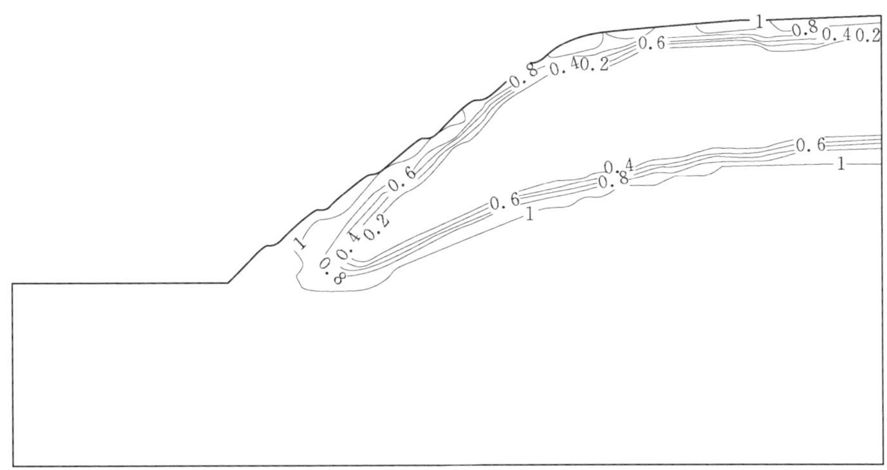

(b) 连续降雨 5 天

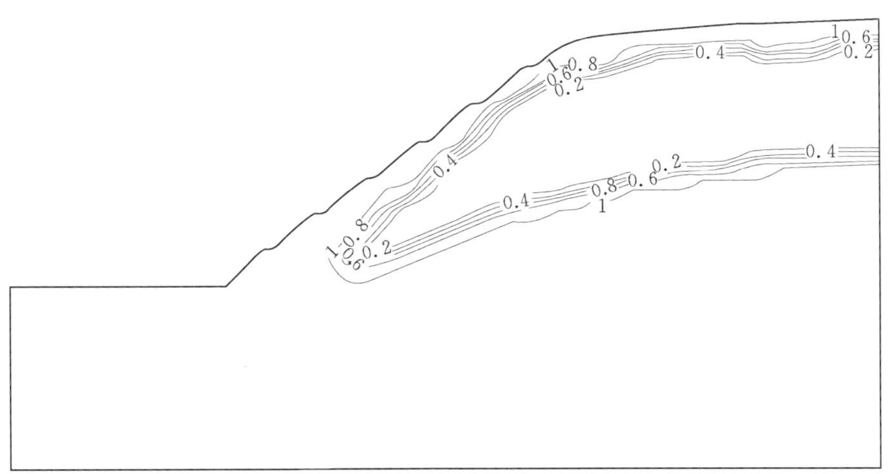

(c) 降雨结束时

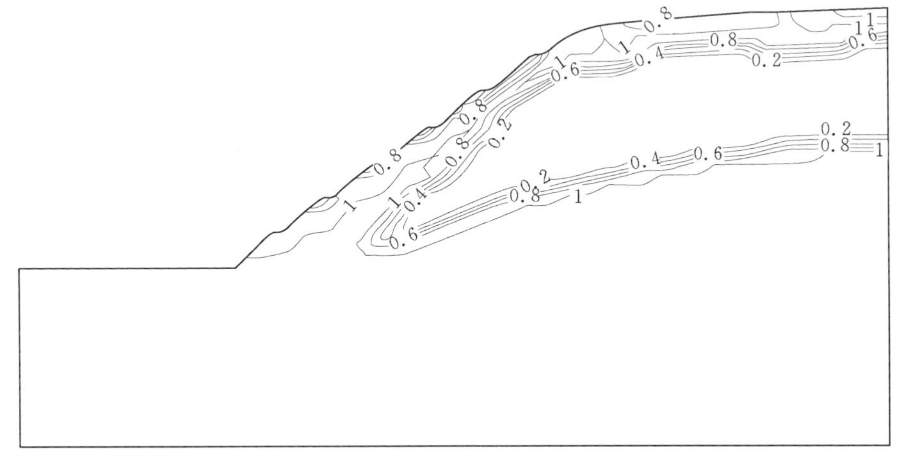

(d) 雨后 1 天

图 9.9（二）　边坡饱和度等值线图

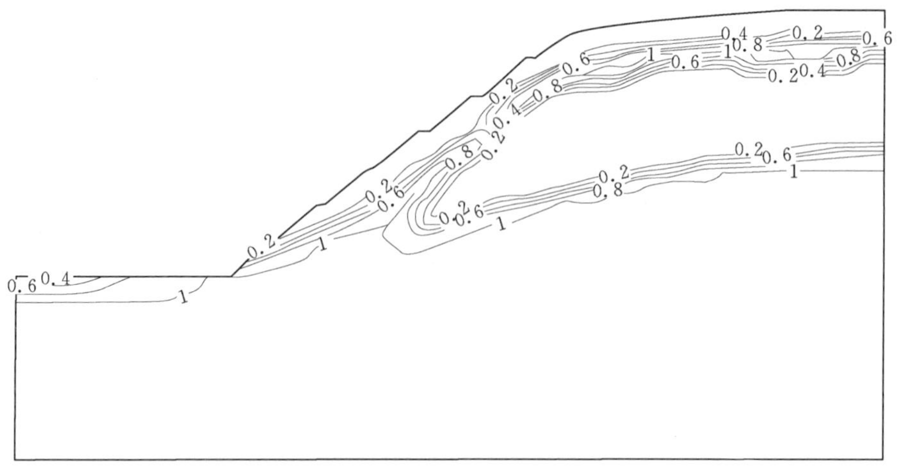

(e) 雨后 3 天

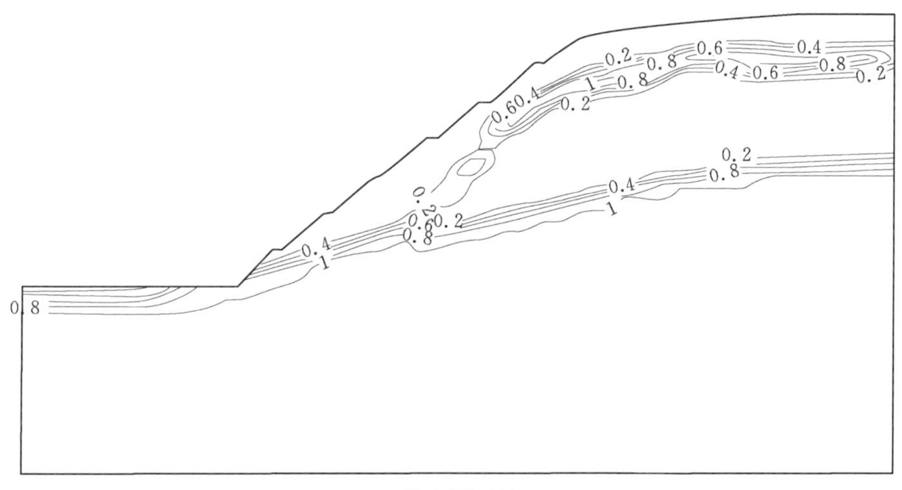

(f) 雨后 5 天

图 9.9（三） 边坡饱和度等值线图

图 9.10 和图 9.11 分别为坡脚处 A 剖面和坡体中部 B 剖面上的孔隙水压力沿高程的分布图。降雨前边坡体内的孔隙水压力（正压和负压）按照重力呈线性分布。随着降雨入渗量的增加，边坡表层土体逐渐由非饱和状态向饱和状态转变。

A 剖面在连续降雨入渗 2 天后，表层出现暂态饱和区，其厚度约为 5.0m；暂态饱和区下部仍然为非饱和区，而原始地下水位高度几乎没有变化。连续降雨 4 天后，A 剖面处于完全饱和状态。尽管 A 剖面处于完全暂态饱和状态，但剖面上的暂态水压力分布并不按重力呈线性增加的分布形态。随着降雨的持续，边坡中暂态水压力持续增加，但始终未达到按静水压力计算得到的孔隙水压力分布。

B 剖面处的孔隙水压力空间分布与 A 剖面类似。但由于 B 剖面位于边坡中部，表层出现暂态饱和区的时间相对较晚，大约在 3 天后才开始出现暂态饱和区。连续降雨 5 天后，B 剖面才完全处于饱和状态。同样，A 剖面上的暂态水压力分布也不是按重力呈线性

增加的分布形态，暂态饱和区中的暂态水压力始终未达到按静水压力计算得到的孔隙水压力分布。

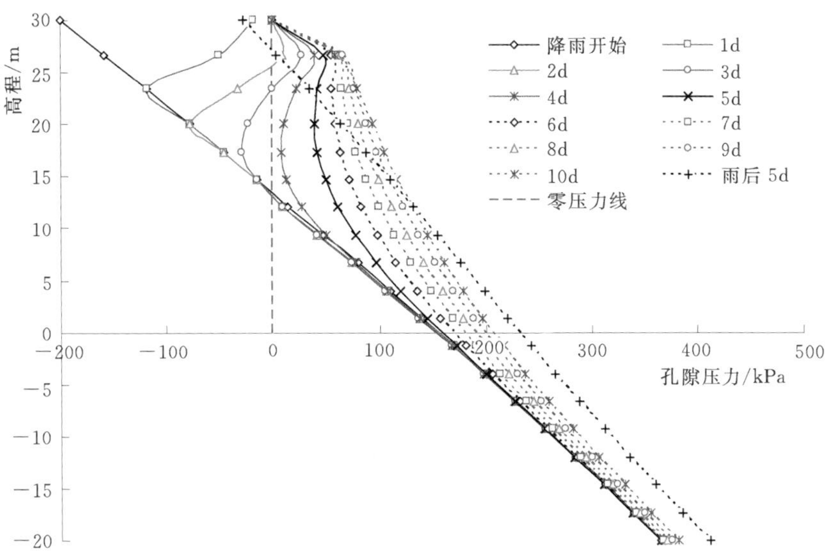

图 9.10　*A* 剖面处孔隙水压力高程分布图

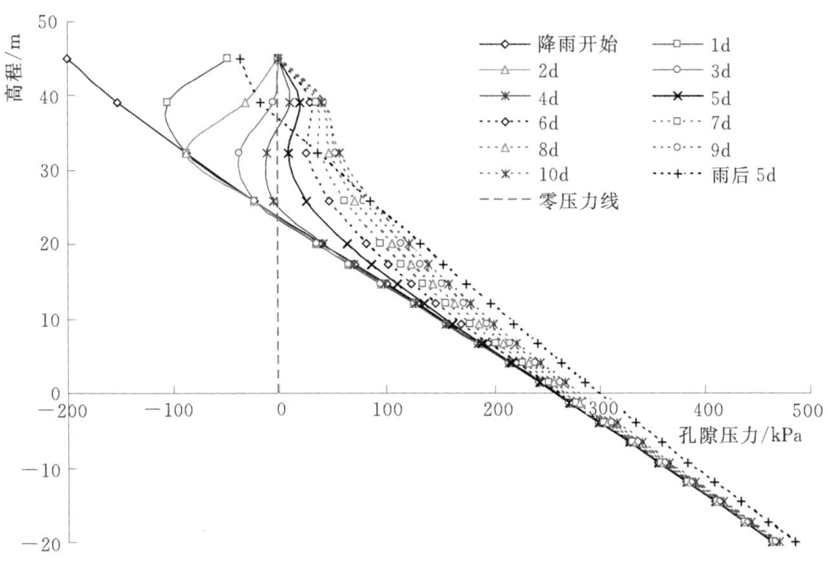

图 9.11　*B* 剖面处孔隙水压力高程分布图

降雨引起边坡出现暂态饱和区，暂态饱和区的水压力分布复杂，且在不同时刻不同。即使边坡在降雨过程中处于完全饱和状态，其水压力也小于按地下水位线计算的静水压力。这种现象值得关注，而降雨入渗引起的暂态水压力分布机制仍有待进一步研究。

9.4.3 地表测点孔隙压力变化过程

图 9.12 为边坡测点孔隙压力在降雨过程中及降雨停止后的变化过程图。降雨过程中，边坡表面坡脚（测点 1）、坡腰（测点 2）及坡顶（测点 3）部位测点的孔隙压力在降雨入渗作用下逐渐升高，且坡顶部位测点孔隙压力的上升速度明显小于坡脚和坡腰，其原因是坡脚和坡腰测点的孔隙压力除了受到该点降雨入渗的作用，同时，还受到通过斜坡坡体内部扩散来的水分的影响，因此其孔隙压力上升相对较快。但是地表饱和后出现正孔隙压力后，如果边坡表面积水能及时排出，那么地表孔隙压力将维持在大气压力值，即零孔隙压力值。降雨停止后，边坡顶部测点 3 的孔隙压力在降雨停止 2h 后开始由正压转变为负压，测点 2 在降雨停止 10h 后，开始出现负压。测点出现负压后，孔隙压力逐渐降低，大约 2 天后，孔隙压力降低速率越来越缓慢，并趋向与平稳。测点 1 压力在降雨停止 5 天内，因此该点一致处于饱和状态，所以其压力维持不变。

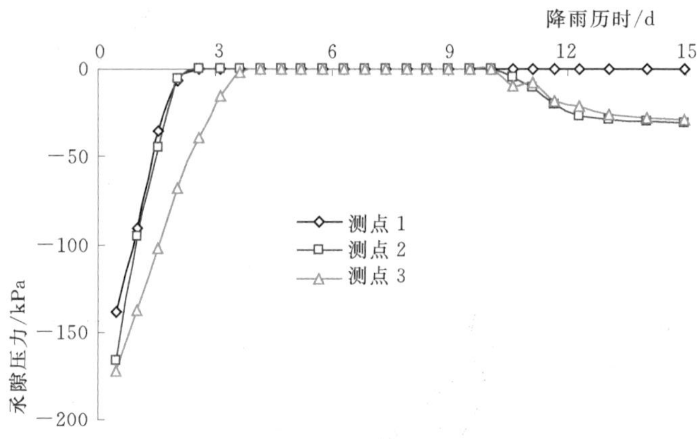

图 9.12　边坡测点孔隙压力变化过程线

9.4.4 对比分析

FLAC^{3D}默认的饱和非饱和渗流分析方法中，非饱和区单元的渗透系数按固定不变处理。这种处理方式对降雨入渗引起的非饱和渗流特性而言是不合理。图 9.13 为利用 FLAC^{3D}程序默认处理方式计算得到的边坡在降雨结束时和雨后 5 天情况下的孔隙压力等值图。对比同一时刻条件下的孔隙压力等值图［图 9.13 (a) 和图 9.12 (b)、图 9.13 (b) 和图 9.12 (e)］可知，在其他条件相同的情况下，边坡中暂态饱和区及非饱和区的孔隙压力分布存在较大的差异。特别是降雨停止后，非饱和区渗透系数按饱和渗透系数处理的情况下，降雨入渗进入边坡的雨水快速下渗到了坡体内部，因此，边坡中的地下水位呈现快速大幅度上升的趋势，且地下水位线以上暂态饱和区完全消失。由此可见，FLAC^{3D}默认的渗流分析模式不能正确反映边坡降雨入渗非饱和渗流场的分布与渗流场的发展与变化。

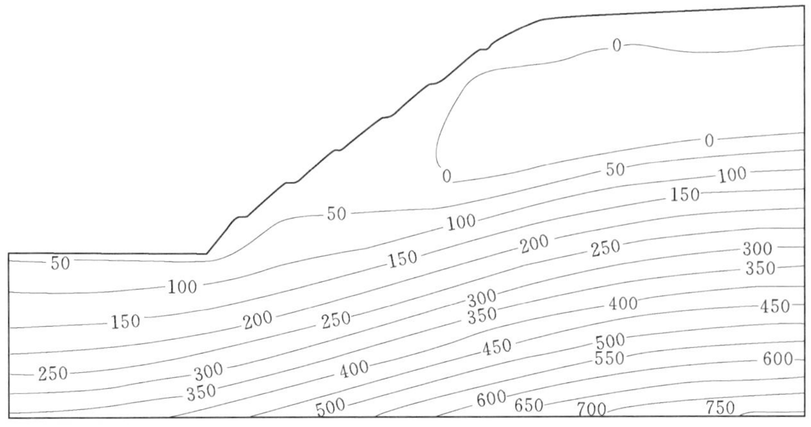

(a) 降雨结束

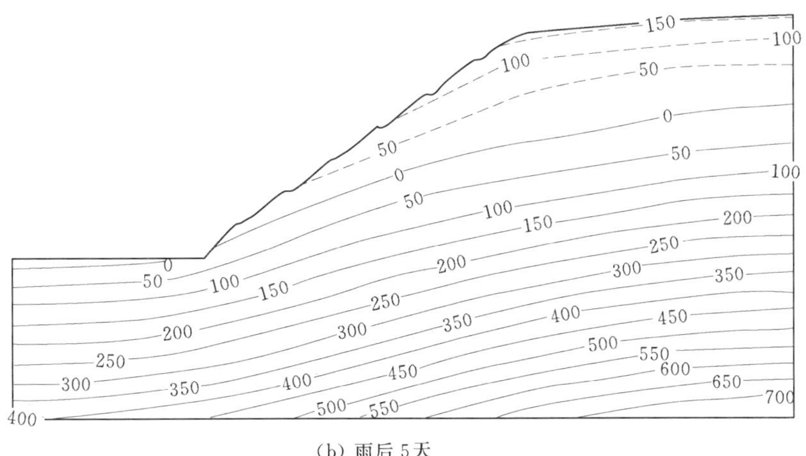

(b) 雨后 5 天

图 9.13　非饱和区渗透系数固定时孔隙压力场（单位：kPa）

9.5　小结

降雨入渗是导致边坡失稳的重要诱发因素。正确分析降雨入渗过程中边坡体内的孔隙水压力分布是了解降雨条件下边坡动态稳定性的前提。在全面解读 $FLAC^{3D}$ 软件渗流分析模块功能及算法的基础上，对 $FLAC^{3D}$ 软件的非饱和渗流计算功能进行了完善与修正，得到认识如下：

（1）利用 $FLAC^{3D}$ 计算得到负压计算相对渗透系数，并在 $FLAC^{3D}$ 求解过程中的下一时间步增量中对负压区的渗透系数进行修改，从而完善 $FLAC^{3D}$ 的非饱和渗流分析功能是合理、可行的。

（2）通过在当前计算时间步中引入降雨入渗边界，可在 $FLAC^{3D}$ 软件实现复杂三维地形条件下降雨入渗边界的模拟。

（3）对特定水文地质条件下的边坡，在一定的降雨条件下，边坡表层可能出现暂态饱和区，暂态饱和区内的水压力分布形态十分复杂，其对边坡稳定性的影响有待于进一步研究。

第10章　坝基及岸坡抬升变形研究

10.1　引言

水库蓄水后库岸边坡产生抬升变形是水利工程中比较少见的现象。蓄水导致大坝及岸坡产生抬升变形的最早记录是吉尔吉斯斯坦的托克托古尔重力坝。随后，在前苏联境内的其他一些水利工程也出现了类似的情况。在国内，铜街子水电站在1992年4月5日蓄水后，坝体和右岸岩体也产生了显著的抬升变形；抬升变形最大值分别达到22.2mm和24.3mm。江垭水库在1998年蓄水后，大坝及近坝山体同样产生抬升，所测山体最大抬升变形达到21.8mm，高程120.00m廊道最大抬升34.5mm。向家坝水电站初期蓄水后，左岸边坡也出现了不同程度的抬升变形现象，其最大变形量超过13.0mm。

为评估水库蓄水引起大坝及附近岸坡的抬升变形对工程的影响，国内外的一些学者进行了初步研究。然而在如何研判水库蓄水对坝体及库岸边坡产生抬动变形对工程的影响以及引起抬升变形的因素等方面，目前仍缺乏充分研究。本章基于向家坝水电工程左岸边坡的抬升变形监测成果，探讨水库蓄水引起的库岸边坡抬升变形机制及变形发展规律。

10.2　坝基及岸坡抬升变形文献研究

10.2.1　国外水利工程坝基及岸坡抬升变形

蓄水导致大坝及岸坡产生抬升变形的最早记录是吉尔吉斯斯坦的托克托古尔坝的重力坝。托克托古尔水利枢纽位于纳累河狭窄陡峭河谷内，两岸几乎垂直，属9度地震区。坝区岩石为复杂的地质褶皱构造。托克托古尔坝高度215m，在坝体中布置廊道和竖井，装有监视枢纽建筑物状态的监测仪器网。坝基渗控系统由坝基前缘灌浆帷幕、坝底固结灌浆、迎水面防渗斜墙、防渗键槽，以及前缘、岸边和垂直排水所构成。

1973年水库开始蓄水，1974—1977年对岩体变形进行原型观测时发现，随着上游水位的升高，下游地面也有所升高。

通过位于坝址下游2km的控制水准点群，对中间坝段廊道内（高程708.00m）和Ⅰ层、Ⅱ层、Ⅲ层岩石内（高程708.00m、726.00m、785.00m）的测标测定坝体沉陷。Ⅰ层测标水准测量结果表明，岸边段测标的沉陷绝对值平均稍高于坝基河床内测标的沉陷（4.3～5.3mm与0.6～5.7mm之比）。在较高高程（726.00m、785.00m）处的沉陷绝对值明显减少1～4.1mm，在Ⅱ层为0.2～4.3mm，在Ⅲ层个别测标也有升高的。

图10.1为下游9号测点及坝基变位在蓄水后的时变过程线。由图可知，在大坝下游

的 9 号测点及坝基岩体变位随着水库水位的升高呈现出现明显的抬升变形现象，抬升变形同时存在明显滞后现象。

契尔克电站水库在 1974 年开始蓄水后，观测基岩变形时，也意外地发现了基岩抬升现象。库尔普萨伊电站（重力坝，坝高 133m）在 1981—1983 年水库蓄水时也发现有类似的垂直位移。20 世纪 50 年代美国建成的卡布里耳（Cablir）高拱坝，蓄水时进行的精密地形测量，曾发现水库两岸山体有抬升并相互靠近的现象。表 10.1 列出了前苏联部分坝基及坝体的抬升变形数值和分布情况。

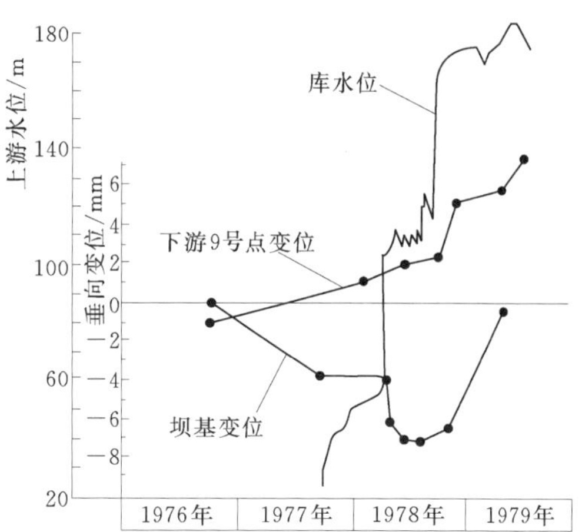

图 10.1　托克托古尔坝基抬升变形过程线

表 10.1　**前苏联几个高混凝土坝附近基岩垂向变位分量**　单位：mm

大坝名称	坝基抬升变位值	坝肩基岩抬升值	坝肩下游抬升变位值
英古里	随水位上升，从 −4.5→−8.0→−1.0	6.5	15km 处 51
托克托古尔	随水位上升，从 −10→14→−6.0（计算最大值−22）	3.6	0.5km 处 8.5
库尔普萨伊	随水位上升，从 −4.0→−8.0→−4.5	—	0.2km 处 7
契尔克	−15	−10	0.5km 处−5；0.8km 处−0.9；0.2km 处有裂隙带：左岸 16，右岸 27
捷雅（支墩坝高 110m，闪长岩）	库水位：295.00→285.00m 坝基变位：−10→−26	坝端：左 2.5→6.5→−4 右 3→13→−1.5	2→8→−0.5

注　表中"+"为上升；"−"为下降。

综合分析上述工程坝基及岸坡变形后，可以发现其变形存在以下共同点：

(1) 坝基及附近上游的岩体随着蓄水开始是下沉变位，此后又逐渐上升（或表现为沉降量比预计的明显减少）。

(2) 蓄水导致坝肩和下游岩体出现垂向抬升，部分电站在后期产生沉降变形。

(3) 坝基抬升值在河床坝段较小，岸坡地段较大。

(4) 坝基及岸坡升、降变形的速率与库水位变化的速率相对应。

(5) 水库蓄水在大坝附近基岩引起的抬升变形范围，各工程相差较大。在英古里拱坝下游 15km 处抬升 51mm，向上游影响约 10km。在托克托古尔电站垂直于河流方向影响远达 5～7km。但通常认为并没那么远，所以观测起始点（基点）多设在大坝下游 1～3km 的距离。

由此可见，水库蓄水导致坝基在一定时期内产生抬升变形；与早期沉降相比，后期沉降量值减小（英古里电站），或沉降量变得小于计算值（托克托古尔电站）。

10.2.2 铜街子水电站大坝及岸坡抬升变形分析

铜街子水电站位于四川省乐山市沙湾区，是大渡河梯级开发的最末一个梯级电站。工程于 1985 年 1 月正式开工，1992 年 4 月水库开始蓄水，同年 10 月第一台机组发电，1994 年 12 月全部 4 台 600MW 机组完建发电。

铜街子水电站主坝为混凝土重力坝，副坝为堆石坝，最大坝高 82.0m。枢纽布置图见图 10.2。

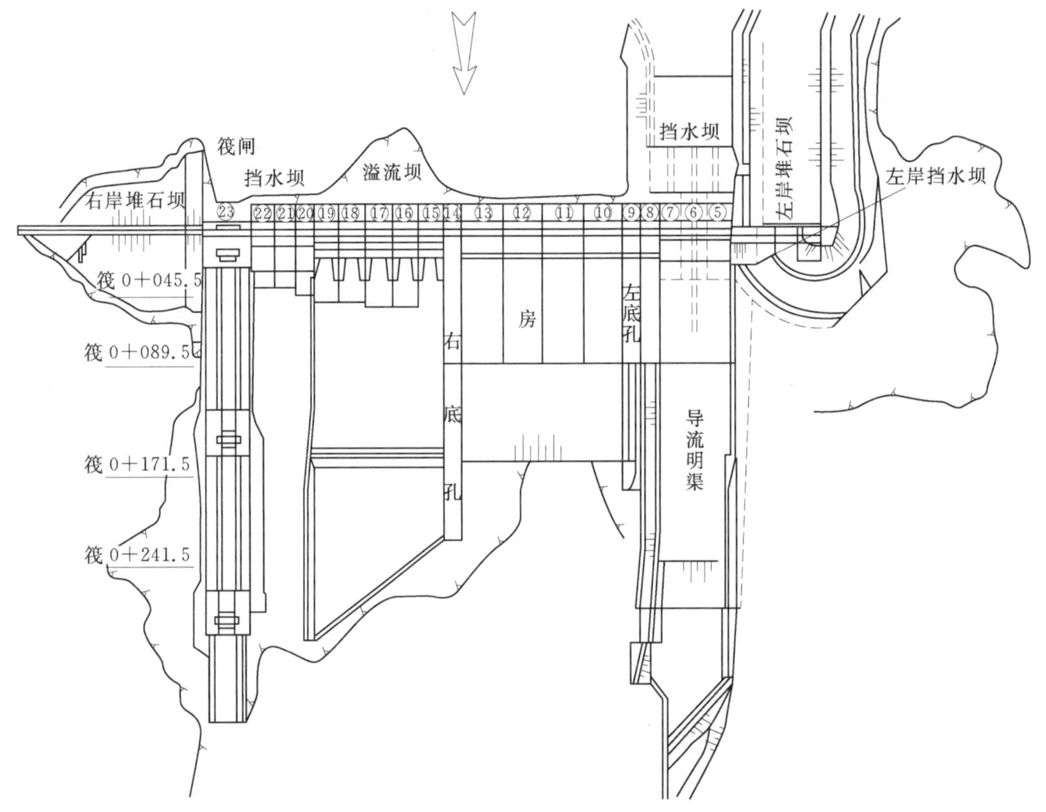

图 10.2 铜街子水电站枢纽平面布置

1. 水文地质条件

坝区出露地层为二叠系峨眉山玄武岩和沙弯组页岩。玄武岩总厚度 200m，其中第 2 层较薄（2～25m），其余各大层厚 30～60m，主体工程建筑物坝基置于第 5 层玄武岩上。各层间受地质构造作用影响，普遍连续分布着倾向下游的层间错动带 C_4 和 C_5 等，第 5 层和第 4 层间有厚度为 0.3～0.4m 的软弱夹层 C_5，该软软弱夹层贯穿整个坝基，加之 F_6、F_9、F_3、F_{3-1}、F_4 等断层切割，破坏了岩体完整性。

大坝地基属于多个含水层的水文地质结构，包括基岩裂隙水地层和玄武岩承压水地层。基岩玄武岩地层原生裂隙和构造断裂发育，渗透性强。压水试验资料表明地层渗透性随深度的增加没有出现降低的现象，在深部分布有弱或微渗透性岩层，岩石的渗透和含水特征由地质构造条件控制。沿着夹层剪切带及平行破碎带之间的层间错动带，形成了高渗透性的断裂顺层带。沿断层方向，层间不透水层被分割，从而形成强渗透性区。在断层垂直方向，形成不透水层。这样，横切断层的承压含水层的水力关系被断层分割开来。

如图 10.3 所示，A 和 B 两处之间的水力联系被 F_3 断层分隔，两个分区的水力特性特不相同。F_3 断层厚度约 2m，走向与河流走向平行，并倾向右岸，倾角约 20°。断层带将平行岩层剖开，形成具有强渗透性的非均质含水网络渗透区。此外，常规现场调查揭示承压水头比河流水位高 0.2～1.1m，并且大部分承压含水层在河床底部或河流上游出露。随着河流蓄水水位增加，为承压水头增加提供了可能的机制。图 10.3 还表明承压水流出区域断层出露位置完全一致。

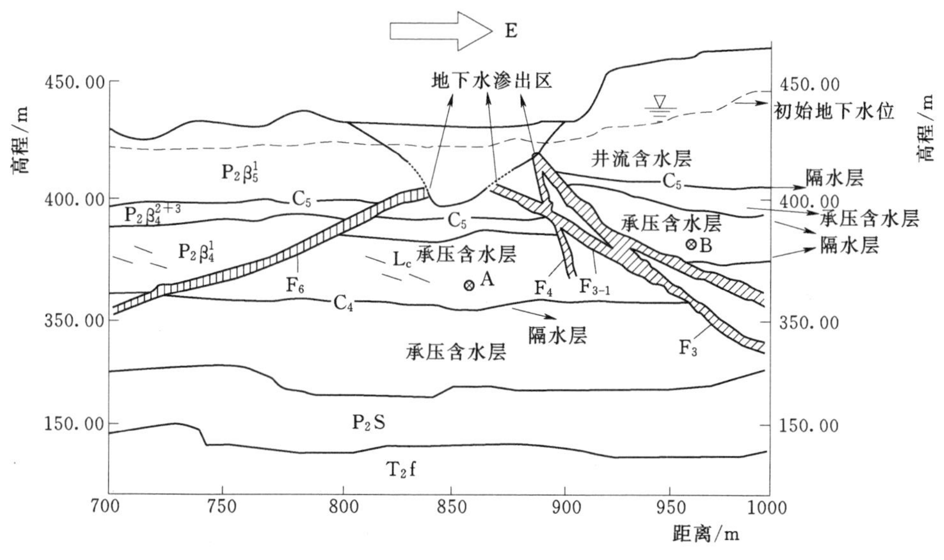

图 10.3　水文地质结构

2. 抬升变形规律

表 10.2 是截至 2004 年坝段抬升变形统计表。根据 1991 年 11 月始测的水准测量成果发现：1992 年 4 月以前表现为坝体下沉，1992 年 4 月 15 日水库蓄水后 18 号坝段以右表现为坝体上抬。大坝和右岸岩体抬升变形最大值分别达到 22.2mm 和 24.3mm。在随后 12 年中（1993—2004 年）大坝抬升变形由 22.2mm 增加到 27.5mm；右岸边坡岩体抬升变形由 24.3mm 增加到 28.9mm。

表 10.2　　水库蓄水后至 2004 年右岸坝段抬升变形量　　单位：mm

测点位置	溢流坝		右岸混凝土挡水坝			筏闸	右岸堆石坝						右岸平洞
	18 号	19 号	20 号	21 号	22 号	23 号	24 号	25 号	26 号	27 号	28 号	29 号	
坝顶	0.0	4.45	5.6	8.63	10.90	15.98	18.4						27.08
廊道	3.91	6.87	9.62	11.81	13.47	16.14	17.2	17.6	17.28	17.07	17.44	17.4	

根据实测成果，抬升变形现象呈现以下规律：

(1) 抬升变形空间分布。铜街子大坝抬升变形发生在坝基和右岸岸坡中。坝顶和廊道的变形规律与趋势基本一致，上抬量也基本相等，基础略大。18 号段及以右坝段、右岸灌浆平洞、筏闸上、下闸室以及大坝下游约 1.0km 的大桥右岸等部位，范围较大。

沿坝轴线方向，18～24 号坝段的抬升变形量梯度较大，至右岸堆石坝段趋缓并略有下降，但右岸灌浆平洞上抬变形量最大，达 27.08mm；沿筏闸纵轴线方向，从上游往下游方向，抬升变形量依次递增，下闸室最大，达 14.68mm；位于右岸堆石坝边坡下游测点（距坝轴线 158m）上抬量值只有对应坝轴线上廊道测点的 1/4。

(2) 抬升变形时间效应。抬升位移主要发生在蓄水期间的第一年；随后大坝和岩体产生缓慢的抬升变形，但抬升变形仍未停止（2011）。

10.2.3 江垭水库大坝及岸坡抬升变形分析

江垭水利枢纽工程位于湖南省慈利县境内澧水支流溇水中游，下距慈利县城 57km。大坝坝高为 131m，是当时世界上已建成的最高的全断面碾压混凝土重力坝之一。图 10.4 为坝址区地形地质平面图。

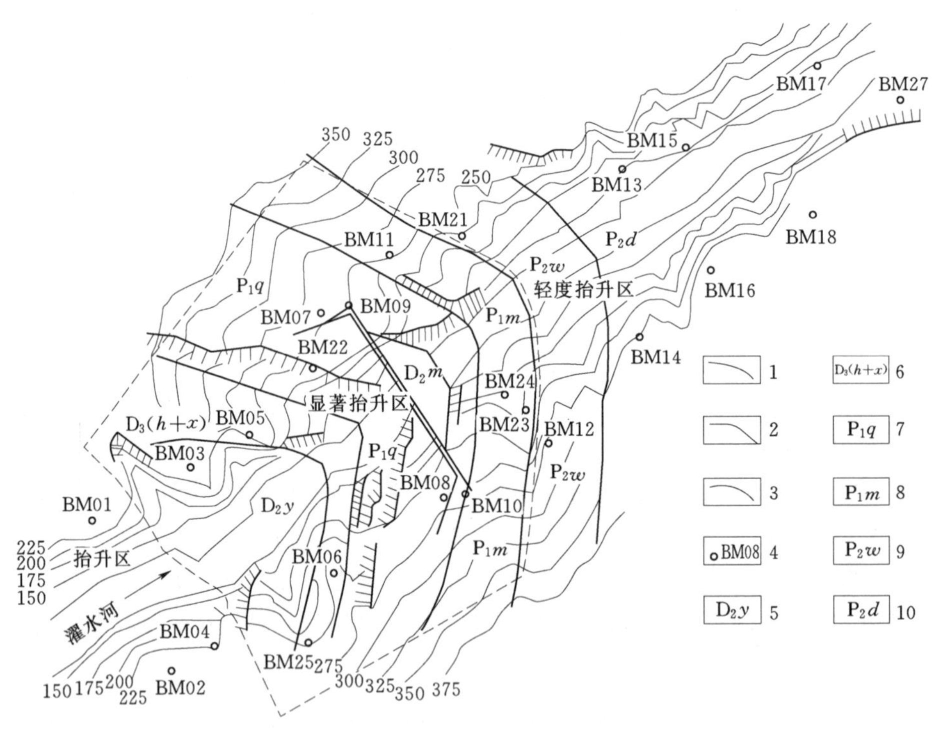

图 10.4　坝址区地形地质平面图

1. 水文地质条件

坝址区在大地构造上位于新华夏系第三隆起带-武陵雪峰山隆起带的东北段，湘西北联合弧形构造的中部。坝址区位于柳枝背斜东南翼江垭向斜的北西翼。

坝址区下伏岩层由隔水与含水岩层互层构成（图 10.5），岩层走向 NE40°～70°，与河流方向近于正交，倾向 SE（下游微偏右岸），倾角 38°左右。其中泥盆纪云台观组（D_2y）厚约 173m 的石英岩夹薄层页岩下伏在大坝坝基 100m 以下，它是江垭向斜深循环承压热水的含水层。该层在江垭向斜下游南翼出露地面接受大气降水补给，通过埋深达 1800m 向斜轴部的深循环，在其北翼大坝上游娄水河谷排出，出露热水泉，水温 36～53℃，该含水层综合渗透系数 K 值约为 1m/d。在坝区覆于 D_2y 之上为二叠系栖霞组（$P_1^2q+P_1^3q$），茅口组（$P_1^{4-2}q$～P_1m）的多层岩溶含水层，岩溶水主要发育在浅表部卸荷岩溶发育带中，均未见深循环热水。上述含水层间被相对隔水层（T_2b，P_2，D_3，S_2，D_2x）分隔。

坝址两岸岩体卸荷裂隙发育。云台观石英砂岩出露段卸荷裂隙发育深度可达 50～70m。岩体中的节理裂隙（弱卸荷带）主要发育有：①顺层方向的层面裂隙；②垂直层面的早期 X 共轭裂隙；③走向与岩层近于一致，反倾向的层间错动面。

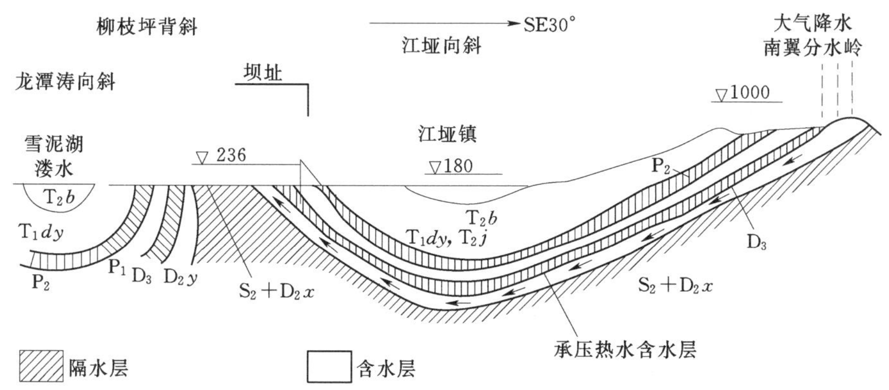

图 10.5　坝址区横切柳枝坪背斜-江垭向斜地质剖面示意图（高程：m）

隔水层：T_2b，P_2，D_3，S_2，D_2x；含水层：T_1dy，T_2j，P_1，D_2y。

“←”表示热水含水层补给水运移方向（根据湖南省水利水电勘测设计研究总院，2001 年）

2. 抬升变形规律

图 10.6 为右岸坝段测点抬升变形空间分布，图 10.7 库水水位与大坝 120m 廊道抬升位移过程线图。江垭水库于 1998 年 8 月开始蓄水，库水位达到 170m；2000 年 11 月蓄水至正常高水位（235.7m）。在 1998 年 12 月至 2001 年 4 月的 13 次监测中，大坝抬升变形量达到 28.4～32.6mm；坝肩山体抬升量也达到 3.63～19.08mm。大坝及岸坡抬升变形总体趋势如下：

（1）河谷中央部位的坝段上升幅度大于两岸，且左侧略高于右侧。

（2）抬升自上游 D_2y 出露处（左岸 BM03JY 和右岸的 BM25JY），向下游增高，随后递降，总的趋势表现为向下游逐渐降低。

（3）大坝下游两岸测点显示左岸有向 NE 方向移动的迹象；大坝上游左、右岸（如 TN03JY 和 TN04JY 两点）出现向上游（NW）位移；TN05JY 和 TN06JY 点（距坝较近）也出现向水库位移迹象。

（4）坝顶与坝基变形同步，坝体与坝基差异变形不明显，为整体抬升。坝基与两岸坝肩变形协调，表现为均匀过渡。

(5) 抬升的幅值变化与库水位的升降密切相关，对库水位回落反应滞后1个月，且变形不能完全恢复。

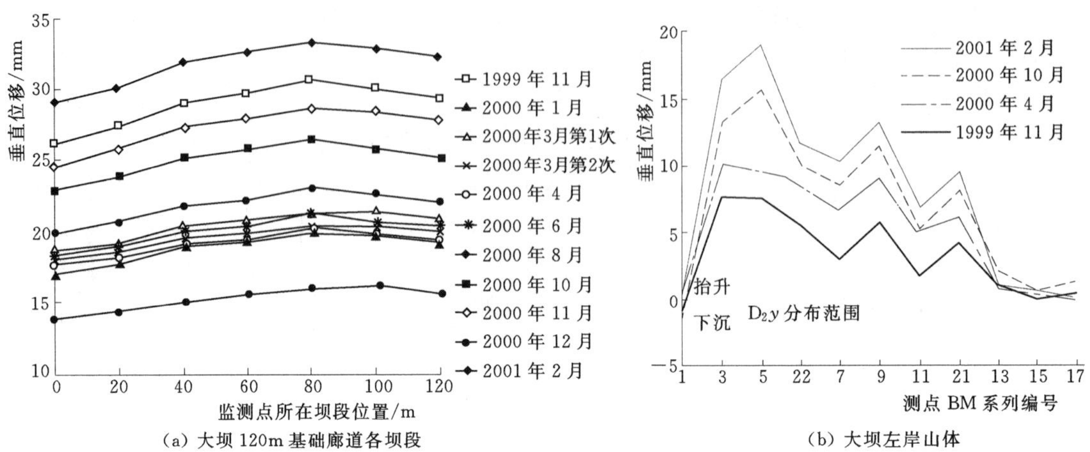

(a) 大坝120m基础廊道各坝段　　(b) 大坝左岸山体

图10.6　垂直位移空间分布图

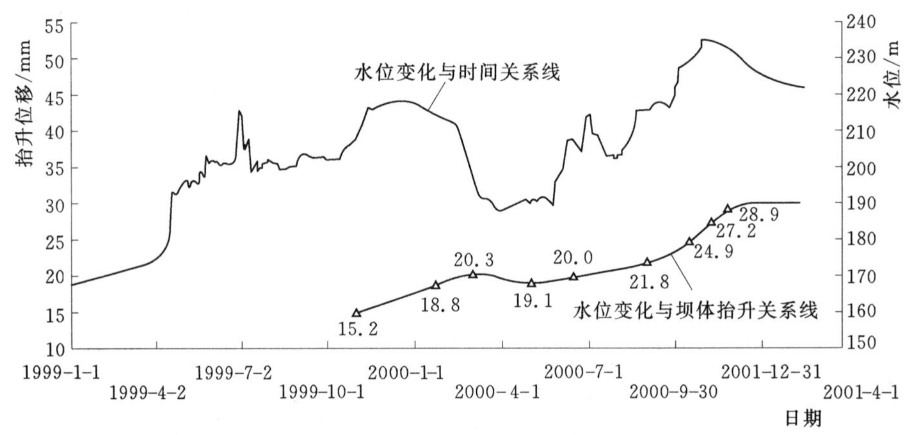

图10.7　库水水位与大坝120m廊道抬升位移过程线

10.2.4　坝基抬升变形的影响因素及危害

世界范围修建高坝有很多，但报道产生抬升变形的工程却很少。苏联工程师哈基莫娃在对英古里电站的资料分析基础上，提出了抬升变形的估算公式，并分析了抬升变形主要由静水压力和动水压力作用分别引起。

清华大学水利水电工程系（Xiaoli Liu，Sijing Wang，Enzhi Wang，2011）对铜街子大坝及右岸岸坡抬升变形进行了专题研究，他们认为，影响铜街子大坝及右岸岸坡抬升变形的主要因素有：一是分布在坝址区承压含水层作用；二是大坝和坝基强度参数的弱化以及构造应力的组合影响。中科院地球物理所研究采用三维数值分析方法和成都理工大学采用物理实验方法对江垭抬升变形进行分析后，提出江垭抬升变形的主要因素可能有岩体中

含遇水膨胀性矿物影响、坝基岩溶含水层内来自库内渗水及山体地下水扬压力的影响、构造应力的影响、坝基深部温度场变化的影响以及承压热水层内承压水头变化的影响等。

目前，对水库蓄水引起的抬升变形现象还缺乏系统性的分析成果。从定性分析的角度看，地质构造及地下水渗流状态的改变是影响产生抬升变形的主要因素。

1. 地质构造因素

从可查的文献资料看，英古里电站坝址是弱透水的灰岩，在拱坝下游不远处有一层与大坝近于平行分布的陡倾角隔水层。由于它的阻挡，渗流增加了向上的渗压，致使基岩的抬升加剧。

2. 地下水作用

（1）静水压力因素。对于岸坡抬升变形，一种观点认为是位于原地下水位以上的岩体，因蓄水后浸入水下变轻而发生抬升。对于蓄水初期的沉降现象，一般认为是在弱透水的裂隙岩体中，蓄水初期水迅速渗入较大的裂隙中，但尚未渗入到岩体的孔隙或网状微裂隙中，此时库水给岩块以附加压力，导致地表下沉。随后当水充入孔隙和微裂隙中，使其内部的压力与较大裂隙内的压力平衡。此后，水只产生中性压力，而有效应力减少，变形又渐渐恢复，变形性质表现为抬升变形。

（2）动水压力因素。工程师哈基莫娃提出的坝基总抬升变形值主要由浮托力引起的抬升变形值和动水压力引起的抬升变形值组成。

1）动水压力引起的抬升值 ΔS_1（坝基下的绕渗区）

$$\Delta S_1 = \frac{\beta}{2E} i \rho_w g y^2 \tag{10.1}$$

式中：β 为因未计侧胀而给的修正系数；E 为岩体变形模量；i 为水力坡降；ρ_w 为水的密度；g 为重力加速度；y 为绕渗区的厚度（该范围内作用有坡降 i）。

2）浮托力引起的抬升值 ΔS_2

$$\Delta S_2 = \frac{\beta}{2E} \gamma_w (1-\phi)(h^2 + 2hh_1) \tag{10.2}$$

式中：γ_w 为水的重度；ϕ 为岩体孔隙率；h_1 为蓄水前含水层厚度；h 为蓄水前、后计算点处的水位差；其余符号意义同前。

3）计算点抬升值 S

$$S = \Delta S_1 + \Delta S_2 \tag{10.3}$$

哈基莫娃用上述近似公式分析后指出：在帷幕下游地段，上升水流的动水压力对该地段基岩的抬升是主要因素；而帷幕上游地段，向下渗透的动水压力与水对岩体的浮力抵消了很多。

上述近似计算公式中，包含了一些具体的影响因素，例如：计算区的含水层厚度、渗流坡降、蓄水前后地下水位的差值和岩体变形模量等。

3. 基岩抬升变形的危害

关于抬升变形对大坝及岸坡的影响，根据目前的资料，尚未见到由此而引起严重后果的报导。由于河床坝段与高处岸坡坝段的抬升值不同，甚至有沉降与抬升之别，显然这种变形会影响大坝的应力及分布，甚至影响其寿命。此外，抬升变形是否会对防渗帷幕带来不利影响，也是值得关注的问题。因此，对抬升变形应该进行认真的观测和研究。

10.3 岸坡抬升变形的水文地质条件

大坝及岸坡产生抬升变形的直接诱因是水库蓄水。水库蓄水后导致坝基及岸坡渗流场发生重大变化，进而引起坝基及边坡产生抬升变形。综合分析现有文献后，发现产生抬升变形的工程都存在以下共同点：

(1) 抬升区域存在倾向下游的相对隔水层。例如，英古里电站坝址下游不远处有一层与大坝近于平行分布的陡倾角隔水层；铜街子电站右岸分布有厚度约 2m 的 F_3 断层（相对隔水层），其走向与河流走向平行，并倾向下游偏右岸，倾角约 20°；江垭水电站坝址区下伏岩层隔水层（T_2b，P_2，D_3，S_2，D_2x），相对隔水岩层走向 NE40°～70°，与河流方向近于正交，倾向 SE（下游微偏右岸），倾角 38°左右；向家坝左岸边坡则分布有倾向下游的挤压破碎带，其透水率小于 1.0Lu。

(2) 抬升区域位于隔水层上盘。例如、铜街子抬升变形部位集中在 F_3 上盘的右岸坝段及右岸岸坡区域；江垭电站大坝坝址上下游的左右两岸及大坝均位于相对隔水层的上盘区域；向家坝左岸边坡抬升变形区则位于挤压破碎带上盘之上。

特定的水文地质结构是大坝及岸坡在蓄水后产生抬升变形的根本原因。水库蓄水则作为外部因素，改变的是坝址区地下水渗流场，导致隔水层下盘岩体中水压力升高，并形成向上作用的渗透力。

基于上述认识，可以推断：坝基或库岸边坡存在倾向下游的相对隔水层以及隔水层下存在透水性较大的水文地质结构层是产生抬升变形的必要条件之一。

10.4 坝基及岸坡抬升变形分析理论

特定的水文地质结构是岸坡产生抬升变形的内因，而水库蓄水引起的渗流场改变则是导致抬升变形的直接诱因。从水力学观点看，渗流场改变导致岩土体中的水压力分布发生变化，并形成新的水力梯度场。从力学观点看，一切变形（包括抬升变形）都是岩土体受力状态发生改变的结果。从多孔介质力学理论看，等温条件下岩土介质水压力的变化是岩体变形和渗流条件改变的结果；对岩土体骨架受力状态来说，孔隙（裂隙）水压力变化则引起岩土体有效应力的变化，进而引起新的变形产生。由此可见，水库蓄水过程中岸坡岩土体应力场（变形场）与渗流场之间相互影响、相互作用，直至完全达到新的平衡态。因此，抬升变形的研究应采用孔隙介质流固耦合分析理论进行分析。坝基及岸坡的抬升变形分析的流固耦合理论及模型见第 2 章。

10.5 抬升变形机理数值试验

成都理工的王兰生等在江垭水电站大坝抬升变形研究中，通过对裂隙岩体在高渗压条

件下的体积变形物理试验，提出了岩体的孔隙水压力扩容机制。为了进一步研究裂隙岩体在孔隙水压力变化条件下变形机制，采用数值模拟方法来再现内应力（孔隙水压力）变化条件下的体积变化规律。

10.5.1　数值试验模型

计算方法：为了研究数值试件在孔隙水压力变化条件下的变形，采用基于流固耦合理论的数值分析方法进行计算。

数值模型：选用 0.1m×0.1m×0.1m 的试件进行数值网格剖分，计算网格见图 10.8。

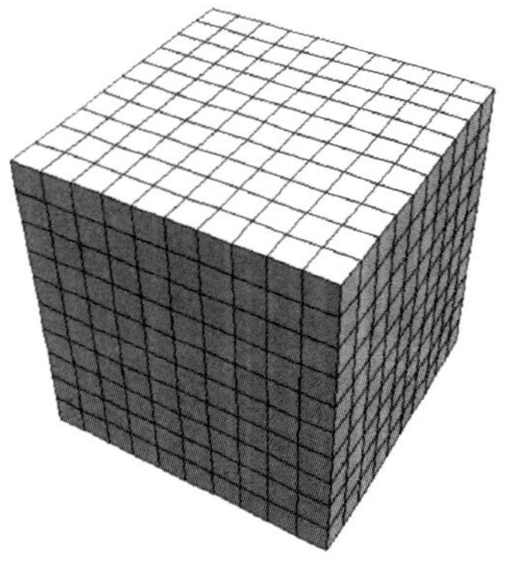

图 10.8　数值试件网格

水力学边界：试件上下面施加孔隙水压力边界，其余各面为不透水边界，见图 10.9（a）。

力学边界条件：试件 6 个面上分别施加应力边界，见图 10.9（b）。

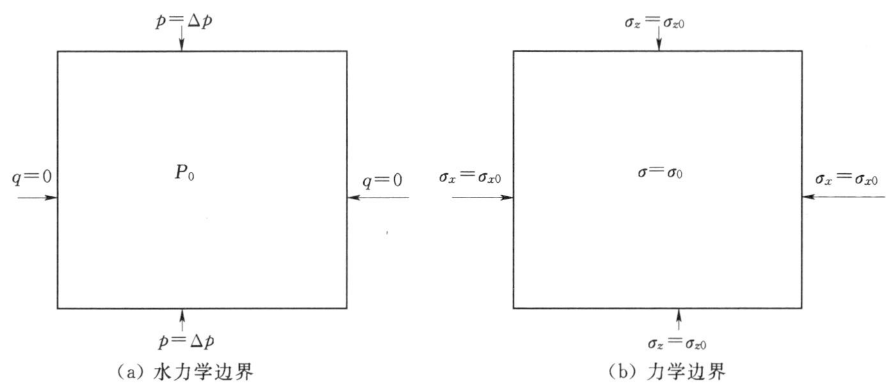

图 10.9　计算边界条件示意

初始条件：产生抬升变形的区域岩体一般都具有一定的初始地应力和孔隙水压力，因此，计算模型分别考虑不同的初始应力和初始孔隙水压力。

10.5.2　研究方案

方案一：初始孔隙压力一定，试件变形模量取 5.0GPa，渗透系数取 1.0×10^{-5}cm/s。分别改变初始应力场 σ_0 大小和试件中孔隙水压力增量 Δp。计算情况主要考察不同初始应力场条件下，岩体孔隙水压力变化对试件体积变形的影响。

方案二：初始孔隙压力一定，初始应力一定，试件变形模量取 5.0GPa。分别变化渗透系数和试件中孔隙水压力增量 Δp。计算情况主要考察不同渗透系数条件下，岩体孔隙水压力变化对试件体积变形的影响。

方案三：初始孔隙压力一定，初始应力一定，渗透系数取 1.0×10^{-4}cm/s。分别变化岩体变形模量和试件中孔隙水压力增量 Δp。计算情况主要考察不同变形模量条件下，岩体孔隙水压力变化对试件体积变形的影响。

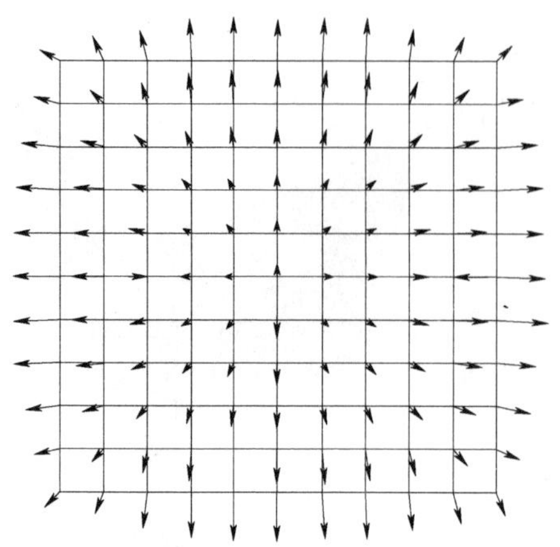

图 10.10　典型计算条件下位移矢量图

10.5.3　数值试验成果及分析

图 10.10 为铅直初始应力 0.2MPa、水平初始应力 0.1MPa，孔隙压力升高 0.5MPa，变形模量 1.0GPa，渗透系数 1.0×10^{-5}cm/s 条件下的位移矢量图。由图 10.10 可知，立方体试件在边界总应力不变条件下，由于试件中的孔隙水压力升高，导致了整个试件产生膨胀变形，即试件在孔隙水压力升高的条件下产生了扩容现象。这一结论与物理实验得到的结论相同。由此可见，采用流固耦合分析理论完全可以模拟岩体在孔隙水压力升高条件下的扩容现象。

表 10.3～表 10.5 分别为数值试件在方案一、方案二和方案三条件下的计算成果。

表 10.3　　方案一体积应变统计表

σ_{v0}/kPa	Δp/kPa				
	100	200	500	1000	1500
200	1.501×10^{-7}	5.753×10^{-6}	1.764×10^{-5}	3.782×10^{-5}	5.779×10^{-5}
500	1.899×10^{-7}	5.944×10^{-6}	1.752×10^{-5}	3.745×10^{-5}	5.696×10^{-5}
1000	1.897×10^{-7}	5.932×10^{-6}	1.748×10^{-5}	3.766×10^{-5}	5.698×10^{-5}
2000	1.897×10^{-7}	5.937×10^{-6}	1.749×10^{-5}	3.758×10^{-5}	5.679×10^{-5}
4000	1.897×10^{-7}	5.934×10^{-6}	1.749×10^{-5}	3.766×10^{-5}	5.682×10^{-5}

表 10.4　　方案二体积应变统计表

k/(cm/s)	Δp/kPa				
	100	200	500	1000	1500
1.0×10^{-5}	1.501×10^{-7}	5.753×10^{-6}	1.764×10^{-5}	3.782×10^{-5}	5.779×10^{-5}
1.0×10^{-4}	1.997×10^{-7}	7.884×10^{-6}	2.364×10^{-5}	5.148×10^{-5}	7.888×10^{-5}
1.0×10^{-3}	2.367×10^{-7}	9.461×10^{-6}	2.851×10^{-5}	6.347×10^{-5}	9.595×10^{-5}

表 10.5　　方案三体积应变统计表

E/GPa	Δp/kPa				
	100	200	500	1000	1500
0.5	3.018×10^{-7}	1.098×10^{-5}	3.313×10^{-5}	6.906×10^{-5}	1.056×10^{-4}
1.0	2.856×10^{-7}	1.045×10^{-5}	3.171×10^{-5}	6.601×10^{-5}	1.008×10^{-4}
3.0	2.351×10^{-7}	8.841×10^{-6}	2.694×10^{-5}	5.804×10^{-5}	8.744×10^{-5}
5.0	1.997×10^{-7}	7.884×10^{-6}	2.364×10^{-5}	5.148×10^{-5}	7.888×10^{-5}
10.0	1.485×10^{-7}	5.903×10^{-6}	1.791×10^{-5}	4.046×10^{-5}	6.101×10^{-5}

1. 孔隙水压力增量对体积应变的影响

图10.11根据表10.3～表10.5绘制的孔压增量与体积应变关系图，其中纵坐标为对数坐标。由表可知，当试件初始应力数值较低时（铅直应力200kPa，水平应力100kPa，相当于地表以下10m深度），数值试件中孔隙水压力增量为100kPa（相当于10m水头）所引起的体积应变为1.50×10^{-7}；孔隙水压力增量为1500kPa（相当于150m水头）所引起的体积应变为5.779×10^{-5}。其他条件相同情况下，岩体中的孔隙水压力水头由10m升高到150m后，其体积应变增加了2个数量级。由此可见，孔隙水压力增量越大，岩体中产生的体积应变越大，即膨胀程度越大。

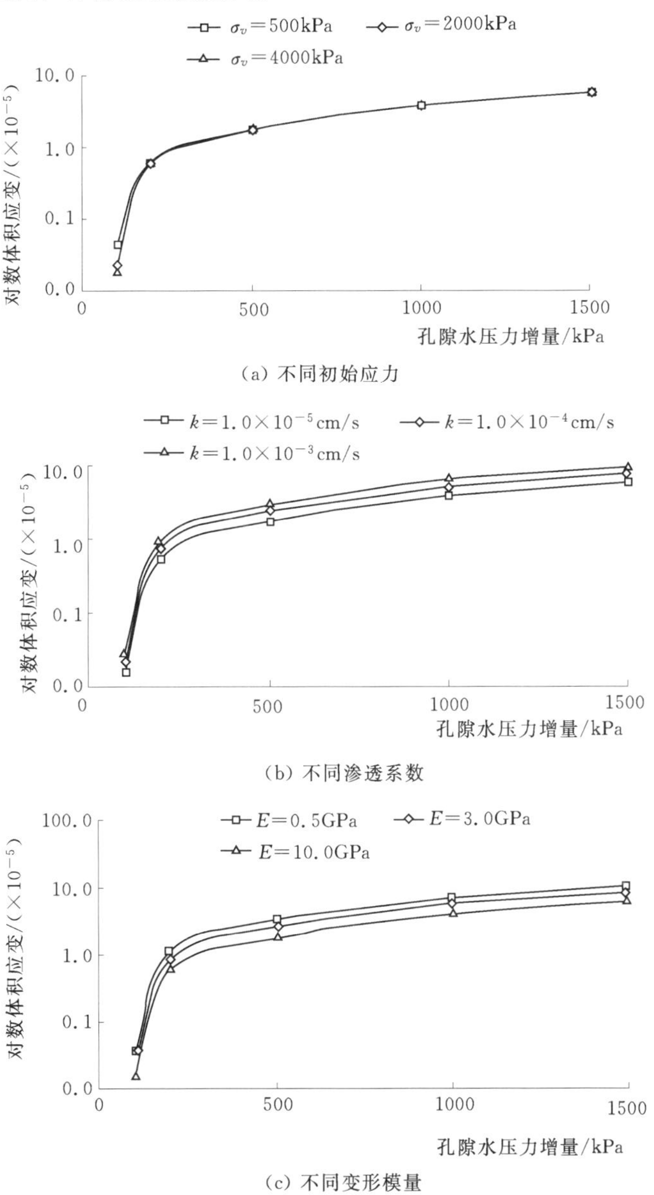

图10.11 孔隙压力增量与体积应变关系

图 10.11 表明在初始应力、渗透系数及变形模量各不相同的情况下，数值试件的体积应变与孔隙水压力增量之间呈显著非线性变化关系。体积应变在孔隙水压力增量为200kPa 附近，变化幅度最大。

岩体初始应力、渗透系数及变形模量变化条件下，岩体体积应变变化规律高度一致，即孔隙水压力增量较小时，引起的体积应变小；孔隙水压力增量较大情况下，体积应变值大。

2. 初始应力场对体积应变的影响

图 10.12 为体积应变与初始应力之间关系图。由图 10.12 可知，在岩体试件孔隙水压力增量相同情况下，岩体的对数体积应变与初始应力大小之间基本呈水平变化关系，表明岩体中的初始应力值大小对孔隙压力引起的体积应变影响很微弱。这说明，无论自然界中的岩体埋深有多大，只要作用在其中的孔隙水压力相同，其体积应变基本相同，即深层和浅层岩体在孔隙水压力升高条件下都会产生体积膨胀扩容的现象。

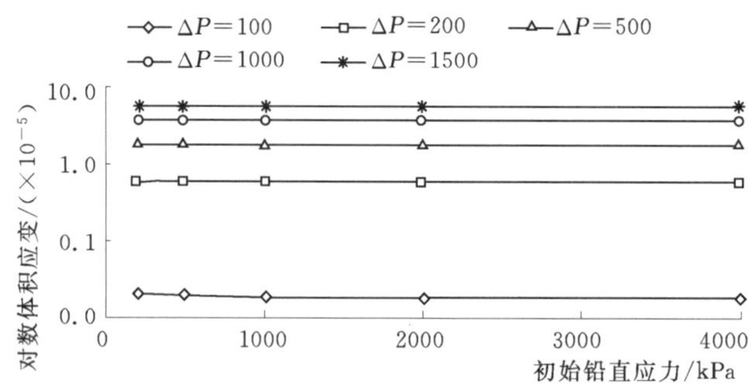

图 10.12　体积应变与初始应力关系

3. 岩体渗透系数对体积应变的影响

图 10.13 为岩体渗透系数与体积应变之间关系图。由图 10.13 可知，在岩体试件孔隙水压力增量相同情况下，岩体对数体积应变与对数渗透系数大小之间呈线性增加关系。岩体渗透系数增加 1 个数量级，体积应变增加约 30%～40%。表明岩体中渗透系数大小对孔隙压力增加引起的体积应变影响有较大的影响。

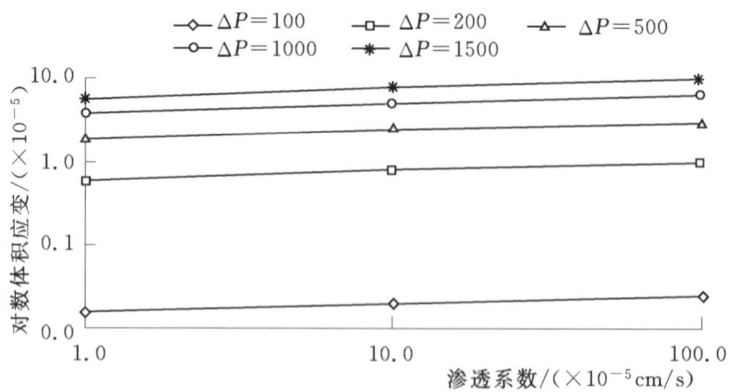

图 10.13　渗透系数与体积应变关系

自然界中岩体渗透系数一般与埋深有关，大多数情况下，埋深越大，渗透系数越小；埋深越小，渗透系数越大。按照这条规律，水库蓄水后，浅层岩体渗透性大于深层岩体渗透性，故浅层膨胀变形大于深层岩体的膨胀变形。

4. 变形模量对体积应变的影响

图 10.14 为岩体变形模量与体积应变之间关系图。由图 10.14 可知，在岩体试件孔隙水压力增量相同情况下，岩体对数体积应变与变形模量大小之间也呈近似线性相关关系。岩体变形模量越小，孔隙压力引起的体积应变越大。

自然界中岩体变形模量一般也与埋深有关，大多数情况下，埋深越大，变形模量越大；埋深越小，变形模量越小。依据图 10.14 关系可知，水库蓄水后，总体上浅层岩体体积膨胀变形大于深层岩体的体积膨胀变形。

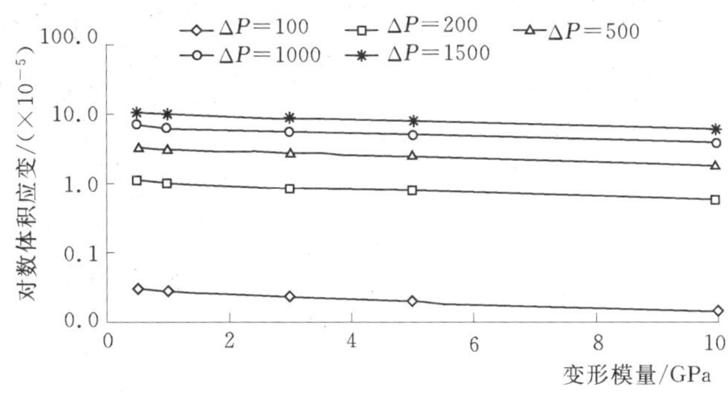

图 10.14　变形模量与体积应变关系

10.6　向家坝左岸边坡抬升变形研究

10.6.1　计算模型

数值分析建模考虑了坝基防渗帷幕和排水系统。数值模型考虑的地层岩组有 $J_{1-2}z$、T_3^4、T_3^3、T_3^{2-6-4}、T_3^{2-6-3}、T_3^{2-6-2}、T_3^{2-6-1}、T_3^{2-5}、T_3^{2-4}、T_3^{2-3}、T_3^{2-2}、T_3^{2-1}、T_3^1，挤压破碎带、左岸坝基混凝土置换区、左非 5～19 坝段及灌浆帷幕等地层或结构。泄水孔按线单元建模。

图 10.15 为左岸边坡抬升变形计算网格图。计算网格数量 249648 个，网格节点数量 49005 个。计算范围，坝轴线向上游方向延伸 250m，向下游方向延伸 500m；沿山体厚度方向延伸 400m，模型底部高程－100.00m，边坡表面最大高程 674.00m。

考虑防渗帷幕和左岸挤压破碎带渗透性较小（小于 1.0Lu），对边坡渗流场分布至关重要，因此，数值计算模型对这两者分别进行建模。图 10.16 为左岸边坡防渗帷幕与挤压破碎带网格剖分图。

左岸边坡抬升变形分析坐标系与坝基整体三维计算模型相同，即坐标原点水平位置布置在坝轴线与左右坝段分界线的交点上，铅直位置在高程为 0.0m 处。顺河方向为 x 轴

（厂房坝段和泄水坝段分界线）方向，指向下游为正；坝轴线方向为 y 轴，指向左岸为正；z 轴铅直向上为正方向。

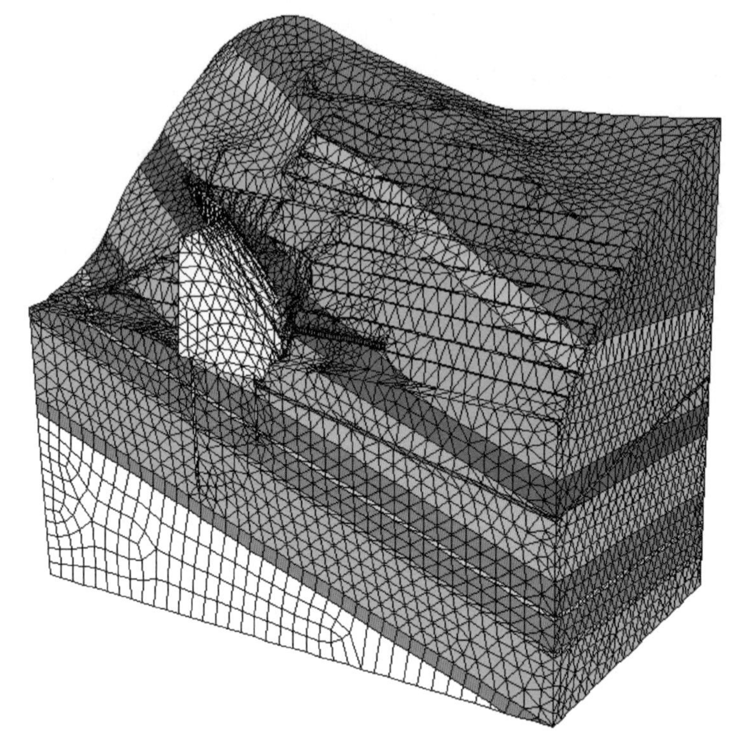

图 10.15 左岸坝基及边坡计算网格

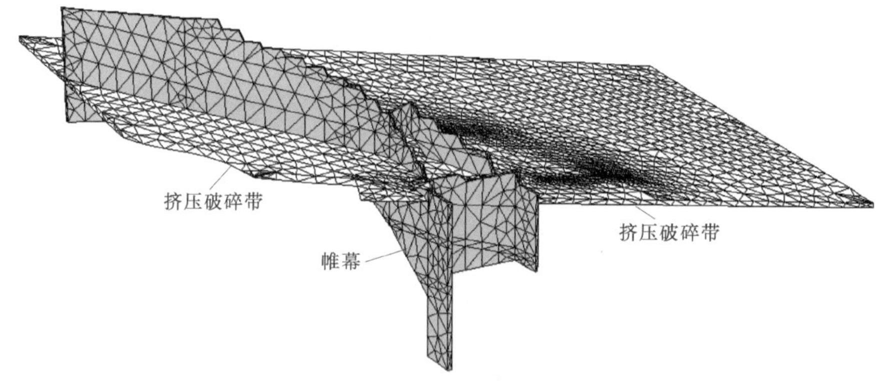

图 10.16 帷幕及挤压破碎带网格

初始条件对于边坡渗流场和应力场计算至关重要。

对于边坡初始应力场来说，边坡表层受开挖或自然卸荷作用，经过长时间的应力调整，其应力场应该已经接近自重应力场，因此，应力计算按自重应力场考虑。

关于边坡初始渗流场的认识，目前无论是在工程界还是学术界，其相应的重视程度都还不够。在水利工程中，对于那些只需要了解几种特定工况下的稳定渗流场计算，在数值模拟中便无需确定初始渗流场；然而，如果需要认识、了解坝基或边坡渗流场的变化过

程，并进行非稳定渗流场计算，此时则必须确定初始渗流场的状态。

左岸边坡抬升变形是边坡中渗流场变化与应力场耦合作用的结果，是一个非稳定渗流计算过程，因此，需要确定左岸边坡的初始渗流场。然而，从现有的资料来看，工程前期向家坝左岸边坡的水文孔揭示的地下水位分布与工程后期蓄水前获得的地下水位资料之间，差异性较大。前期钻孔资料显示，左岸左非 5～19 坝段施工前的常年地下水位较低，水位最高值 286m。然而，根据水库第一期蓄水前的左非坝段附近的水位孔资料显示，坝头附近的地下水位一般在 330.00m 左右，最高水位孔 OH1－1 水位超过 370.00m 高程。这为左岸边坡初始渗流场确定带来困惑。考虑到本阶段研究任务左岸边坡在渗流场作用下引起的变形，经过大量试算工作后，从满足边坡变形研究的需要出发，决定采用蓄水前的地下水位孔资料进行初始渗流的试算。

力学边界：铅直边界取水平位移约束；计算模型底边界取铅直水平约束。

水力学边界：顺河向上下游铅直面取不渗透边界；河流及水库淹没边界为变水头边界，山体内侧边界为水头边界；模型底边界为不渗透边界。

结合设计院提供的岩体分类参数表，确定力学计算和渗流计算的参数取值，分别见表 10.6 和表 10.7。

表 10.6　　　　数值计算参数表

岩体类别	密度 /(kN/m³)	抗剪强度参数		变形模量 /GPa	泊松比 μ
		c/MPa	φ/(°)		
Ⅲ$_1$	26.0	1.0	43	8.0	0.25
Ⅲ$_2$	26.0	0.8	39	4.5	0.28
Ⅳ	26.0	0.55	31	2.5	0.30
挤压带	23.5	0.4	22	1.0	0.35
混凝土	24.5	1.1	45	30.0	0.167

表 10.7　　　　渗透系数取值表

名称	埋深			帷幕	挤压带	混凝土
	0～110m	110～230m	230～360m			
渗透系数 /($\times 10^{-5}$cm/s)	100.37	53.3	11.27	1.2	0.9	1×10^{-5}

力学荷载包括：边坡及大坝重力；上游水库及下游河道作用于边坡和大坝上的水压力（面力）；渗透力。

10.6.2　计算步骤

第一步，边坡自重初始应力场计算，单一力学计算。

第二步，边坡初始渗流场计算，单一渗流计算。

第三步，蓄水前渗流应力耦合计算，计算时段 2012 年 1 月 1 日至 10 月 9 日，流固耦合计算。

第四步，第一期蓄水过程模拟，计算时段2012年10月10日—2013年6月24日，流固耦合计算。

第五步，第二期蓄水过程模拟，计算时段2013年6月25日—9月6日，流固耦合计算。

第六步，第三期蓄水过程模拟，计算时段2013年9月7日—2014年3月30日，流固耦合计算。

10.6.3 边坡渗压及位移变化过程分析

1. 渗压分析

实测资料表明边坡抬升变形较大区域主要发生在左岸坝后300m范围。因此，主要分析布置在该区域的渗压计孔隙水压力变化过程。图10.17为左岸防渗帷幕前地下水位观测孔OH1-10水位过程线。

图10.17表明：由于边坡表层岩土体的渗透性强，防渗帷幕前的边坡岩体中的渗压变化与蓄水过程相一致。边坡水位实测初始值与计算值存在一定差异，但计算值和实测值变化过程及规律完全相同。由此可见，渗流模型很好地反映了左岸防渗帷幕前岩体中渗流场变化特点。

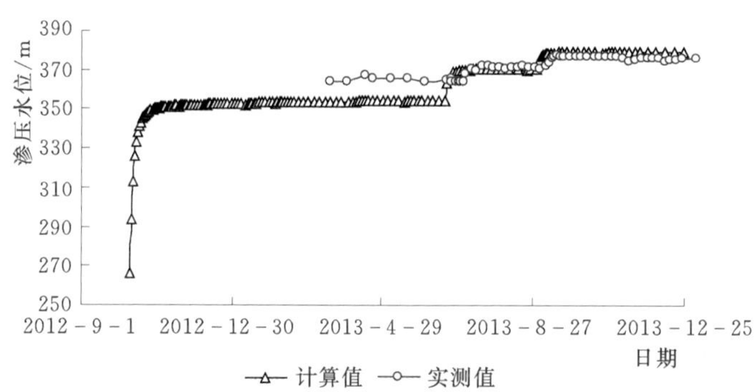

图10.17 左岸防渗帷幕前地下水位观测孔OH1-10水位过程线

图10.18和图10.19给出了左岸防渗帷幕后高程380.00m以下、左非坝段坝后边坡布置的水文孔水位变化过程线的计算值与实测值对比。水文孔实测值始于2013年4月8日；数值模拟时间始于2012年10月9日。

通过对现有部分地下水位实测资料的分析可知，左岸近坝边坡内地下水位面的分布形态极其复杂。这种情况导致边坡初始渗流场分布的确定十分困难。对于非恒定渗流分析来说，初始渗流场是否准确是影响边坡渗流场空间分布变化的基础。图10.18和图10.19表明左岸坝后边坡水文孔的计算水位变化过程总体上与实测水位变化过程相吻合。

2013年4月28日后，水文孔BGZK04-01水文计算过程线与实测过程线的上升和下降阶段基本一致，但计算值变化幅度相对较大，实测值变化幅度相对较小。BGZK04-02水位过程计算值与实测值变化过程总体一致，但二期蓄水后的水位变化计算值变化幅度明显小于实测值的变化幅度。由于BGZK04-02位于挤压带之下，表明挤压带下的地下水

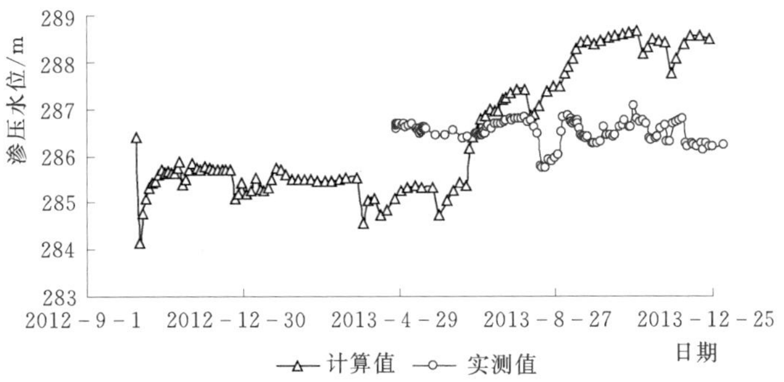

图10.18　水文孔BGZK04-01水位变化过程线

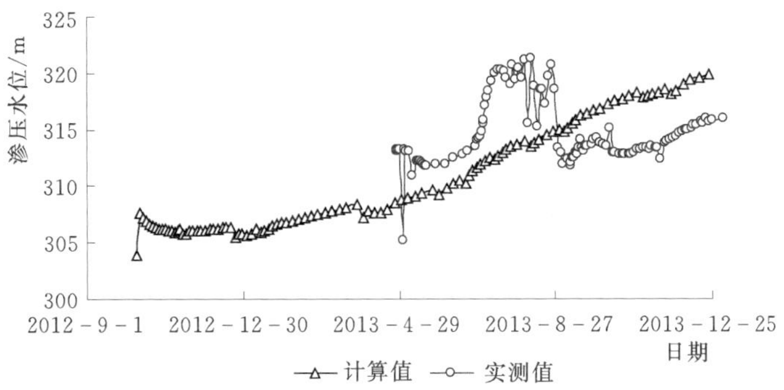

图10.19　水文孔BGZK04-02水位变化过程线

呈现承压水的特点。

BGZK04-02水位在2013年8月24日后出现快速下降，可能是布置于边坡高程280.00m左右的泄压孔开始工作的结果。泄压孔对BGZK04-01水位影响较小，表明泄压孔对挤压带下部的承压水有较好的泄压作用。由于数值模型中BGZK04水位孔距离泄水孔较远，渗流计算模型反映的泄压影响范围小于实测值。

图10.20和图10.21给出了水文孔BGZK07部位挤压带上下盘岩体中的水位变化过程。由于该水位孔位于泄压孔附近，其水位变化，尤其是泄水孔工作后的水位变化计算值与实测值呈现良好的对应关系，表明计算模型可以正确模拟泄水孔附近的水位变化过程。

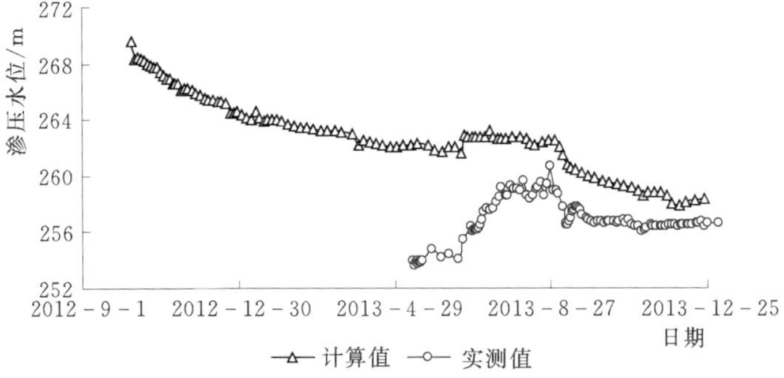

图10.20　水文孔BGZK07-01水位变化过程线

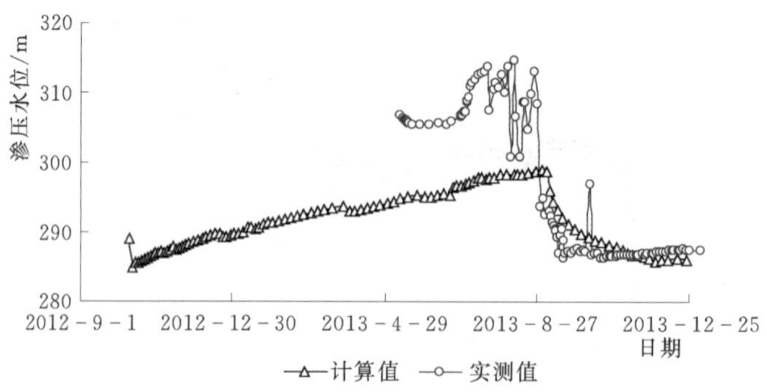

图 10.21　水文孔 BGZK07-02 水位变化过程线

2. 位移过程分析

影响边坡表面变形测点位移变化过程的因素较多，气温、降雨以及地下水位变化等都可能影响边坡表面产生较大变形。蓄水引起的变形有其自身分布特点，其蓄水引起的变化趋势可以进行清晰地判断。基于流固耦合分析的边坡位移变化是对边坡渗流场改变的直接反映，因此，边坡测点计算值的变化是边坡渗流场变化影响的结果。

图 10.22 为左岸坝后边坡 L04（0+141）监测断面 L0404 测点位移过程线。L04 监测断面上的测点顺河向、横河向变形计算值，揭示了 L04 监测部位边坡在蓄水后产生指向下游和指向坡外的变形趋势；坝后 L04 断面上的铅直位移均表现为抬升变形。

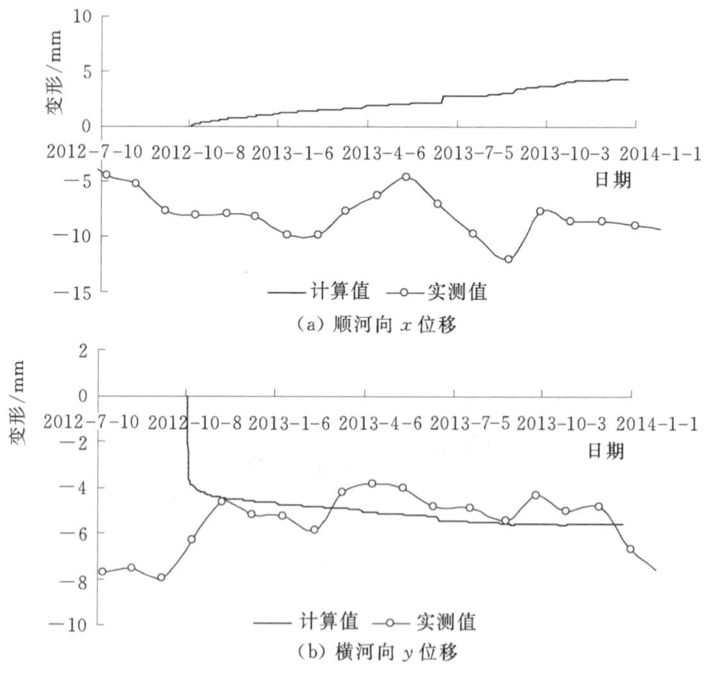

图 10.22（一）　L0404 测点位移过程线

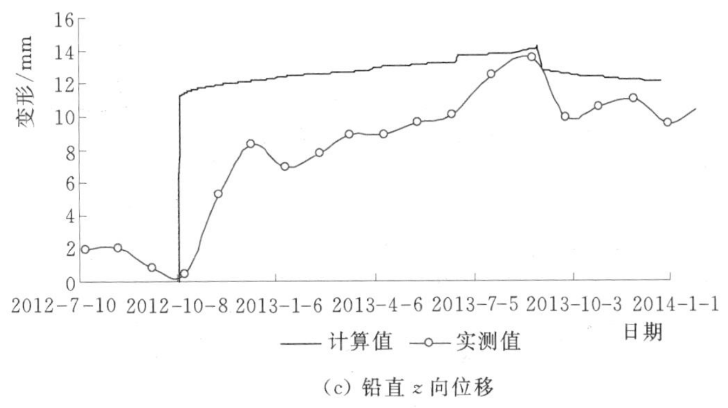

(c) 铅直 z 向位移

图 10.22（二） L0404 测点位移过程线

由于 L04 断面下部存在泄压孔，位于泄压孔附近的 L0402、L0403 以及 L0404 测点抬升位移计算值在泄水孔泄压后出现了位移降低的现象。这种变化趋势与实测值相一致。远离泄压孔的测点抬升位移计算值没有出现明显的降低趋势，但位移增加趋势明显减缓。

蓄水后，L04 断面上水平位移和铅直位移实测值和计算值的变化趋势都相同。L04 断面顺河向边坡实测位移方向总体上指向上游，与计算值相反，但位移计算值变化趋势基本相同，初始值不同。横河向位移计算值和实测值都揭示边坡位移方向是指向坡外；铅直向位移计算值和实测都表现为抬升变形。泄压孔泄水后，靠近泄压孔附近的岩体表面变形均呈下降变形趋势，表明对深层岩体中的地下水压力进行泄压可以有效减小岸坡的抬升变形值。

10.6.4 左岸坝基及边坡岩体变形空间分布特性

图 10.23 为边坡顺河向水平位移等值图。在水库蓄水压力作用下，边坡顺河向位移的最大部位出现在左岸挡水坝段上。上游水库边坡体顺河向水平位移在挤压破碎带上下盘岩体中出现了明显的错动变形；上盘岩体顺河向水平位移大，下盘岩体顺河向位移相对较小。大坝下游的边坡中，挤压带上下盘岩体错动变形不明显。错动变形的发生，对左岸坝基防渗帷幕是一种潜在不安全因素。

图 10.24 为边坡横河向水平位移等值图。在水库蓄水压力作用下，边坡横河向位移的最大值出现在挤压破碎带上盘岩体中。上游水库边坡挤压破碎带上盘岩体发生向外运动的变形；下盘岩体在库水压力作用下发生向边坡里面运动的变形。左非挡水坝段下游边坡表面变形均为指向坡体外的变形。同样，上游水库边坡横河向水平位移在挤压破碎带上下盘岩体中也出现了明显的错动变形。

图 10.25 为边坡铅直位移等值图。在高程 380.00m 水库蓄水压力作用下，水库淹没范围的边坡体产生沉降位移，最大沉降变形约 12.0mm。左岸坝基及下游边坡产生明显抬升变形。抬升变形最大部位出现在左坡 0＋140～0＋300 范围内。最大抬升变形计算值约 14.5mm，与实测值接近。

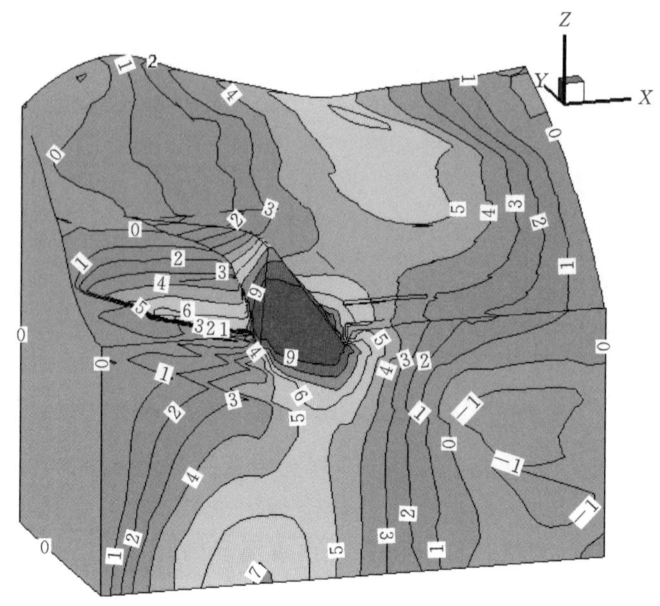

图 10.23　左岸近坝边坡顺河 X 向位移等值图（单位：mm）

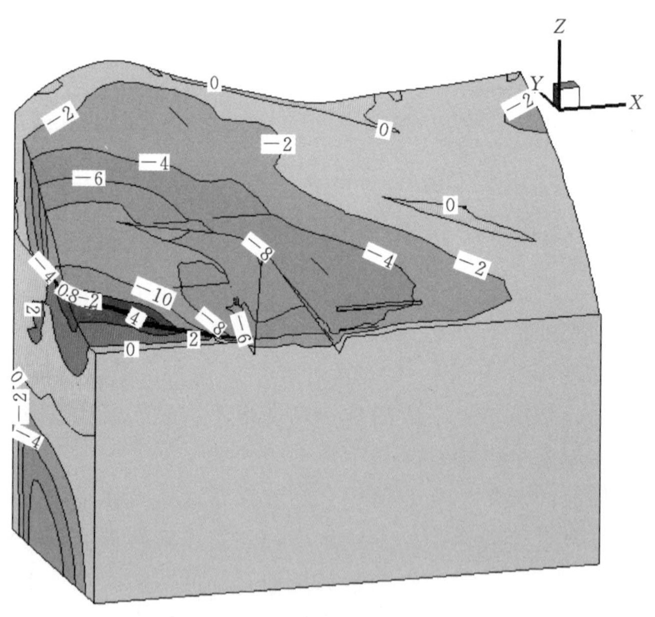

图 10.24　左岸近坝边坡横河 Y 向位移等值图（单位：mm）

10.6.5　挤压带上下盘岩体抬升变形量对比

图 10.26 和图 10.27 为挤压带上、下盘不同部位切面（均平行于挤压带）的抬升变形等值线图。挤压带上、下盘不同高程部位岩体的抬升范围和抬升变形值各不相同，边坡体内的铅直变形既有沉降变形、也有抬升变形。

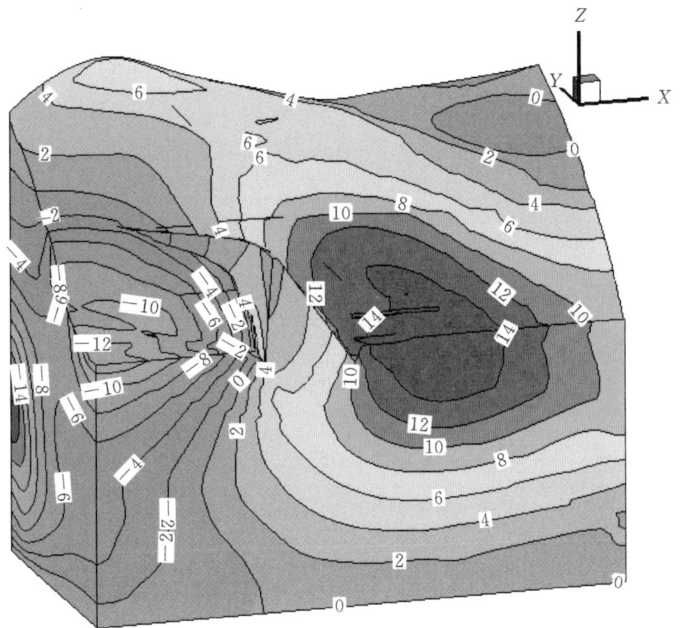

图 10.25　左岸近坝边坡铅直 Z 向位移等值图（单位：mm）

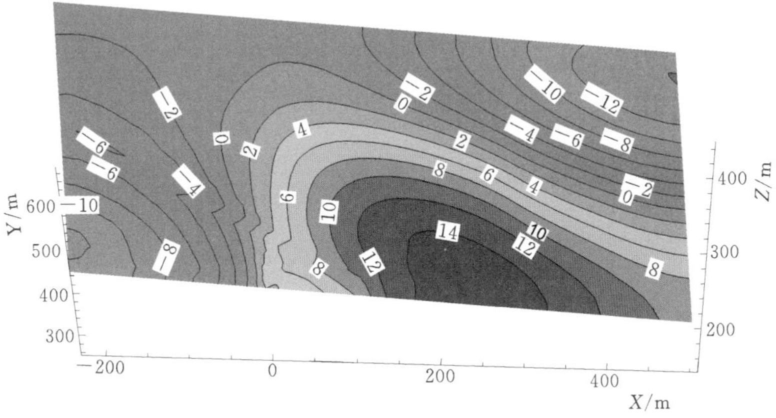

图 10.26　挤压带以上 50m 处等值线图（单位：mm）

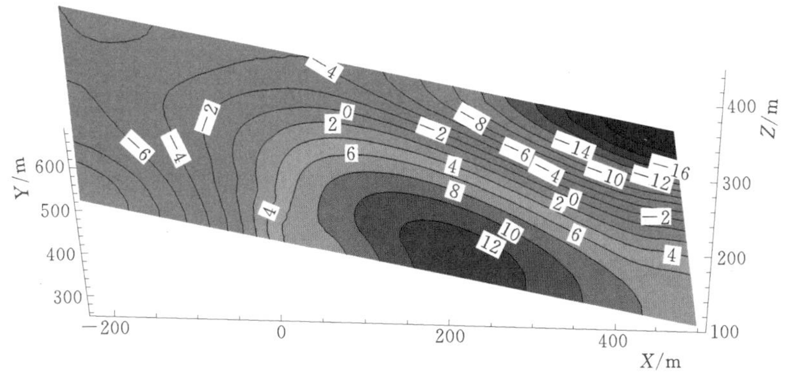

图 10.27　挤压带以下 50m 处等值线图（单位：mm）

表 10.8 给出了左岸近坝边坡不同切面抬升变形特征值。从挤压带下盘面以下 10m 到挤压带上盘面以上 100m 的切面的抬升变形最大值基本在 14.1～15.2mm 之间变化；从高程－80.00m 到挤压带下盘面以下 10m 的切面的抬升变形最大值由 0.978mm 增加到 14.929mm。由此可见，左岸近坝边坡抬升变形主要反映的是挤压带下盘岩体的扩容变形。这种变形与坝坡岩体及坝基挤压带下盘岩体渗压大幅度升高相对应。边坡表面的抬升变形是左岸坝基及边坡岩体膨胀变形积累的表观反映。

表 10.8　　左岸近坝边坡不同切面抬升变形特征值

切面位置	抬升变形最大值/mm	沉降变形最大值/mm
挤压带上盘面以上 100m	14.305	17.380
挤压带上盘面以上 50m	15.175	14.031
挤压带上盘面以上 10m	15.014	20.651
挤压带上盘面	14.935	20.755
挤压带下盘面	15.120	20.982
挤压带下盘面以下 10m	14.929	21.540
挤压带下盘面以下 50m	13.2141	21.757
挤压带下盘面以下 100m	9.812	20.309
挤压带下盘面以下 200m	4.681	17.435
高程－80.00m	0.978	4.893

10.6.6 库水推力对左岸坝后近坝边坡抬升变形的影响

从抬升变形的机制上看，左岸坝后边坡抬升变形主要由水库蓄水引起坝基渗流场变化引起的。通过变化计算过程中作用在大坝上游面上的力学边界，即在大坝上游侧表明施加库水压力和不施加库水压力，然后对左岸边坡进行流固耦合数值计算，以分析水库蓄水后作用在大坝上游侧表面上的推力对左岸坝后边坡抬升变形的影响。

图 10.28 为大坝上游面在未施加和施加库水推力情况下的左岸近坝边坡抬升变形等值图。由图 10.28 可知，两种情况的抬升变形分布区域基本相同，考虑库水推力作用下的抬升变形范围略大，抬升变形变化最大的区域都位于坝后近坝边坡岩体中。

未施加库水推力的情况下，边坡最大抬升变形为 18.47mm；施加了施加库水推力的情况下，边坡最大抬升变形为 19.15mm。表明作用在大坝上游面上的库水推力对左岸坝后边坡抬升变形和范围的影响均很小，对抬升变形的影响量在 1mm 左右。水库蓄水后在左岸大坝上游面形成的推力对左岸近坝边坡的抬升变形影响程度很小。

由此可见，水库蓄水对大坝形成的库水压力对左岸坝后近坝边坡的抬升变形影响很小。

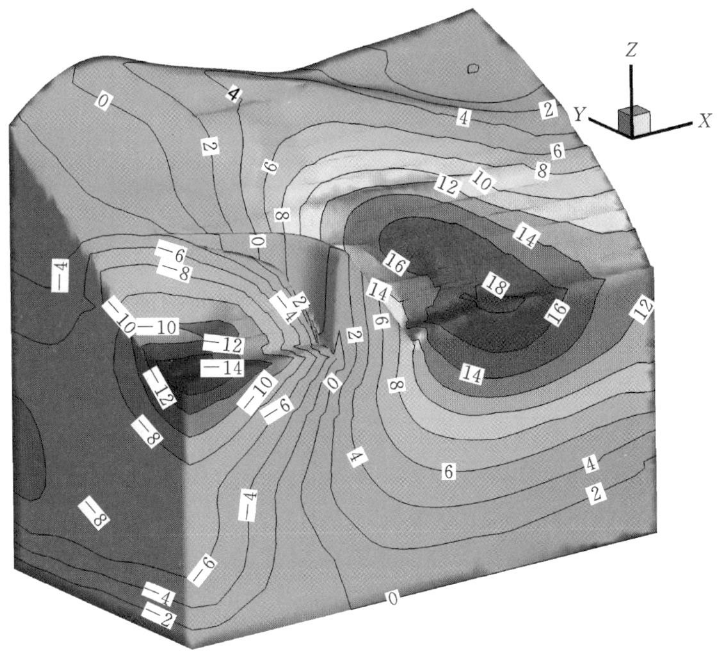

(a) 大坝上游面无库水推力

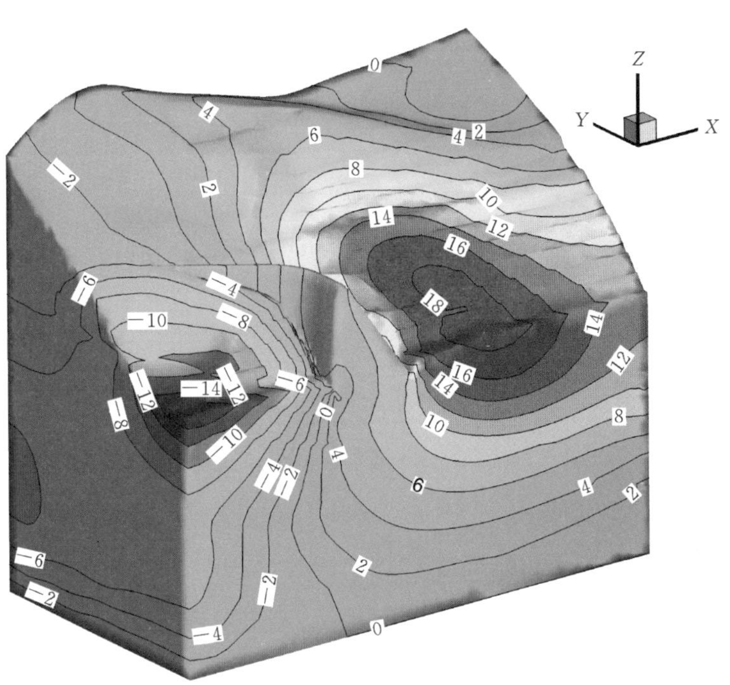

(b) 大坝上游面有库水推力

图10.28　左岸近坝边坡抬升变形等值图

10.7 小结

针对向家坝水电站左岸近坝边坡抬升变形现象，结合对国内外水库蓄水引起的岸坡及大坝抬升变形的文献分析，提出了大坝坝基及近坝岸坡抬升变形的水文地质模型，研究了蓄水作用下岩体的扩容变形机制。借助三维数值分析手段，全面分析了左岸近坝边坡岩体在蓄水后的变形变化过程及空间分布特点。

（1）水库蓄水引起的抬升变形空间分布特点以及其时间的演化规律表明：水库蓄水引起坝基及岸坡产生抬升变形必须具备一定的水文地质结构，即坝址区存在倾向下游的相对隔水层以及相对隔水层下具有连通上游水库的透水性相对较大的岩层。

（2）岩体中渗压的改变是导致岩体产生相应体积膨胀（扩容）或体积压缩变形的重要因素之一。渗流条件下，岩体渗透性和变形模量对岩体体积变形有重要影响。坝基产生抬升变形时水库蓄水位必须大于产生抬升变形所需的临界水库蓄水位。

（3）水库蓄水致使左岸挤压破碎带下盘岩层由蓄水前的潜水含水层转变为承压含水层，形成的渗透力向上顶托挤压破碎带上盘岩体，进而引起边坡出现了抬升变形现象。抬升变形并不仅仅发生在边坡表面，边坡抬升变形是边坡岩体在渗透压力作用下扩容变形积累的结果。

（4）在水库蓄水压力作用下，左岸近坝边坡在挤压破碎带上下盘岩体中出现了明显的错动变形。错动变形的发生，对左岸防渗帷幕是一种潜在不安全因素。

第 11 章　高渗压岩体流固耦合效应

抽水蓄能电站的最大特点是电站设计水头都较高，其静水头一般达到400～600m。高水头作用下引水隧洞高压岔管段一般采用钢衬，随着水电建设技术的发展，岔管段采用钢筋混凝土衬砌的电站越来越多（如天荒坪抽水蓄能电站、黑麋峰抽水蓄能电站等）；钢筋混凝土衬砌带裂缝运行模式必然导致岔管段衬砌外的岩体处于高水压环境中。高压水在围岩内部渗透、挤压、劈裂和压力传递，将改变岩体物理力学参数，使围岩受力与变形更为复杂。特别是当岔管区存在局部不良地质岩体时，如何正确评价岔管区围岩的抗渗性和安全稳定性事关工程建设的成败。考虑到高压水渗透作用环境的岩体渗流和变形之间存在相互作用和相互影响的耦合效应，基于岩体现场高压压水试验成果，采用流固耦合数值分析方法对黑麋峰高压岔管段围岩的高压压水试验过程进行模拟，全面了解围岩渗流场、应力场和位移场的分布特点。

11.1　基本理论

根据黑麋峰抽水蓄能电站岔管段高压压水试验监测成果，压水试验过程中围岩中的温度也出现了小幅度变化。由于温度变化幅度小，可以忽略温度变化对围岩变形及渗流场的影响，故围岩位移场、应力场和渗流场的分布可采用流固耦合理论进行研究。

11.1.1　力学平衡方程

$$\sigma_{ij,j}-f_i=0 \tag{11.1}$$

式中：$\sigma_{ij,j}$为应力张量的改变量；f_i 为体积力分量。

11.1.2　质量守恒方程

岩体饱和状态下非稳态渗流的流体质量守恒方程为

$$\phi\frac{\partial\rho_f}{\partial t}+\rho_f\phi v_{i,i}=0 \tag{11.2}$$

式中：ϕ 为孔隙率；ρ_f 为水的密度；$v_{i,i}$为 i 方向的渗透流速在 i 方向上的改变量；t 为时间。

11.1.3　固液耦合本构关系

对于等温饱和多孔连续介质，基于孔隙介质线弹性假设，考虑孔隙水的可压缩性，描述岩体应力与变形关系的本构方程为

$$\sigma_{ij}-\sigma_{ij0}=\left(K-\frac{2G}{3}\right)\varepsilon_{ii}+2G\varepsilon_{ij}-\alpha(p-p_0)\delta_{ij} \tag{11.3}$$

式中：σ_{ij0}为初始应力；p_0 为初始孔隙压力；K 为岩体体积模量；G 为岩体剪切模量；α 为比奥系数。

考虑孔隙水可压缩性条件下，岩体孔隙压力变化为

$$p-p_0=M(-\alpha \mathrm{tr}\varepsilon+m/\rho_0^{fl}) \tag{11.4}$$

式中：M 为比奥模量；$\mathrm{tr}\varepsilon$ 为体积应变；m 为相对于初始状态的流体质量增量；ρ_0^{fl} 为参考状态流体密度；

由此可见，孔隙压力和应力之间相互影响，孔隙压力大小既影响孔隙介质体单位体积的流体体积改变量，同时影响着孔隙介质有效应力，即式（11.3）中的应力为总应力。

11.2 数值模型

11.2.1 工程概况

黑麋峰抽水蓄能电站岔管洞室埋深 215m，高压岔管紧邻 F_{15}断层。洞室内 F_{15}断层包括 2 条分支断层，两分支断层在引水隧洞下平段左侧合并，断层间最大相距 5m 左右。断层两侧均有 2～15m 不等宽的断层影响破碎带，整个断层破碎带及影响带宽度 7.5～18m。考虑到断层及其影响破碎带对高压引水岔管区影响较大，在高压水冲蚀作用下可能产生水力劈裂、渗透破坏和相邻洞室内出现高压喷水现象，危及高压岔管、引水隧洞下平段 F_{15} 断层段及相邻洞室的安全，特别是在一洞运行一洞放空不运行工况下，水压力差大，更容易产生由于断层带（含影响带）水压劈裂和渗透破坏引起的透水事故或围岩失稳问题。为此，对高压引水岔管区断层岩体进行了现场高压压水试验，试验布置详见 7.4。为全面分析岩体在高压压水试验条件下的变形情况，结合现场试验的变形监测成果，采用流固耦合数值分析方法对高压压水试验区围岩的变形及渗流特征进行研究。

11.2.2 计算网格

数值模型原点选在压水孔孔口中心。Y 轴沿压水孔轴线方向，指向压水钻孔底为 Y 轴正方向。X 轴指向引水洞上游侧为正，Z 轴指向铅直向上。模型水平 X 方向自钻孔中心左右各延伸 40m，数值模型 X 方向长度为 80m。水平 Y 方向自钻孔孔口向孔底方向延伸 82m，数值模型 Y 方向长度为 82m。水平 Z 方向自钻孔中心上下各延伸 30m，数值模型 Z 方向长度为 60m。

为了更好地研究试验区周围岩体在压水试验过程表现出的水力学和力学响应特性，对断层、断层影响带和压水段附近部分岩体的网格进行了细化处理，对距离压水孔较远区域的岩体采用较大尺寸的网格。由于断层破碎带宽 0.6～1.5m，数值模拟时按 1.0m 考虑，并在数值计算软件中剖分为实体单元。断层影响带按 6.5m 考虑，实体单元。整个计算模型网格单元数为 49864，节点数为 52311。图 11.1 为水岩耦合分析采用的三维网格图。

11.2.3 初始及边界条件

地应力场：根据压水致裂法测试的地应力场结果，水平 X 方向和 Y 方向初始应力取

2.2MPa，铅直 Z 方向初始应力取 4.4MPa。

初始孔隙压力场：试验区岩体因隧洞开挖揭露，并受长期通风的影响，结合试验前渗压监测数据确定渗流分析的初始孔隙压力为 0.1MPa。

力学边界条件：铅直边界上施加水平位移约束；水平边界上施加铅直位移约束。

水力学边界条件：由于压水段距离边界较远，因此，认为边界上孔隙压力不受压水影响，故在所有边界上都取定水头边界。试验开始之前，布置在压水孔周围的渗压计数值基本接近 0.1MPa，故上下水平面边界孔隙压力设为定值 0.1MPa；铅直边界孔隙压力固定为 0.1MPa。

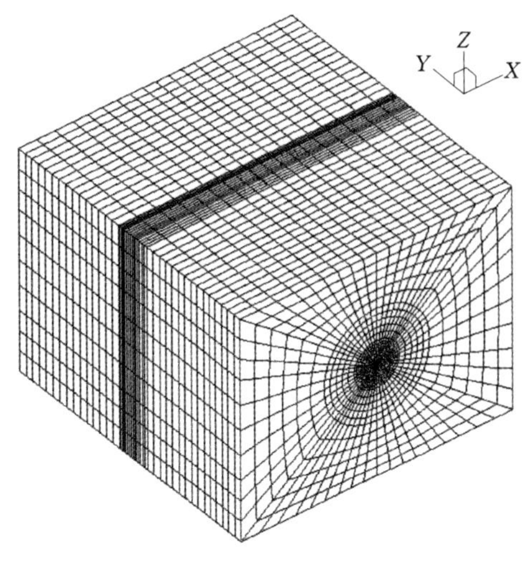

图 11.1　水岩耦合分析三维网格图

11.2.4　计算参数

数值分析所需要的力学参数采用中国电力建设集团中南勘测设计研究院有限公司提供的地质报告建议值；渗透系数采用常规压水试验结果，结合工程类比进行取值。相关的计算参数取值见表 11.1。

表 11.1　　**计算参数取值表**

围岩类别	断层	断层影响带	裂隙岩体
密度/(g/cm³)	1.9	2.2	2.5
变形模量/GPa	1.0	2.0	5.0
泊松比	0.33	0.3	0.28
渗透系数/(cm/s)	1.2×10^{-5}	6×10^{-6}	2×10^{-7}
比奥模量/GPa	5.6	6.2	8.0

11.2.5　荷载及分析步骤

为尽可能真实地再现数值计算模型的实际受力状况，计算过程按以下 5 个步骤进行（各步骤施加相应的荷载条件）：

第 1 步：$t=0$，初始应力和孔隙压力场的模拟。

第 2 步：$t=0$，压水钻孔开挖过程计算（HM 耦合分析）。

第 3 步：$t=0\sim60$min，快速法压水升压过程模拟（HM 耦合分析）。

第 4 步：$t=60\sim120$min，压水稳压状态模拟（HM 耦合分析）。

第 5 步：$t=120\sim220$min，压水孔压力降压过程模拟（HM 耦合分析）。

11.3 计算结果及分析

11.3.1 岩体渗压及位移变化过程分析

为了解岩体渗压随压水过程的变化，在距离压水孔 6m 和 16m 位置布置了渗压孔以监测岩体渗压，详见 3.4 节。图 11.2 为渗压观测孔内的渗压计渗压测量值与计算值对比关系。由图 11.2 可知，压水过程中渗压计的计算值和实测值变化趋势和数量值基本吻合，且岩体中渗压变化滞后于压水孔内的水压变化。这说明所采用的计算参数和数值模型对压水实验区岩体进行流固耦合分析是合理可行的，可以真实地再现在压水过程中岩体内的渗流场的变化。

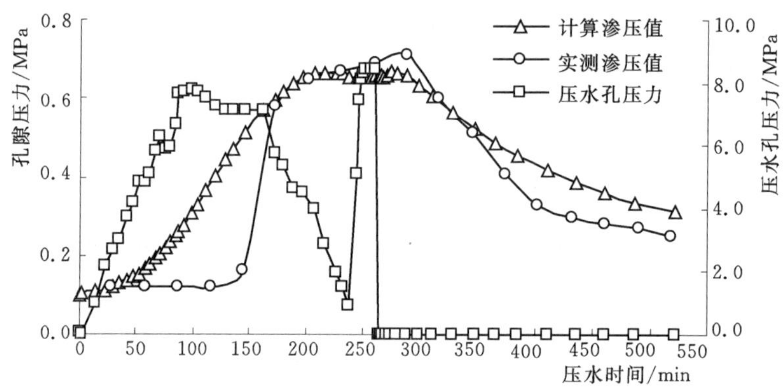

图 11.2 syj5－1 测点渗压计算值与实测值比较

图 11.3 为多点位移计安装孔内的位移测量值与计算值对比关系。由图 11.3 可知，压水过程中测点 4－1 的计算值和实测值变化趋势和数量值一致，且岩体中位移变化滞后于压水孔内的水压变化。证明所采用的计算力学参数和数值模型可以真实地反映在压水过程中岩体内的位移场和应力场的变化。

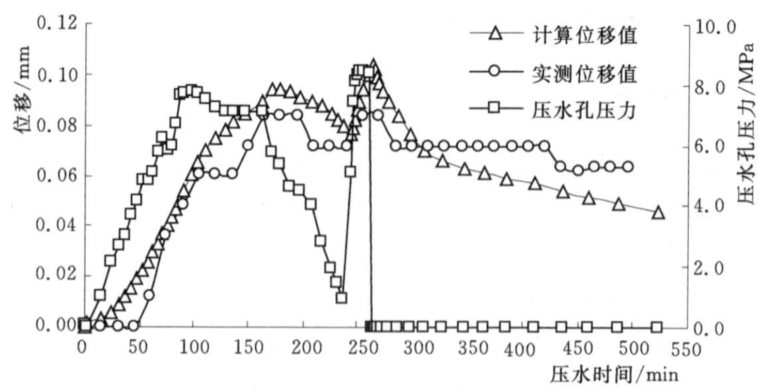

图 11.3 wyj4－1 测点位移计算值与实测值比较

11.3.2　孔隙压力场分布

图 11.4 为压水孔压力升压到最大值并稳压 60min 时岩体孔隙压力分布场；图 11.5 为压水孔在降压结束后附近岩体的孔隙压力分布场。

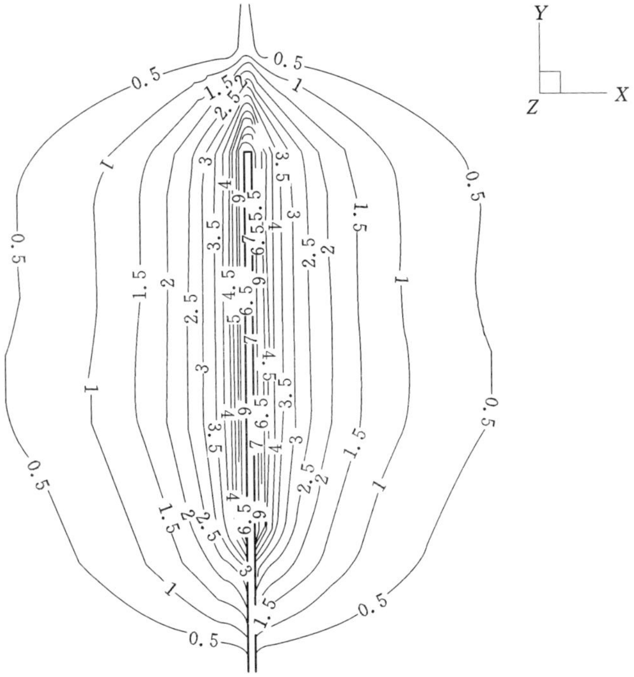

(a) 水平截面

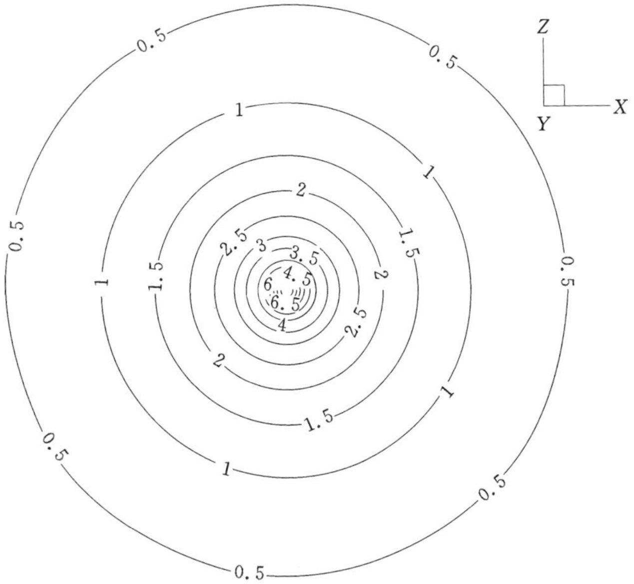

(b) 铅直截面

图 11.4　稳压 60min 时的孔隙压力分布（单位：MPa）

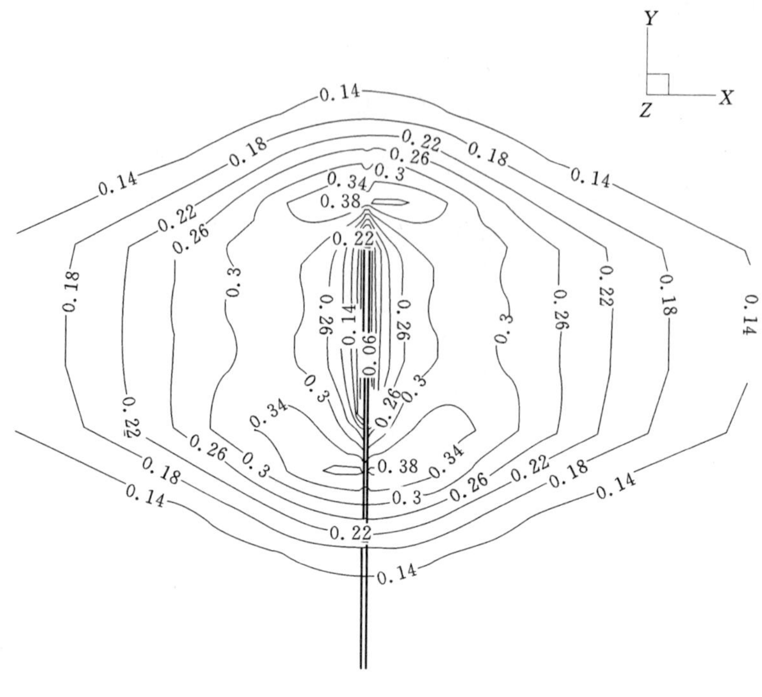

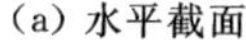
(a) 水平截面

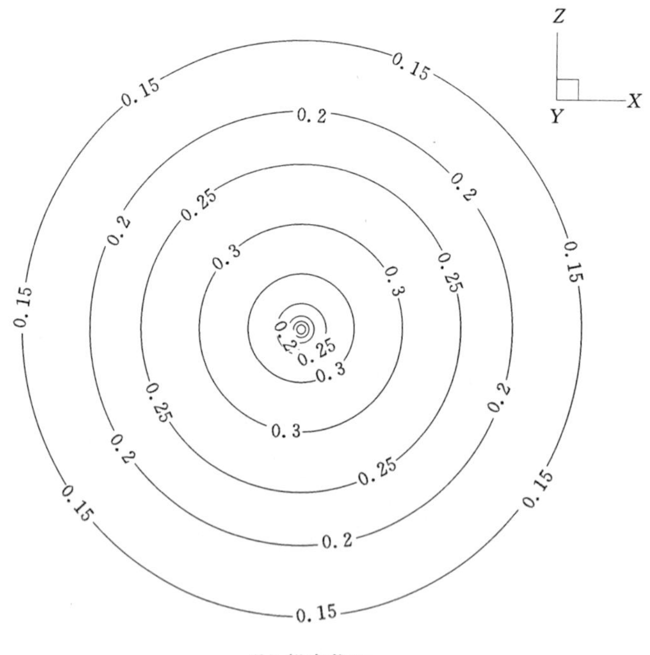

(b) 铅直截面

图 11.5　降压结束时的孔隙压力分布（单位：MPa）

在压水孔内的水压力维持在 7.0MPa 情况下，压水孔壁附近岩体压力与压水孔内的压力基本保持相同，而岩体内的孔隙水压力自压水孔中心向周围逐渐递减；由于岩体对水流扩散存在阻力作用，岩体内的孔隙水压力在压水孔附近岩体内呈迅速递减的趋势，距离压水孔中心 4.0m 处孔隙压力迅速降低至 0.5MPa，表明断层岩体和断层影响带的渗透性较小，其渗流阻力作用较大。高压压水对岩体渗流场分布的影响范围（>0.105MPa）较大，达到 35m 以上。

停止压水后，在压水孔内水压力降低情况下，试验区岩体内的裂隙水在压力梯度作用下，一部分向远离钻孔的方向继续流动；另一部分，由于孔内水压力的降低，致使压入到岩体内的部分裂隙水流回流到压水孔内。岩体中孔隙水压力的消散过程比较缓慢，其原因是渗透系数较小，孔隙水不能快速排出。前期压水对远处岩体的渗流场影响继续加大。

11.3.3 岩体位移场分布

图 11.6 为压水孔压力升压到最大值并稳压 60min 时压水孔中心水平纵向截面和铅直横截面上的位移等值线图。在压水孔内 7.0MPa 水压力和岩体内较高孔隙压力的持续作用下，岩体内产生了较大的水平位移。由于岩体对称性，压水孔纵向截面上的水平 X 向位移呈对称分布。在试验过程中，压水压力最大值达到了 7.8MPa，并维持了接近 20min，故最大 X 向位移值出现在距离孔壁 1.0m 左右的岩体内，最大 X 向位移达 1.3mm。同样，压水孔纵向截面上的水平 Y 向位移也关于压水孔轴心线呈对称分布。Y 向最大位移值出现在压水孔两端的断层影响带附近的裂隙岩体中，最大 Y 向位移约 0.6mm。水平 Y 向位移以压水段的中心为分界面。由于岩体内孔隙压力的平衡作用，在分界面上，岩体 Y 向的位移为零。分界面两侧岩体内孔隙压力梯度作用方向相反，因此位移方向相反。

图 11.7 为稳压 60min 时压水孔铅直截面上的位移等值分布。由图 11.7 可知，铅直 Z 向位移关于压水孔中心水平面对称分布。Z 向最大铅直位移值出现在距离孔壁 1.0m 左右的上、下方岩体内，最大 X 向位移接近 1.0mm。

渗流场引起岩体发生较大的位移量（>0.1mm）的范围约 13m，渗流场引起岩体产生显著变形（0.01mm）的影响范围为 35m。

图 11.8 和图 11.9 分别为压水孔在降压结束后岩体纵向截面和铅直横截面上的位移等值线图。

压水孔内的水压卸压后，由于岩体中仍然存在一定水压力梯度，导致岩体内仍存在部分变形。由于岩体性质的对称性，压水孔附近岩体纵向截面和铅直截面上的位移均对称分布。X 向最大位移值出现在距离孔壁 6.0m 左右的岩体内，其值为 0.2mm。Y 向最大位移值出现在压水孔两端的断层影响带以外 3.0m 附近的裂隙岩体中，其值在 0.2mm 左右。水平 Y 向位移仍以压水段的中心为分界面。Z 向最大位移值出现在距离孔壁 6.0m 左右的上、下部位的岩体内，其值为 0.2mm。

由于耦合计算中力学模型采用线弹性模型，加之压水孔停止压水后，测点变形并未立即消失，而是随时间的变化逐渐减少。因此，可以判断钻孔内水压卸压后岩体内继续存在的变形并非完全是塑性残余变形，而主要是岩体孔隙压力变化引起的岩体变形。这种现象只有流固耦合理论才能模拟和解释，单纯的力学计算不能得到类似的结果。

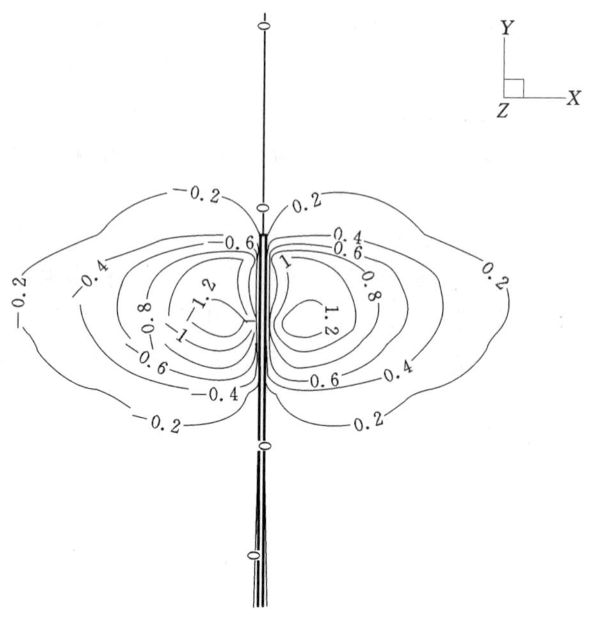

(a) 压水孔中心水平截面 X 方向位移

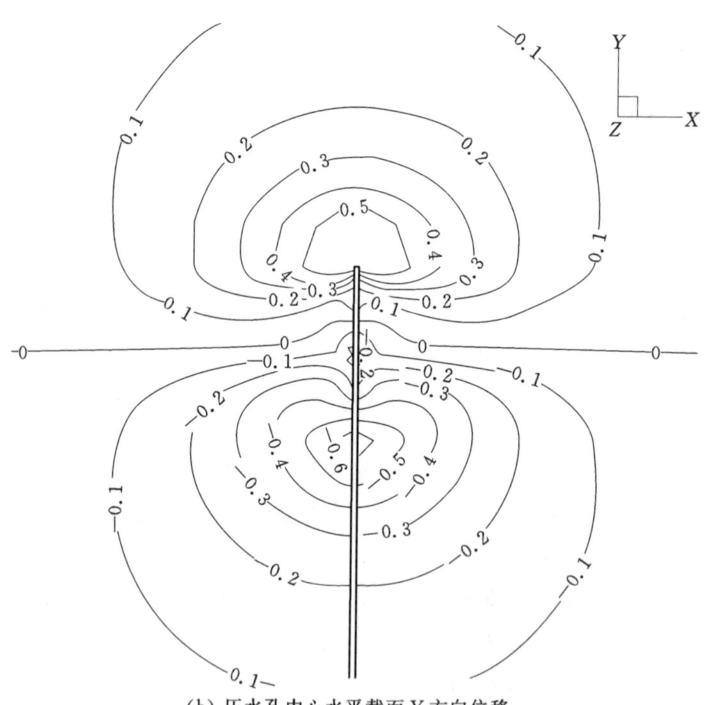

(b) 压水孔中心水平截面 Y 方向位移

图 11.6　稳压 60min 时的水平位移等值图（单位：mm）

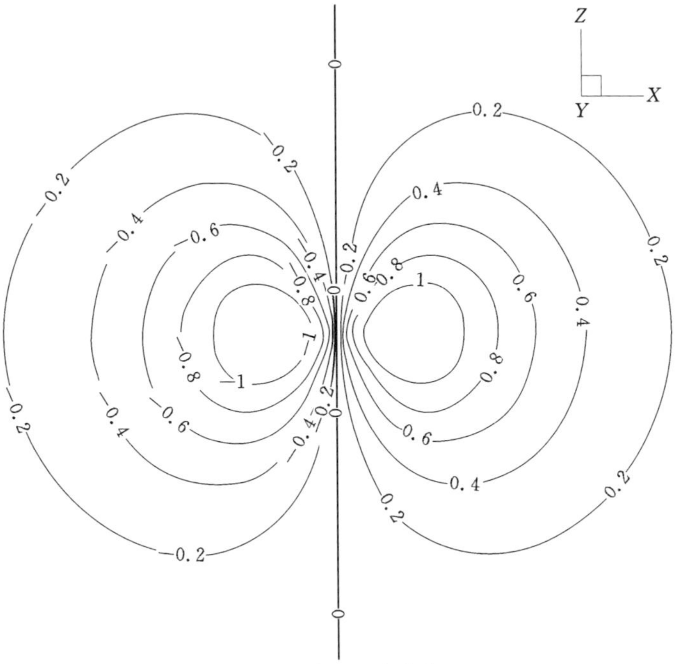

(a) 水平 X 向位移

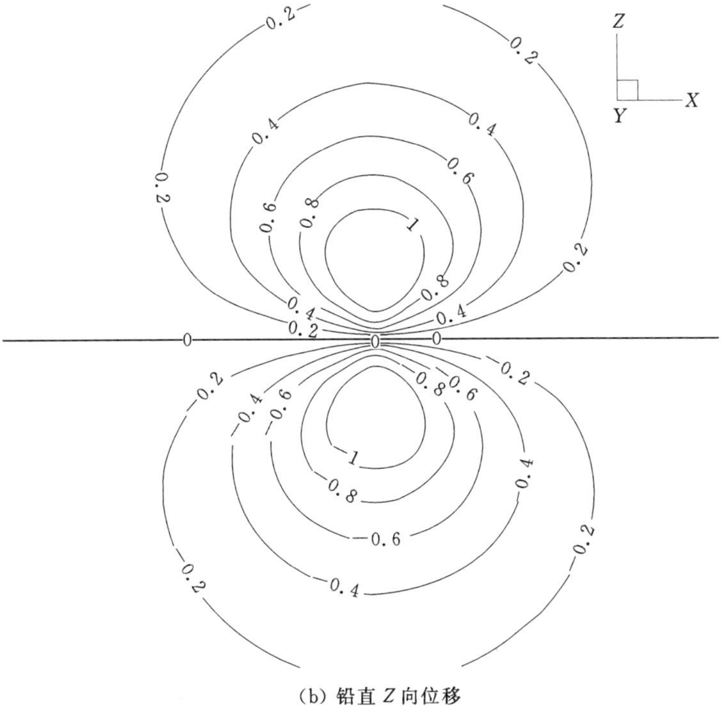

(b) 铅直 Z 向位移

图 11.7　稳压 60min 时铅直截面位移等值图（单位：mm）

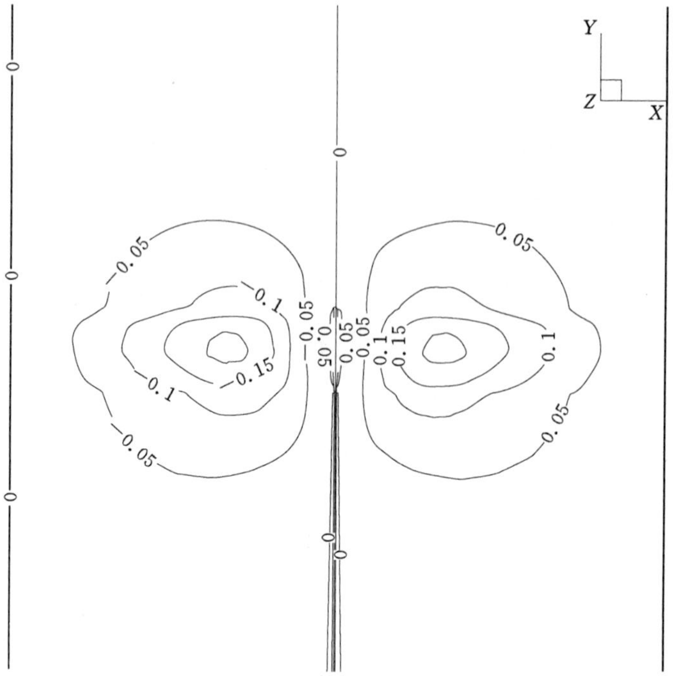

(a) 水平 X 向

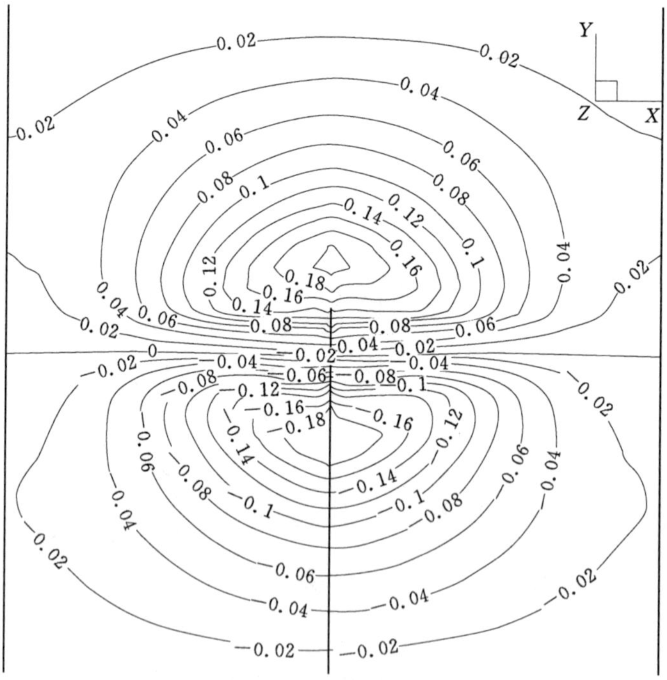

(b) 水平 Y 向

图 11.8　降压结束时水平截面水平位移等值线图（单位：mm）

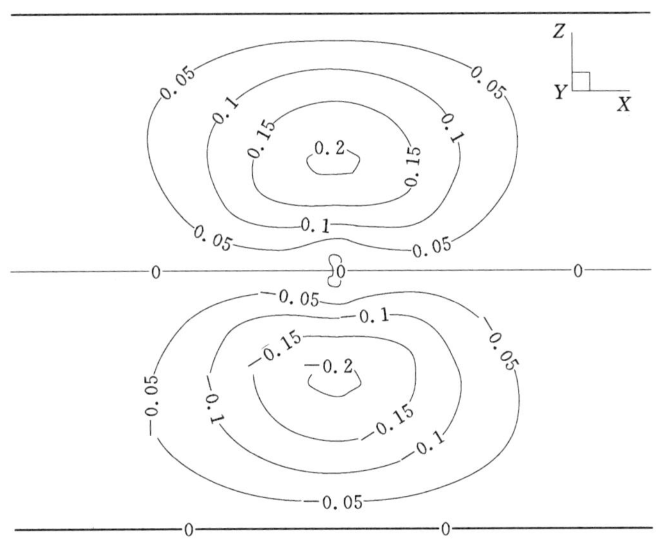

图 11.9　降压结束时铅直截面的铅直位移等值线图（单位：mm）

11.3.4　岩体应力场分布

图 11.10 为压水孔压力升压到最大值并稳压 60min 时压水孔中心水平纵向截面上的第

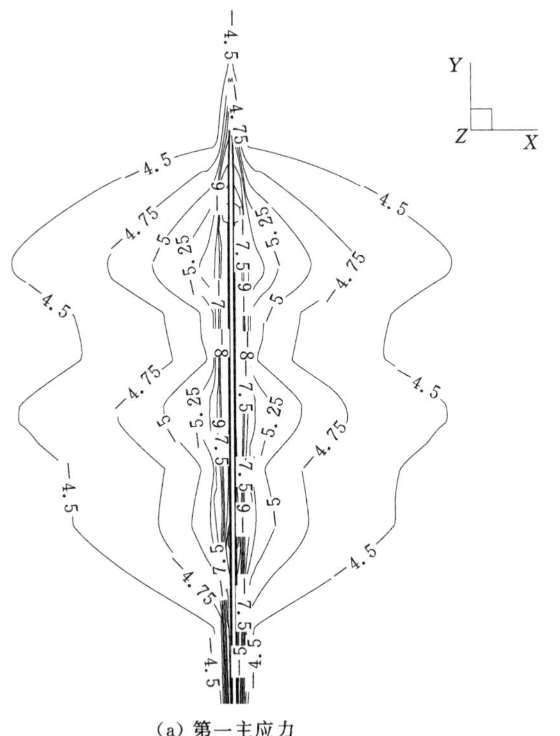

(a) 第一主应力

图 11.10（一）　稳压 60min 时水平截面主应力等值线图（单位：MPa）

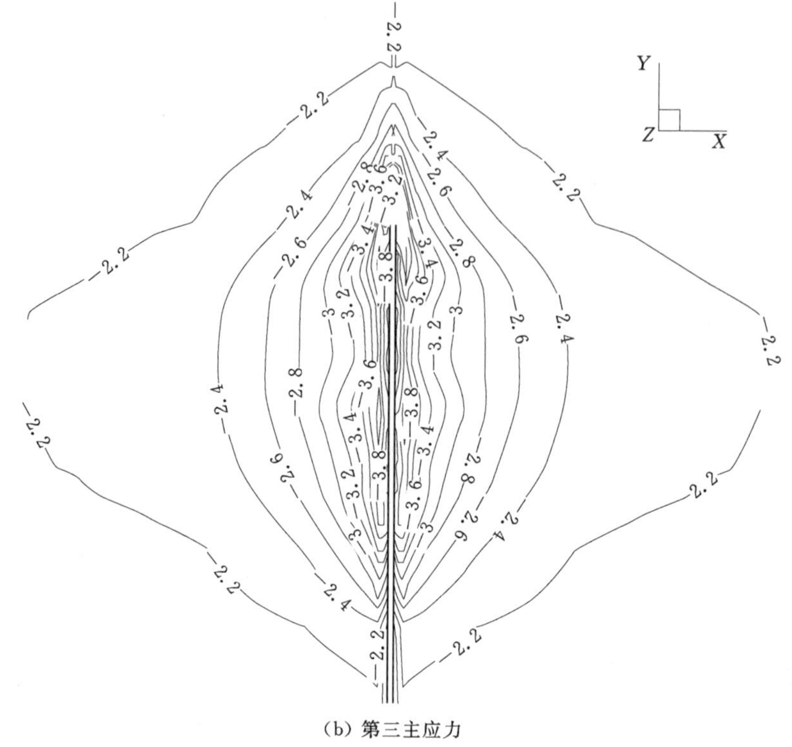

(b) 第三主应力

图 11.10（二） 稳压 60min 时水平截面主应力等值线图（单位：MPa）

一主应力和第三主应力等值线图。当压水孔维持较高水压时，由于受压水孔水压力和岩体孔隙压力对岩体的共同作用，f_{15-1} 断层内的压水孔壁上的第一主应力最大值（压应力）达到了－9.0MPa，第三主应力最大值（压应力）达到了－4.2MPa。第一主应力和第三主应力在横截面和纵向截面上都呈对称分布。

图 11.11 为降压结束后是压水孔中心水平纵向截面上的第一主应力和第三主应力等值线图。压水停止后，随着压水孔内的压力降低，压水孔壁上的第一主应力最大值（压应力）降低到－6.5MPa，第三主应力最大值（压应力）降低到－2.6MPa，比稳压状态下岩体的第一主应力和第三主应力最大值分别小 2.5MPa 和 1.6MPa。第一主应力和第三主应力在横截面和纵向截面上也都呈对称分布。

压水停止后，孔壁上的应力并没有降低到压水前的初始应力值，而是保持在一个相对较低的水平。

11.3.5 耦合与非耦合模型计算成果对比分析

表 11.2 为试验区岩体采用耦合与非耦合模型计算得到的应力和位移特征值（最大值）比较表。

不考虑流固耦合效应情况下，在压水孔孔壁上施加 7.8MPa 的压力时，计算成果显示仅在压水孔附近较小范围内的岩体中产生了的较大水平位移变形。岩体最大 X 向位移为 0.6mm，较耦合模型计算成果减少了 0.7mm，最大值出现在 F_{15-1} 和 F_{15-2} 的断层岩体孔壁

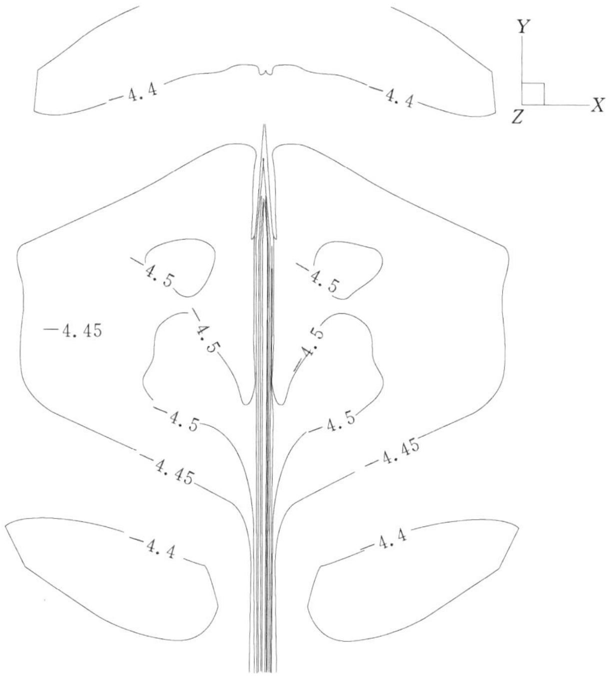

(a) 第一主应力

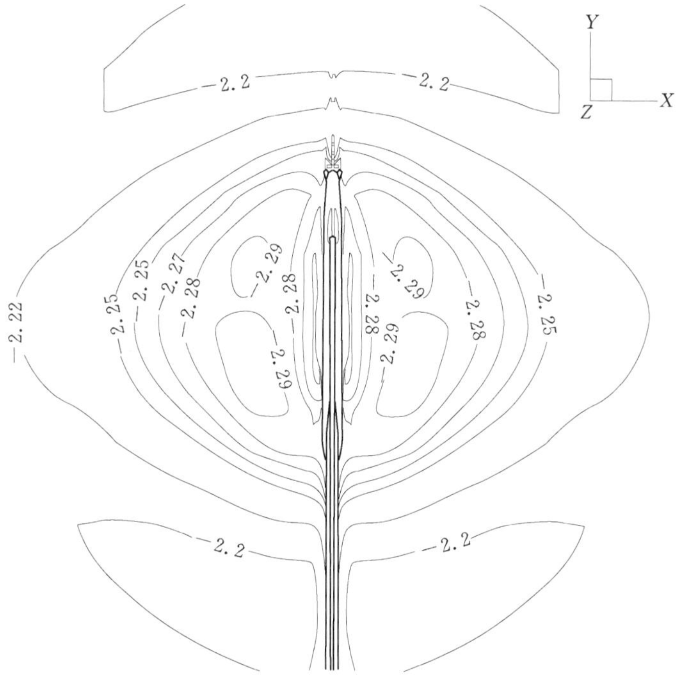

(b) 第三主应力

图 11.11　降压结束时水平截面主应力等值线图（单位：MPa）

上。最大 Y 位移值为 0.012mm，较耦合模型计算成果减少 0.588mm，最大值出现在 F_{15-1} 断层外侧影响带岩体的压水孔孔壁上。

表 11.2　　耦合非耦合模型计算应力和位移特征值（最大值）比较

计算模型	X 位移 /mm	Y 位移 /mm	第一主应力 /MPa	第三主应力 /MPa	影响范围 /m
耦合模型	1.3	0.6	−9.0	−4.2	13～15
非耦合模型	0.6	0.012	−4.4	−2.5	3～3.5

高压压水引起岩体发生较大位移量（>0.01mm）的范围约为 3.0m，远远小于渗流应力耦合作用模型条件下 13m 的范围。

受压水孔上分布荷载影响，非耦合计算模型中压水段上的第一主应力（总应力）比没有压水状态下的应力值有所降低。钻孔壁上断层部位第一主应力由 −9.0MPa 降低到 −4.4MPa；第三主应力由 −4.2MPa 降低到 −2.5MPa。压水引起的应力扰动区范围与变形分布相对应，也在 3.0m 左右，耦合计算模型为 15m 左右。

图 11.12 为试验区特征铅直剖面上的第三有效主应力等值分布图。由图 11.12 可知，按流固耦合模型计算得到的应力场分布形态与非耦合模型计算得到的应力场分布形态有显著的差别。

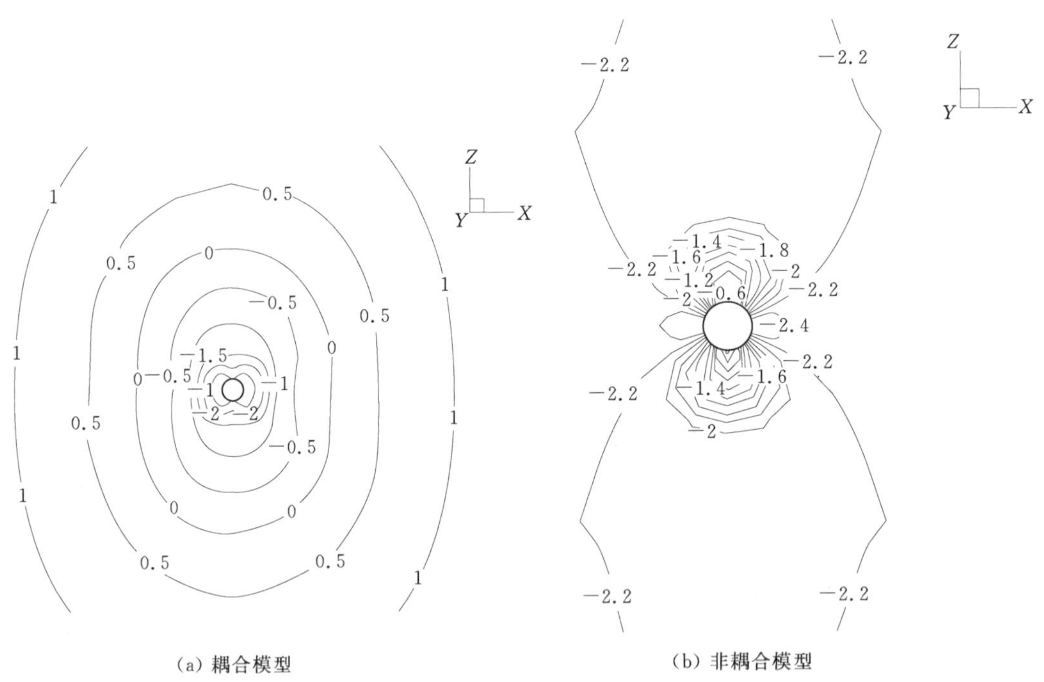

图 11.12　第三有效主应力等值图（单位：MPa）

11.4　小结

针对裂隙岩体在高压压水试验过程中渗流特点，采用水岩耦合数值模型对试验区岩体

渗流场和应力场在压水试验过程中的变化进行了动态模拟，研究结果如下：

(1) 岩体测点的渗压和多点位移计算值与现场实测值随时间变化的趋势和数值大小吻合情况表明采用流固耦合分析模型对压水实验区岩体的渗压和变形进行模拟是合理、有效的。

(2) 压水试验过程中，压水孔壁附近岩体压力与压水孔内的压力基本保持相同，而岩体内孔压自压水孔中心向周围逐渐递减分布；停止压水后，试验区岩体内的裂隙水在压力梯度作用下，一部分向远离压水孔的方向继续流动，而另一部分则回流到压水孔内。

(3) 压水过程中，岩体内各点在各个方向上均产生了较大的位移变形。停止压水后，由于岩体中还存在一定的孔隙水压力和水压力梯度，岩体内仍存在部分的水平位移变形。压水结束后还存在的变形并非完全是塑性残余变形。

(4) 压水过程中，受压水孔水压力和岩体孔隙压力的共同作用，岩体内的应力大幅度增加。停止压水后，孔壁上的应力不会降低到压水前的初始应力值，而将保持在一个相对较低的水平值，这种情况与岩体内继续存在的渗流有关。

(5) 高渗压状态下，由流固耦合计算模型得到的岩体应力和变形显著大于非耦合模型得到的计算成果，因此，按非耦合模型对高渗压状态下的岩体进行安全评价，可能导致错误结论。

第 12 章　岩体热流固耦合效应

12.1　引言

在核废料地质贮存库的岩体材料选择中，瑞士和法国等国将黏土岩（Argillaceous rock）作为一种主要的备选介质加以研究。由于黏土岩具有遇水膨胀性、低渗透性和应力损伤自我愈合的特性，被认为是一种合理的放射性核废料处理地质屏障。为全面真实地认识黏土岩岩体开挖扰动区、材料的渗透性、地质化学特性以及加热条件下黏土岩体的热-液-力耦合（thermo - hydro - mechanical coupling，即 THM coupling）响应等问题，从 1995 年以来，瑞士、法国和德国等国的科研人员对位于瑞士西北地区地下岩石实验室（the mont terri underground rock laboratory，URL）的黏土岩层进行了研究。图 12.1 为地下岩石试验室的平面图，图 12.2 为该试验室的地质剖面图。在该地下岩石试验室中，对黏土岩的热流固耦合过程研究是长期深埋核废料地质处理可行性研究科技项目的主要研究内容之一。地质钻探、现场开挖以及黏土岩各种物理力学参数的室内试验表明，该地质体的各种物理参数都具有明显的各向异性特性。结合现场加热试验资料，考虑岩体热传

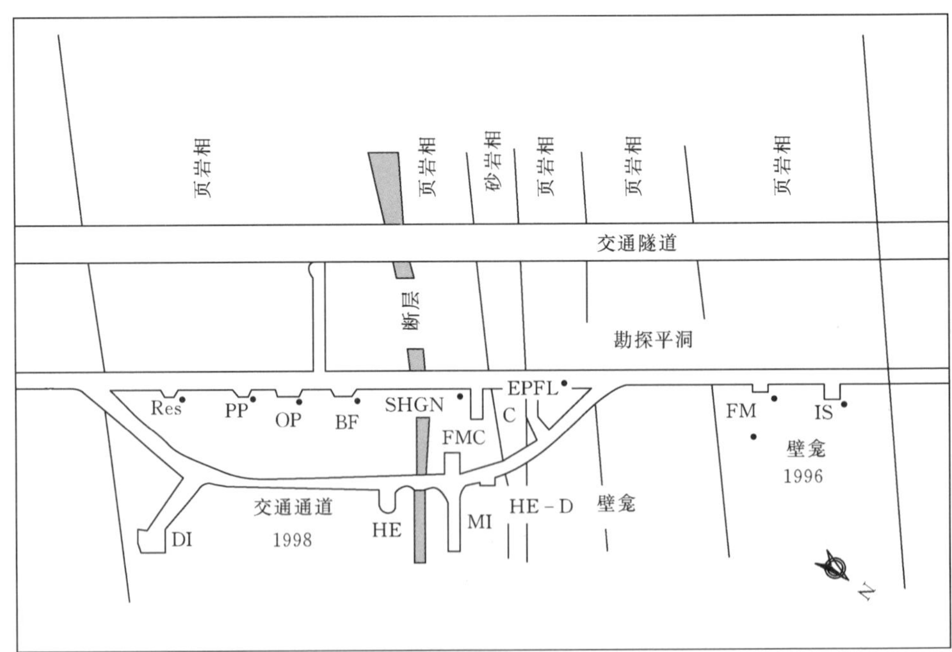

图 12.1　地下岩石试验室（URL）平面图

导、孔隙水流动和力学参数横观各向同性的基础上，对岩体加热过程中引起的岩体温度场、孔隙压力场和变形场进行了全面研究。

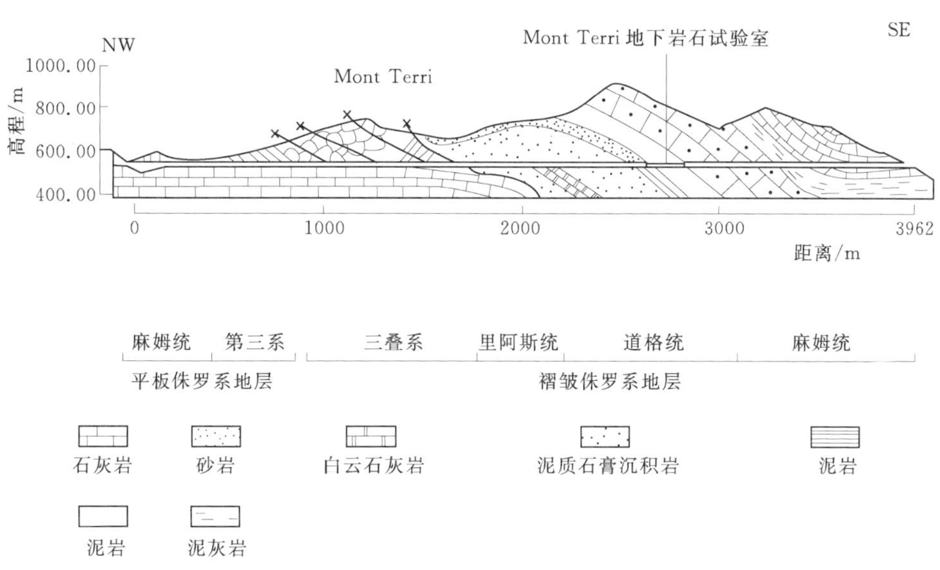

图 12.2　地下岩石试验室（URL）地质剖面图

12.2　热流固耦合模型

为研究传热、水流和力学等参数的横观各向同性耦合效应，采用 FLAC^{3D} 软件对该地下岩石实验室中的黏土岩的热流固耦合效应进行了数值仿真模拟。

在 FLAC^{3D} 中，热流固耦合分析通过求解以下平衡方程加以实现：

能量平衡方程

$$q_{i,i}+q_v=\rho c_v\frac{\partial T}{\partial t} \tag{12.1}$$

流体质量平衡方程

$$q_{i,i}+q_v=\frac{\partial \zeta}{\partial t} \tag{12.2}$$

Cauchy 运动方程

$$\sigma_{ij,j}+\rho b_i=\rho\frac{\mathrm{d}v_i}{\mathrm{d}t} \tag{12.3}$$

式中：$q_{i,i}$ 为热流量向量，W/m^2；q_v 为体积热源，W/m^3；ρ 为孔隙介质干密度，kg/m^3；c_v 为体积比热，J/(kg·℃)；T 为温度,℃；$q_{i,i}$ 为单位流量向量，m/s；q_v 为体积流体源强度，1/s；ζ 为孔隙介质体内单位体积的流体体积改变量；t 为时间，s；b_i 为单位体积的体力分量；$\mathrm{d}v_i/\mathrm{d}t$ 为速度对时间的导数。

孔隙压力增量与温度和体积应变增量等的关系式为

$$\frac{1}{M}\frac{\partial p}{\partial t}+\frac{\phi}{s}\frac{\partial s}{\partial t}=\frac{\partial \zeta}{\partial t}-\alpha\frac{\partial \varepsilon}{\partial t}+\beta\frac{\partial T}{\partial t} \tag{12.4}$$

式中：M 为比奥模量，N/m²；α 为比奥系数；β 为材料的不排水体积热膨胀系数，1/℃；s 为饱和度；ϕ 为孔隙率。

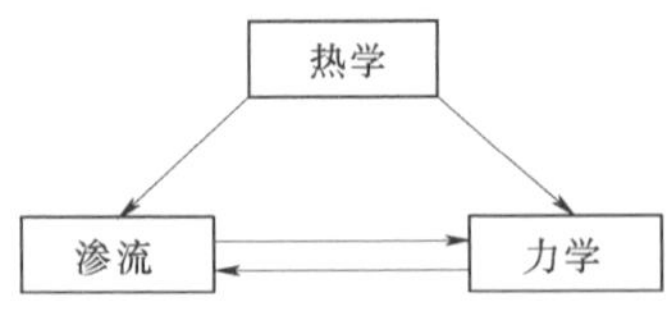

图 12.3 热-流-固耦合关系图

温度改变引起的有效应力通过改变计算模型的应变量来实现；孔隙压力对有效应力的影响由太沙基有效应力原理来计算。

$$\sigma_{ij}=\sigma_{ij}'-\alpha\Delta p\delta_{ij}+3\beta_{Tb}K_b\Delta T\delta_{ij} \tag{12.5}$$

式中：σ_{ij} 为总应力；σ_{ij}' 为有效应力；α 为比奥系数；Δp 为孔隙压力增量；K_b 为饱和岩体的体积模量；β_{Tb} 为饱和岩体的线性膨胀系数；ΔT 为温度变化量；δ_{ij} 为克罗内克函数。

大量研究表明孔隙水运动和岩体骨架变形对饱和岩体介质的温度影响程度较弱，因此耦合计算模型中忽略了孔隙流动和岩体骨架变形引起的温度改变。计算采用的黏土岩热-流-固耦合关系见图 12.3。

12.3 数值模型

12.3.1 计算网格

图 12.4 为研究区岩体计算网格。整个模型共有 30000 单元，29999 个结点。试验钻孔中安装电加热器附近岩体的模型最小尺寸为 5cm，以更好地反映该部分温度、孔隙压力和应力较大的梯度变化情况；计算模型由里向外按比率逐步增大单元尺寸以减少计算量。图 12.5 给出了计算模型中加热器附近的孔隙压力传感器、位移传感器以及温度传感器的布置示意图；图 12.6 为计算模型中加热器安装的钻孔内表面热分析边界分段示意图。

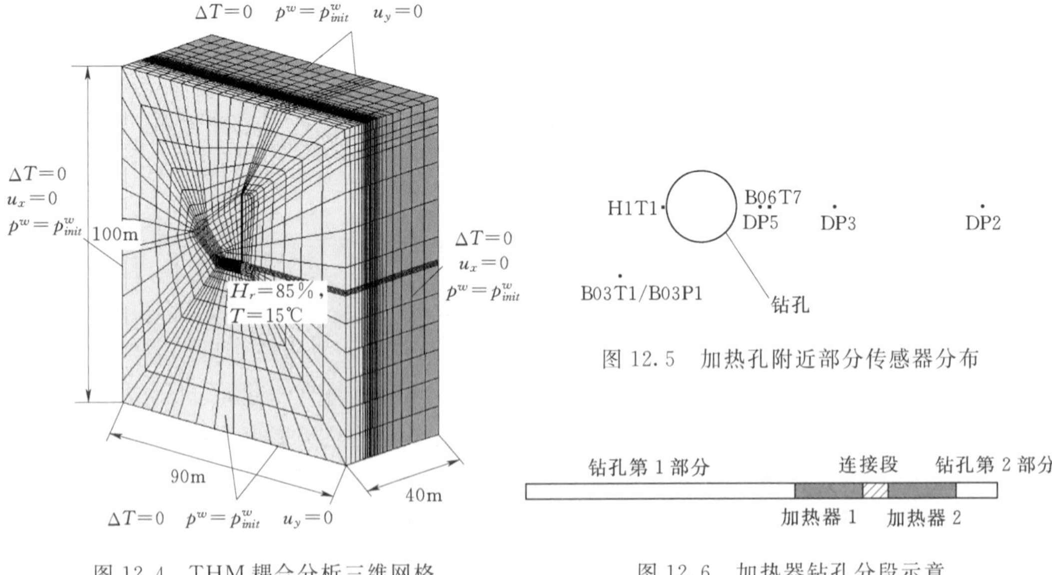

图 12.4 THM 耦合分析三维网格

图 12.5 加热孔附近部分传感器分布

图 12.6 加热器钻孔分段示意

12.3.2 主要计算参数

三维各向异性耦合分析的主要计算参数见表 12.1～表 12.3，其中，表 12.3 中的渗透系数为初始渗透系数。随着温度的升高，孔隙水的黏滞性随之发生改变，从而引起渗透系数的改变。孔隙水的黏滞性按下式计算

$$\mu(T)=0.0147T^{-0.863} \tag{12.6}$$

表 12.1　　物理力学参数

密度 /(g/cm³)	孔隙率 /%	泊松比		弹性模量/MPa	
		⊥　//	//　//	//	⊥
2.45	13.5	0.24	0.33	10000	4000

表 12.2　　热传导及热力学参数

线性热膨胀系数/(℃⁻¹)	比热 /[J/(kg·℃)]	热传导系数	
		$\lambda_{//}$/[W/(m·K)]	$\lambda_{\perp}$/[W/(m·K)]
2.6×10^{-5}	1000	2.76	1.32

表 12.3　　水力学参数

比奥系数	比奥模量/MPa	渗透系数/(m/s)	
		$K_{//}$	$K_{\perp}$
0.6	7800	1.0×10^{-13}	0.5×10^{-13}

12.3.3 边界及初始条件

由于加热器直径只有 0.3m，而计算模型长宽高分别为 90m、40m 和 100m，根据圣维南原理可以认为模型边界上的法向位移为零。经过分析加热时间内加热器产生的总热量对整个模型引起的平均温升和孔隙压力改变情况，可以认为模型边界上的温度和孔隙压力改变量可以忽略。初始应力场、温度场和孔隙压力场根据现场测试分析结果取值，见表 12.4。

表 12.4　　初始条件

初始温度 /℃	初始孔隙压力/MPa	初始应力/MPa		
		σ_v	σ_H	σ_h
15	1.2	7.25	4.75	2.2

12.3.4 荷载及分析步骤

为尽可能真实反映计算模型的实际状况，计算过程按以下 7 个步骤进行，各步骤施加相应的荷载条件。

第 1 步：$t=0$，初始应力、温度场和孔隙压力场的模拟。

第 2 步：$t=0$，平洞 MI－niche 开挖过程计算（仅力学计算）。

第 3 步：$t=0\sim1815$ 天（6 年），平洞 MI－niche 通风模拟（渗流场和应力场 HM 耦合分析）。

第 4 步：$t=1815\sim1818$ 天，加热器钻孔施工模拟（HM 耦合分析）。

第 5 步：$t=1818\sim1909$ 天（加热时间：0～91 天，THM 耦合分析），加热阶段Ⅰ，加热功率 650W。

第 6 步：$t=1909\sim2156$ 天（加热时间：91～338 天，THM 耦合分析），加热阶段Ⅱ，加热功率 1950W。

第 7 步：$t=2156\sim2206$ 天（加热时间：338～388 天，THM 耦合分析），冷却阶段，加热器停止工作并被拆除。

12.4 计算成果分析

12.4.1 温度变化过程

图 12.7 给出了温度传感器 H1T1、B03T1 和 B06T7 在加热及冷却过程中的温度变化过程。图 12.7 中时间原点设定为加热起始时间点。由图 12.7 可知，现场试验和热流固耦合数值计算得到的结果都揭示了在加热功率不变的情况下，岩体中的温度在加热初期出现的急剧上升，在加热后期岩体温度变化相对平稳。这种现象反映了后期加热提供的能量主要用于维持温度保持为一个恒定值。继续供给的能量通过热传导效应在距离加热钻孔更远的岩体中消耗。加热器的能量供给与岩体中的能量耗散存在一个平衡点，当达到能量平衡时，岩体中的温度不再发生变化。

温度传感器位置处岩体温度的数值计算成果与实测结果高度吻合。这表明采用三维热传导分析模型可以很好地模拟岩体中的热传导效应。岩体温度场的正确模拟为岩体渗流场和应力场的分析奠定了好的基础。

12.4.2 孔隙水压力发展过程

试验过程中，由于没有改变渗流边界条件，改变的边界条件仅仅是在加热器的钻孔中施加了热流量边界，因此，认为岩体孔隙水压力的变化仅由温度变化所导致。图 12.8 为孔隙水压力传感器 B03P1 处的孔隙水压力实测与数值计算变化过程。B03P1 处的孔隙水压力实测值和计算值都显示了岩体内的孔隙水压力在加热阶段的初期都出现的快速上升现象，这种变化过程与温度的变化过程相一致，表明岩体内孔隙水压力的变化完全由温度变化所引起。

B03P1 处的孔隙水压力在第一个加热阶段达到最大值 2.4MPa 后，呈现一定程度的降低现象。在第二加热阶段，孔隙水压力的变化规律与第一阶段相同。第二加热阶段，B03P1 处孔隙水压力实测值最大值约 4.0MPa，计算值则达到了 5.0MPa 左右，两者差别较大。

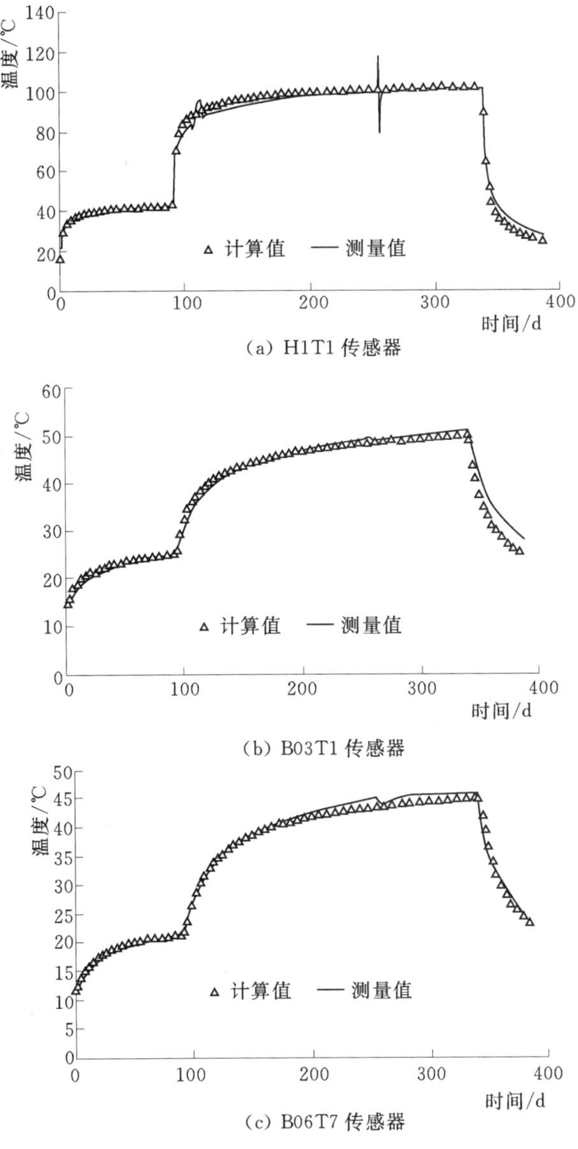

图 12.7　岩体温度变化过程线

在冷却阶段，岩体中孔隙水压力出现快速下降，B03P1 处的孔隙水压力计算值在冷却一段时间后，出现了负孔隙压力，表明该处岩体的饱和状态发生了改变，即冷却导致该部位岩体由加热状态下的饱和状态转化为非饱和状态。B03P1 的实测孔隙压力为零的原因是该孔隙水压力传感器不能同时测量负压的缘故。

12.4.3　岩体变形过程分析

在试验区布置了 3 个钻孔以安装变形监测的多点位移计，这里选择 BHE－D6 钻孔中的多点位移计的变形进行分析。该钻孔与加热器安装钻孔几乎呈垂直关系，与加热器附近岩体变形方向基本相同。图 12.9 给出了钻孔 BHE－D6 中岩体的变化发展过程。变形实测数据与计算结果的变化趋于基本相同。变形变化趋势与孔隙水压力的变化趋势也一致：即加热初期，变形急剧增加；后期岩体温度相对稳定状态下，变形量会逐渐减小。

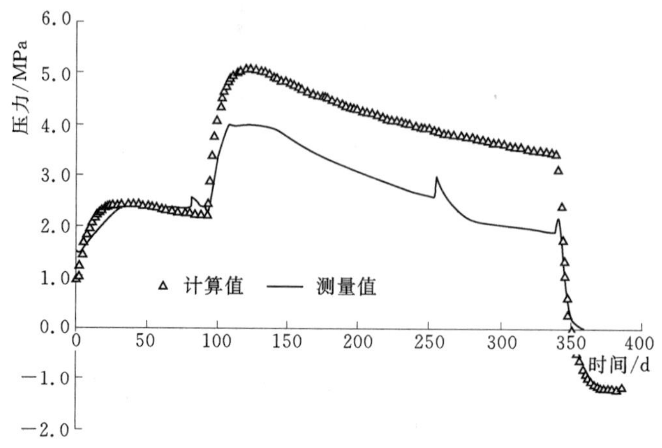

图 12.8　岩体孔隙水压力变化过程

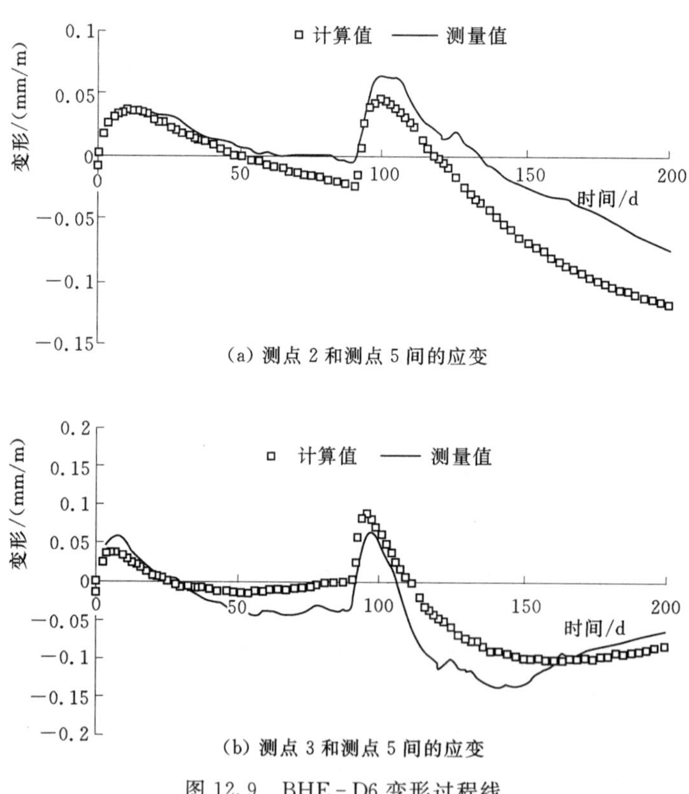

(a) 测点 2 和测点 5 间的应变

(b) 测点 3 和测点 5 间的应变

图 12.9　BHE-D6 变形过程线

12.5　小结

岩体在温度荷载作用下，除了在固体骨架上产生温度应力外，同时还会在饱和岩体中

引起超静孔隙水压力。温度荷载作用下，岩体孔隙率会随应力而变化，同时孔隙水黏滞性也会随温度变化而发生改变。孔隙率和孔隙水黏滞性改变导致孔隙水的渗透性增加或减小，从而影响孔隙压力的大小。

采用热流固耦合分析模型，对 Mont Terri 核废料地质储存库黏土岩在加热和冷却状态下的温度、孔隙水压力和变形变化过程进行了全面分析。温度、孔隙水压力及变形的现场实测值和数值计算成果表明：在高温状态下，岩体孔隙水压力和变形受温度影响显著，采用的各向异性模型可以较为准确的反映岩体内温度、孔隙压力的变化过程，这有助于深入了解核废料地质处置岩体中各种物理量的变化状况，为保证核废料储存库的设计、安全运行提供重要的决策依据。

第 13 章　地下水封石油洞库相关渗流问题研究

13.1　引言

地下水封石油洞库作为原油储备的方式之一，在我国已经进入实施阶段。地下水封油库的原理是利用洞室周边岩体裂隙水压力与洞库中的油压力之差封存洞库中的原油。因此，为达到良好的水封效果，地下水封油库的位置必须布置在某一稳定的地下水位线以下，以保证洞库边墙和底板裂隙岩体中的水压力大于洞库中相应位置处的储油压力。洞库区地下水位的变化与洞库初始地下水位、洞库开挖过程及油库运行方式等密切相关。王作垣（1999）通过分析宁波石浦水封油库分析 1976 年 7 月至 1978 年 7 月两年期间的地下水位观测数据后，指出石油洞库上方岩体内的地下水位变化在施工期和运行期都将经历一个复杂的变化过程，并且运行期水封油库罐体周围存在一个地下水位的降落漏斗，而且漏斗曲线随罐内液面的高低而变化。洞库区出现的降落漏斗一般源于施工期洞室开挖处理不当。郭书太（2008）指出洞库周围岩体中的降落漏斗过大和水体疏干严重时可能导水封条件的丧失。由于洞库区岩体渗透性一般较小，洞库水封条件丧失后再恢复将是一个复杂而漫长过程。因此，在施工期应采取相应的保护措施以避免洞库周围岩体中的水体被大范围疏干。

张秀山（1995）通过对实验和现场监测资料的分析证实了在长期空库排水条件下储油洞库拱顶以上还保持了一定厚度的水柱。蒋中明（2010）等利用三维非恒定流数值方法研究广东惠州和湛江地下水封油库的地下水变化情况后，发现洞库上方岩体内的水体在长达 3 年的施工过程中也不会被完全疏干。由此可见，洞库上方岩体中的水体并非在任何情况下都会被疏干。因此，研究洞库区地下水位存在形式，为洞库水幕系统的设置提供依据具有重要的现实意义，同时也是评价地下水封石油洞库水封能力的重要依据。

13.2　两相流数值理论

洞库区围岩一般都是裂隙岩体，工程尺度的裂隙岩体渗流场可以采用基于连续多孔介质的饱和非饱和非恒定渗流理论进行分析。连续多孔介质饱和非饱和渗流理论介绍参见第 2 章。

地下水封石油洞库在运行期间由于原油蒸发等效应将导致洞库顶拱部位积聚大量油气，引起储油压力的增加。如果水封厚度不足，随着油气压力的升高，油气可能驱动洞库围岩中的地下水产生流动。油气在岩体中的迁移过程可以采用基于气液两相流理论的数值方法对油气的水封效果进行模拟分析。

多孔连续介质气液两相流的控制方程为

$$\phi \frac{dS_w}{dp_c}\left(\frac{\partial p_a}{\partial t}-\frac{\partial p_w}{\partial t}\right)=\frac{\partial}{\partial x_i}\left[\kappa_{ij}\frac{k_{rw}}{\mu_w}\left(\frac{\partial p_w}{\partial x_j}+\rho_w g\frac{\partial x_3}{\partial x_j}\right)\right] \tag{13.1}$$

$$\phi\left[(1-S_w)\frac{d}{dp_a}\left(\frac{1}{\beta_a}\right)-\frac{1}{\beta_a}\left(\frac{dS_w}{dp_c}\right)\right]\frac{\partial p_a}{\partial t}+\frac{\phi}{\beta_a}\left(\frac{dS_w}{dp_c}\right)\frac{\partial p_w}{\partial t}=\frac{\partial}{\partial x_i}\left(\kappa_{ij}\frac{k_{ra}}{\mu_a\beta_a}\frac{\partial p_a}{\partial x_j}\right) \tag{13.2}$$

式中：κ_{ij} 是本质渗透率张量；k_{ra} 和 k_{rw} 分别是气体和水的相对渗透系数；p_a 和 p_w 分别是气体和水的压力；p_c 为毛细压力；S_w 为水饱和度；ϕ 为孔隙介质的孔隙率；β_a 是气体体积生成因子；ρ_w 是水的密度；μ_a 和 μ_w 分别是气体和水的黏滞性系数；g 为重力加速度；t 是时间；x_j 是笛卡尔坐标（x_3 为铅直方向，向上为正）。

边界条件类型：已知压力边界或已知流量边界。

毛细压力和饱和度以及相对渗透系数的关系可采用 Brooks & Corey（1966）或 Van Genuchten（1980）建议的表达式来描述。

13.3　洞库区地下水位变化特性分析

13.3.1　数值模型及计算方案

以国家石油储备黄岛地下水封石油洞库工程为例，研究水封石油洞库区地下水位变化过程及变化规律。

黄岛地下水封石油洞库工程包括地下工程和地上辅助设施两部分，设计库容 300 万 m^3。地下工程主要包括 2 条施工巷道及其连接巷道、9 个主洞室、9 个竖井及 5 条水幕巷道。9 个主洞室按北偏西 45°平行设置，每 3 个主洞室之间通过四条连接巷道组成一个罐体，共分为 3 个洞罐组。主洞室设计底面标高为－50m，长度为 484～717m，设计洞跨 20m，洞高 30m，截面形状为直墙圆拱形。主洞室壁与相邻施工巷道壁之间设计净间距为 25m，两个相邻主洞室之间设计净间距为 30m。图 13.1 为洞库布置示意图。库址区含水介质为晚元古界花岗片麻岩，地下水存在类型为松散岩类孔隙水和基岩裂隙水，其中基岩裂隙水又可分为浅层的网状裂隙水和深层的脉状裂隙水。

数值研究选择洞库中间部位横剖面Ⅰ—Ⅰ进行有限元建模。平面有限元计算范围从施工巷道外边缘向外各延伸 600m，模型底部高程－250.00m，顶部为自然高程，模型总长 1805m。计算模型单元数量为 7321，节点数量 5789。网格自动剖分为四边形和三角形单元，对洞室附近岩体进行单元加密处理。图 13.2 为有限元计算网格图。

（1）初始条件。根据库址区钻孔水位观测资料及库址区外围水文地质调查资料：钻孔地水位标高为 93.07～268.48m，库址区外围水井及地表水体水位标高为 39.00～124.35m，地下水位变化幅度一般小于 5m，地下水位标高变化基本与地形基本一致，水位标高最小值 39.00m 为远离洞库的殷家河水库水位。计算时，洞库位置初始水位按钻孔水位考虑，进行初始渗流场拟合计算。

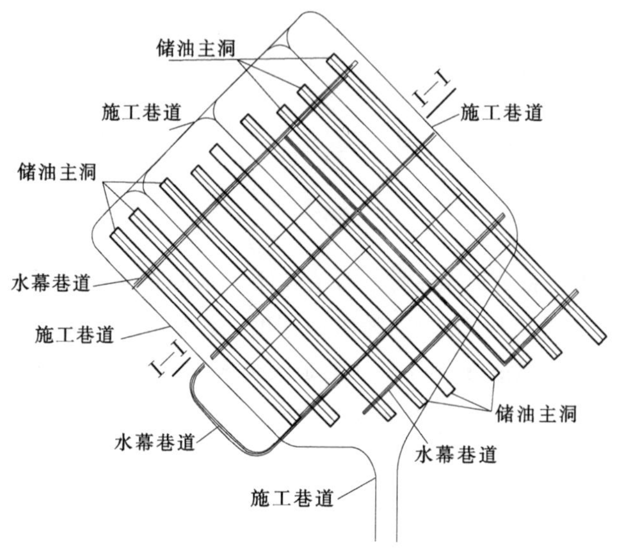

图 13.1　洞库布置示意图

（2）边界条件。模型计算边界位于影响区半径范围外，因此认为边界不受地下洞室的影响。模型底部水平边界设定为不渗透边界，铅直边界设定为已知水头边界。施工期洞库边墙、顶拱和底板按自由排水边界处理；运行期地下油库边墙和底板以及水幕孔布置平面概化为定水头边界，注水孔水头按高出水幕孔高程 2m 控制。此次研究不考虑降雨入渗对地下水位的影响。

（3）水力学模型。各向同性达西流模型。

（4）计算水力学参数。为了有效地封存地下洞库中的原油，地下石油洞库都选择布置在渗透性小的地层中，例如韩国 Yeosu peninsula 石油洞库区岩体渗透系数为 $i\times10^{-9}\sim i\times10^{-10}$ m/s；韩国 U_2 石油洞库区岩体渗透系数为 $i\times10^{-8}$ m/s；锦州地下石油洞库围岩渗透性则在 $i\times10^{-5}\sim i\times10^{-9}$ m/s 之间变化。根据现场渗透试验成果，黄岛地下石油洞库区围岩渗透系数也在 $i\times10^{-9}\sim i\times10^{-10}$ m/s；湛江地下石油洞库区围岩渗透系数也在 $i\times10^{-7}\sim i\times10^{-9}$ m/s。

由此可见，尽管地下储油洞库区岩体渗透系数较小，但不同的工程或同一工程的不同部位，其渗透性相差也在 2～3 各量级之间变化。针对这种情况，数值计算时渗透系数分别取 $K=1.15\times10^{-9}$ m/s、$K=5.75\times10^{-9}$ m/s、$K=1.15\times10^{-8}$ m/s 和 $K=1.15\times10^{-7}$ m/s，共计 4 种情况。渗透系数取值变化计算目的是为了研究渗透系数变化对地下水位变化的影响。

由于地下储油洞库的规模宏大，为了加快工期，我国一般采用各洞库同时开挖的施工方式。因此，数值计算时按 9 个洞库一次开挖完成进行考虑；同时，为了对比分析，也研究了 9 个洞库分别按 3 个开挖步时洞库围岩渗流场变化情况。现有的资料表明，国内外的地下水封石油洞库大都采用水幕系统，但也有少量未采取水幕系统而成功储油的工程，故计算中考虑水幕注水和不注水两种工况。表 13.1 为数值模拟采用的计算方案。

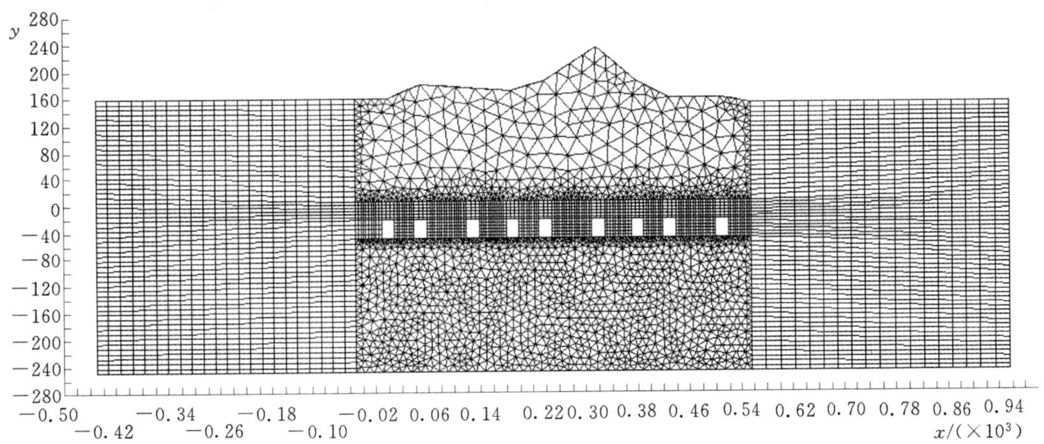

图 13.2　计算网格图

表 13.1　　**计　算　方　案**

工况	方　　案
1	9 个洞库采用一次性开挖（水幕孔不注水）
2	采用分步开挖，0～1 年开挖 1～3 号洞库，1～2 年开挖 4～6 号洞库，2～3 年开挖 7～9 号洞库（水幕孔不注水）
3	9 个洞库采用一次性开挖（施工 2 年后水幕孔开始注水）
4	工况 1 完成时计算水位，储油 50 年（水幕孔不注水）
5	工况 3 完成时计算水位，储油 50 年（水幕孔注水）

13.3.2　洞库区地下水位动态变化过程

水封油库洞库区的地下水位变化对洞库的运行有着至关重要的影响。关于洞库区洞库上方地下水在施工及运行工程中的变化情况，目前观点还不统一。从现有文献来看，大部分文献中均采用了洞库上方水体在施工及运行期将被疏干而形成一个降落漏斗的假定。如果这个假定成立，洞库排水形成的降落漏斗必然影响到洞库储油功能的正常发挥。由于洞库在储油运行过程中会在拱顶位置积聚大量的油气；油气的积聚会导致洞罐顶部的压力增加，如果洞罐上方岩体中的水头不足，油气很可能通过岩体中的裂隙进入到大气中，污染大气，危害人体健康，甚至会产生安全事故。计算结果表明，岩体渗透性越小，形成的漏斗范围越小。为了解洞库排水对地下水位的不利影响，以下采用渗透系数为 $K=1.15\times10^{-7}$m/s 时的计算成果来分析洞库区地下水位的动态变化过程。

图 13.3 为施工期水幕孔不注水条件下，洞库一次性开挖 3 年后的地下水位和孔隙水压力分布等值线图。由图可知，当岩体渗透系数在 10^{-7}m/s 量级时，中间 6 个洞库上方岩体均进入到非饱和状态，山体中原地下水位下降幅度明显，洞库区形成了明显的水位降落漏斗。同时左边 2 个洞库和右边 1 个洞库的围岩因排水作用也出现了一定范围的非饱和区，洞顶非饱和区明显大于洞库边墙附近岩体的非饱和区，洞库上方出现不连续的地下水位线。

图 13.4 为施工期水幕孔注水情况下的洞库一次性开挖 3 年后的地下水位和孔隙水压

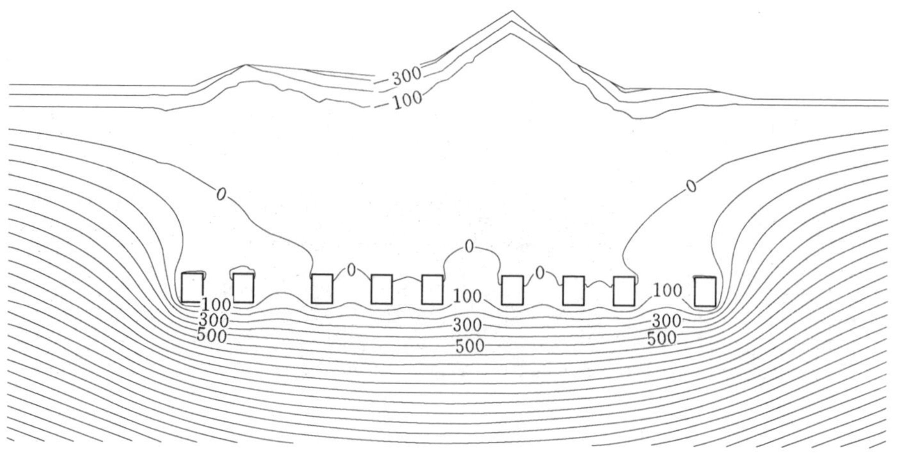

图 13.3　洞库一次性开挖 3 年后的岩体孔隙水压力等值线图（不注水，单位：kPa）

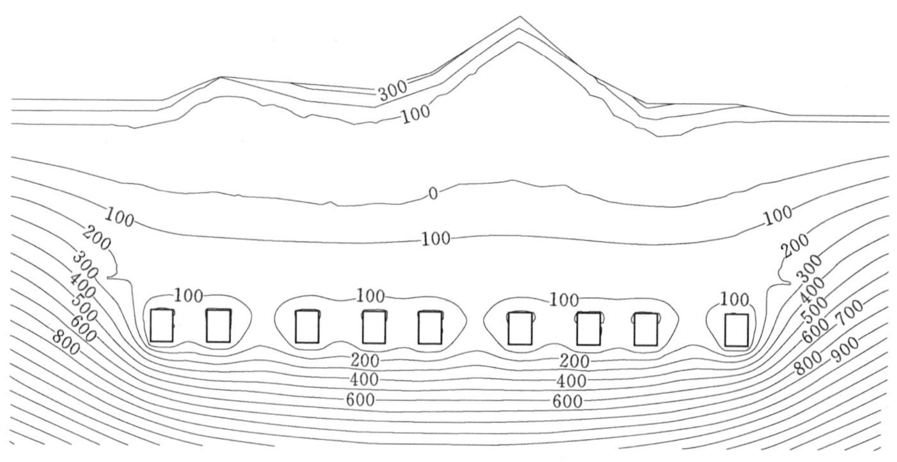

图 13.4　洞库施工完成时的岩体孔隙水压力等值线图（注水，单位：kPa）

力分布等值线图。在开挖 2 年后对水幕孔进行注水时，洞库上方岩体中的地下水位也会产生较大幅度的下降；但由于水幕孔注水作用，地下水位的下降幅度远小于不注水工况。洞库上方岩体中的水位降落漏斗也不十分明显。同时，由于水幕系统的补水，使得储油洞库附近岩体的非饱和区范围十分有限。由此可见，施工期水幕系统注水与否对地下水位的影响至关重要。

图 13.5 给出了不注水条件下洞库开挖后不同时期的地下水位变化过程图。在洞库开挖之前，洞库上方岩体中的地下水位变化基本与地形一致。由于岩体渗透性较大，开挖 180 天后地下水位的最大降幅达到 101m 左右，第 4 和第 5 洞库之间拱顶上方岩体以及第 7 和第 8 洞库之间拱顶上方岩体中的水体也被大量排出而形成连通的地下水位线。开挖后 180～360 天之间，地下水位下降也比较迅速，360 天后第 4 和第 5 洞库之间拱顶上方岩体非饱和区与地表大气连通。第 2 年至第 3 年之间的地下水位的下降速度明显放缓，岩体中的渗流状态逐步趋向于恒定渗流。

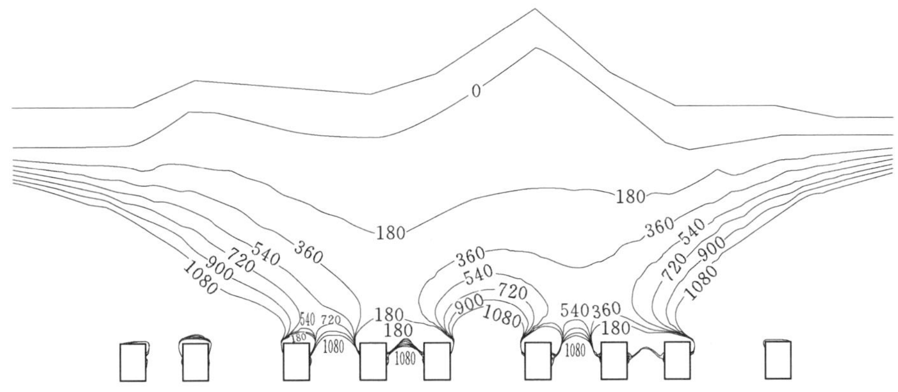

图 13.5　洞库开挖后不同时期的地下水位变化过程（不注水，单位：d）

图 13.6 是洞库分 3 步开挖不同时期的地下水位变化过程。对比图 13.5 和图 13.6 可发现，洞库一次开挖和分步开挖最终形成的地下水位基本一致，但其中间变化过程却不相同。在分步开挖情况下开挖 360 天后，洞库上方还保留了相当厚度的地下水体。由此可见，施工方式的不同也是影响地下水位的变化的重要因素之一。

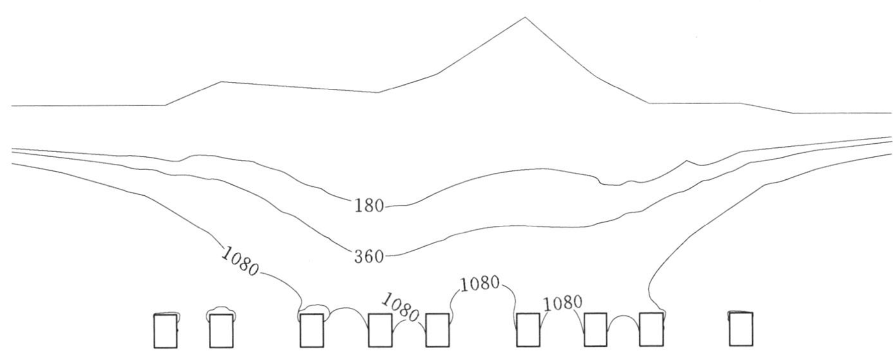

图 13.6　洞库分 3 步开挖不同时期的地下水位变化过程（不注水，单位：d）

图 13.7 给出了注水条件下洞库一次性开挖后不同时期的地下水位变化过程图。由于水幕孔的注水，一方面补给了因开挖而形成的洞库上方非饱和区裂隙岩体，同时水幕系统注水向上抬高水幕系统布置平面上方的地下水位，使得水幕系统布置平面上方和下方的非饱和岩体重新饱和，导致洞库上方岩体中地下水位在 180 天中快速升高近 90m，而注水 180 天后的地下水位的变化缓慢。

图 13.5～图 13.7 表明了设置水幕系统和不设置水幕系统情况下，洞库区地下水位变化过程和规律完全不同；同时指出洞库区饱和非饱和非恒定渗流分析过程可以清晰的反映洞库开挖引起的地下水位变化过程。对地下水位变化过程的充分认识是洞库区地下水合理管理的基本前提之一。

图 13.8 为不注水条件下运行期洞库地下水位变化过程图。在不设置水幕系统的条件下，施工开挖在洞库上方岩体中形成了大量与地表大气连通的非饱和区。在洞库区周围水体补给作用下，非饱和区在储油后将逐渐恢复到饱和状态，即洞库上方的岩体地下水位会

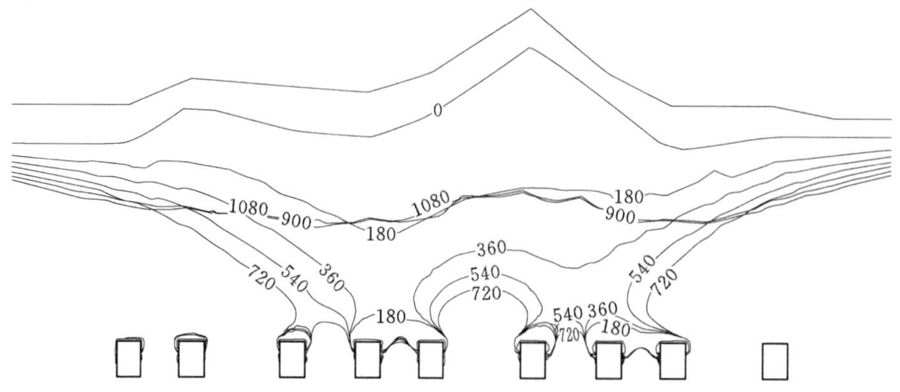

图 13.7　洞库开挖后不同时期的地下水位变化过程（注水，单位：d）

逐渐恢复。图 13.8 还表明在维持 0.2MPa 储油压力作用下洞库运行 50 年，洞库上方地下水位将经历一个较为缓慢的下降过程，并逐步稳定在距离洞顶 25m 位置处。

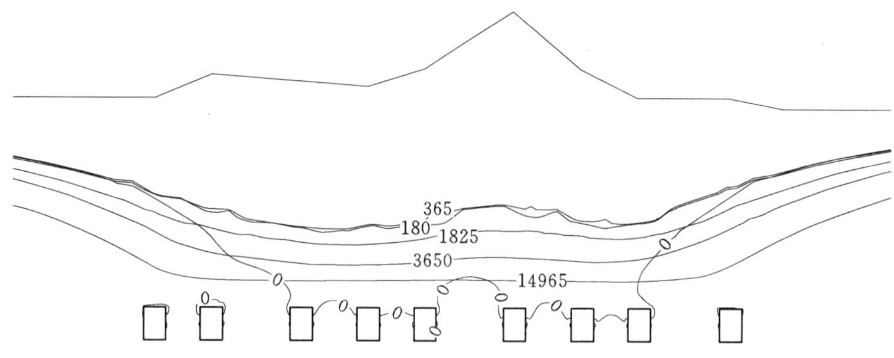

图 13.8　运行期洞库地下水位变化过程（不注水，单位：d）

图 13.9 为注水条件下运行期洞库地下水位变化过程图。在施工完成 1 年后开始注水的条件下，洞库上方岩体中将保持较高的地下水位。运行期储油开始后（图中第 0 天），如果保持洞库 0.2MPa 储油压力，洞库上方地下水位将逐渐缓慢地降低。洞库运行 50 年

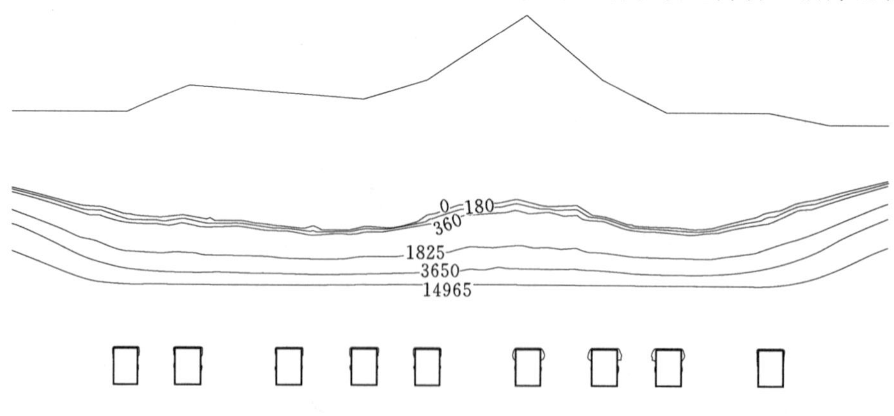

图 13.9　运行期洞库地下水位变化过程（注水，单位：d）

后，地下水位也逐步稳定在距离洞顶 49m 位置处。注水情况下洞库上方保留的水体厚度远大于不注水情况下洞库上方保留的水体厚度。

13.3.3　岩体渗透系数取值对地下水位影响

为考察洞库区岩体渗透系数大小对地下水位变化的影响，分别对布置在常用的渗透范围区间的洞库区渗流场进行了计算分析。图 13.10 和图 13.11 分别为注水和不注水前提条件下洞库开挖 3 年后的地下水位对比图。无论洞库上方是否设置水幕系统，当洞库区岩体渗透系数小于 1.0×10^{-8}m/s 时，洞库上方地下水位下降幅度都比较小。当洞库区岩体渗透系数大于 1.0×10^{-7}m/s 时，洞库上方地下水位将产生大幅度下降；特别是在不注水条件下，洞库区地下水位将下降到洞库拱顶位置，并在洞库区形成巨大的降落漏斗。因此从安全储油的角度出发，洞库区不宜选择在岩体渗透系数大于 1.0×10^{-7}m/s 地区。如洞库区局部存在渗透系数大于 1.0×10^{-7}m/s 的岩体，则必须对该部分岩体进行防渗处理。

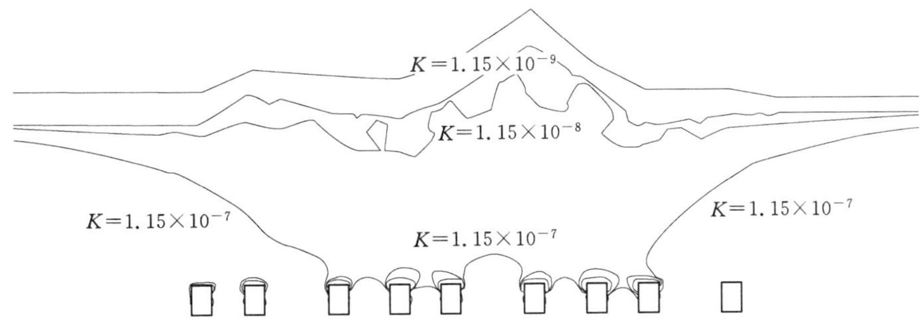

图 13.10　不同渗透系数情况下开挖 3 年后的地下水位对比图（不注水）

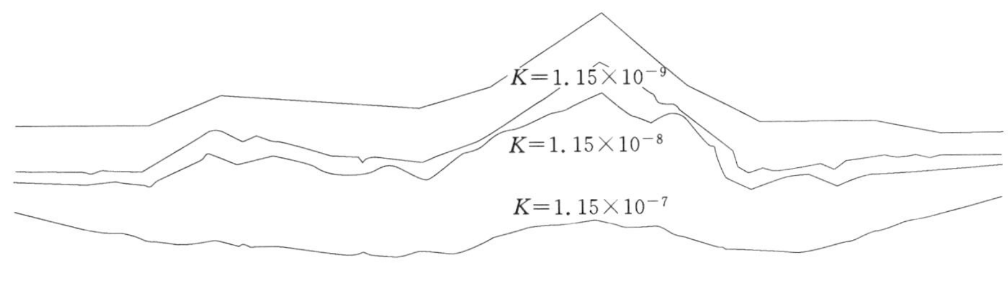

图 13.11　不同渗透系数情况下开挖 3 年后的地下水位对比图（注水）

13.3.4　关于洞库涌水量估计的讨论

关于涌水量估算方法一般分为三大类：一是基于恒定流假定的解析法，例如佐藤邦明法、大岛洋志法等；二是经验公式法，我国铁道部门在对大量铁路隧道涌水量资料分析基础上，建议了隧道涌水预测的经验公式法；第三为数值分析法。经验公式法和解析法因简单而得到工程界的广泛使用，但是其是否适合于地下油库涌水量的预测仍有待进一步验证。从上述洞库区地下水位变化过程可知，绝大部分情况下（渗透系数小于 1.0×10^{-7}m/s）洞库上方岩体中存在一定厚度的地下水体；加之渗透系数较大时都会采用注水补给地下水位的运行方式，也会在洞库上方形成一定厚度的水体。这种认识与大多数经验法、解析法采用的洞库边墙上存在降落漏斗假定不符合。再者，从施工到运行期洞库区附近渗流场均为非恒定渗流场。因此，使用经验法和解析法估计洞库涌水量存在假定不成立的问题。数值计算方法的优点可以模拟涌水量变化过程，同时，还能考虑不同渗透系数分区（渗透不均匀性）对涌水量估计的影响，因而水封石油洞库涌水量估计最合理的方法还是数值计算方法。

图 13.12～图 13.15 为施工期和运行期前述计算模型各洞库拱顶边界流量变化过程图。施工期不注水条件下，拱顶上方的流量随着开挖后时间的推移而逐步降低；施工期注水开挖条件下，在开挖后补水前拱顶上方的流量随时间推移逐步减少，在水幕巷道注水后，洞库的涌水量则大幅度增加，随后涌水量逐步稳定。

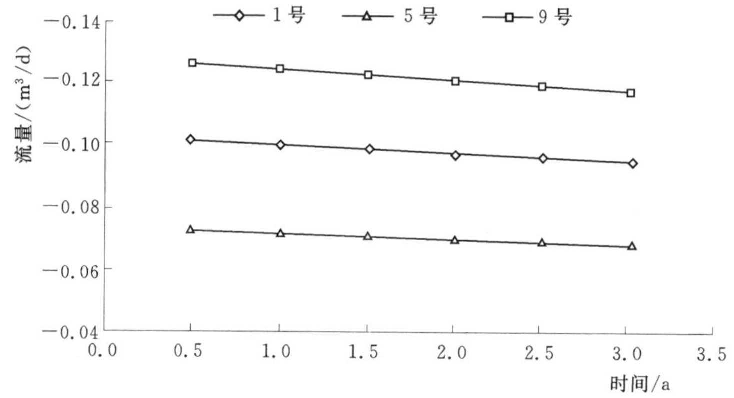

图 13.12　施工期洞库拱顶边界涌水量变化曲线（不注水）

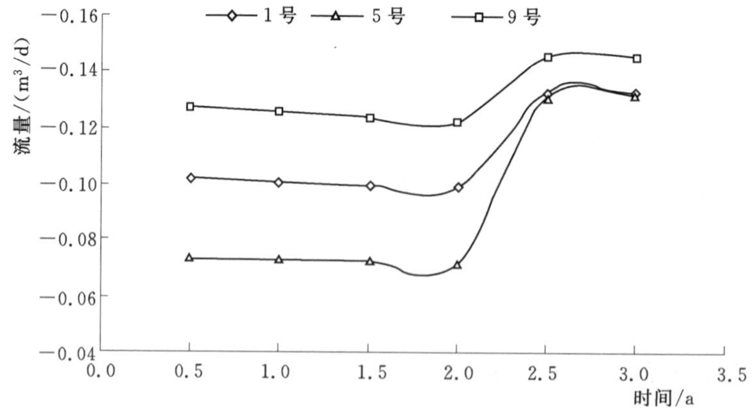

图 13.13　施工期洞库拱顶边界涌水量变化曲线（注水）

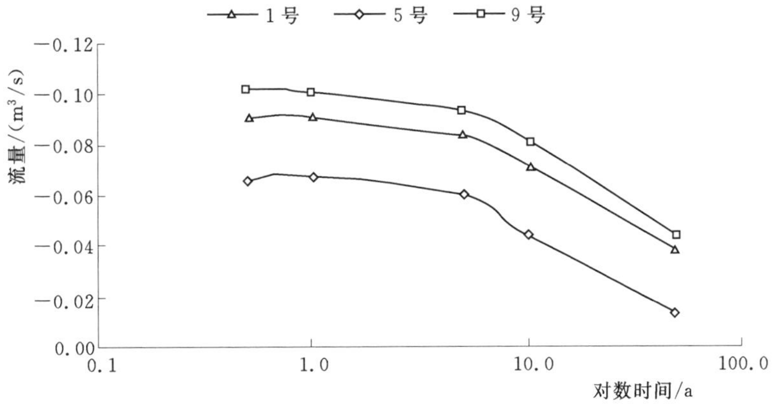

图 13.14　运行期洞库拱顶边界涌水量变化曲线（不注水）

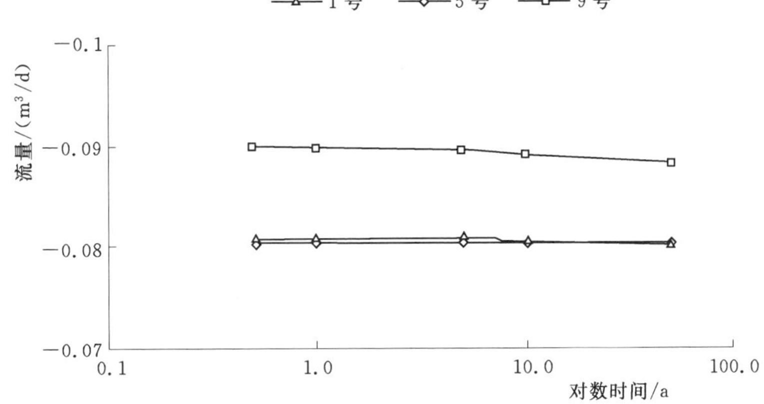

图 13.15　运行期洞库拱顶边界涌水量变化曲线（注水）

运行期不注水条件下，拱顶上方边界流量随储油时间的推移逐渐减少，且前 10 年内涌水量降低幅度大于后期 40 年涌水量降低幅度，表明前期大量排水后，在不考虑地表补给情况下洞库上方水体有被疏干的风险，因此，在渗透系数取 1.0×10^{-7}m/s 情况下采用不注水运行方式不可行。

运行期注水条件下，拱顶上方边界流量在储油开始后迅速降低，随后基本稳定在一个相对稳定的量值上。由此可见，注水运行可以有效控制渗入洞库的涌水量。

13.4　水封准则研究

关于水封洞库封存的判断准则，瑞典人 Aberg 通过研究 LPG 储库洞室周围水压与储压的关系，提出了垂直水力梯度准则。Aberg 认为，只要垂直水力梯度大于 1，就可以保证储洞的密封性。但该准则忽略了重力、摩擦阻力以及毛细压力的影响，且水力梯度的精确计算较为困难，该准则在工程应用上并不方便。后来，Goodall 扩展了 Aberg 的垂直水力梯度准则，建议在实际设计中可以基于一个更简单的原则，即只要保证沿在远离洞室方

向所有可能的渗漏路径上某段距离内水压力不断增大，则可以保证不会发生气体泄漏。尽管防止气体泄漏的水封准则其形式比较简单，但由于天然岩体裂隙的不规则，在实际应用中可能出现各种困难。因此，工程上水幕设计应采用实践经验、理论计算和现场水力测试相结合的基础上进行。这种做法工程上可行、理论依据上存在不足。

13.4.1 洞库裂隙水渗流阻力推导

水封石油洞库在运行期，将在洞库上方积聚一定压力的油气。当油气压力大于裂隙中的水封能力时，裂隙水在油气压力的作用下而产生运动，水流在运动过程的所受到的阻力推导如下。

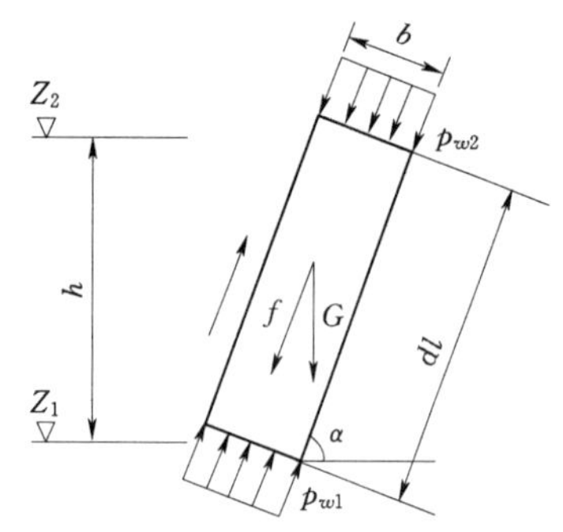

图 13.16 裂隙水流阻力示意

如图 13.16 所示，设裂隙宽度为 b，当渗流方向任意时，根据水力梯度的定义有

$$i=\frac{H_2-H_1}{\mathrm{d}l}=\frac{z_2-z_1}{\mathrm{d}l}+\frac{p_{w2}-p_{w1}}{\gamma_w \mathrm{d}l} \tag{13.3}$$

式中：H_1 和 H_2 分别为上、下端面处的总水头；z_1 和 z_2 分别为上、下端面处的位置水头；p_{w1} 和 p_{w2} 分别为上、下端面处的压力。

式（13.3）的微分形式为

$$i=\sin\alpha-\frac{\partial p_w}{\gamma_w \partial l} \tag{13.4}$$

式中：α 为裂隙倾角。

裂隙倾斜时，压力梯度与水力梯度的关系式如下

$$\frac{\partial p_w}{\partial l}=(\sin\alpha-i)\gamma_w \tag{13.5}$$

根据流线方向上的平衡条件 $\sum L=0$，可得

$$bp_w-b\gamma_w\sin\alpha \mathrm{d}l-f\mathrm{d}l-b(p_w-p_{w,l}\mathrm{d}l)=0 \tag{13.6}$$

式中：b 为裂隙宽度；$p_{w,l}$ 为裂隙水压力在流线方向导数，且有 $\partial p_w/\partial l=p_{w,l}$。

式（13.6）经过整理可得水流在单位长度裂隙中运动时受到的阻力为

$$\begin{aligned} f&=-b\gamma_w\sin\alpha+b\partial p_w/\partial l\\ &=-b\gamma_w\sin\alpha+b(\sin\alpha-i)\gamma_w\\ &=-b\gamma_w i \end{aligned} \tag{13.7}$$

13.4.2 临界水封厚度计算公式

1. 裂隙铅直情况

研究表明，当洞库拱顶存在铅直裂隙时，该裂隙可能成为洞库中聚集的油品蒸汽的最短和最不利溢出通道，因此取洞库油品汽相的最不利溢出通道进行研究。一般而言，根据水封石油洞库的选址原则：洞库位于地下水丰沛区域，因此在洞库建设前，洞库附近裂隙岩体都处于饱和状态，故裂隙也处于饱和充水状态。在洞库建设过程中，由于洞库开挖导致洞库区渗流场发生改变，从而降低了洞库区附近裂隙中的水压力；开挖结束洞库上方裂

隙水可能被排干，也可能不会被排干。根据水封油库建设要求，施工期一般不允许洞库上方裂隙水被排干。水幕系统的设置能有效地维持洞库上方的地下水位高度，使得裂隙中始终充满一定厚度的水体。

裂隙中的水与油气压力相互作用，为了防止洞库拱顶积聚的油气溢出，必须保证油气压力不能推动裂隙水运动。为研究裂隙水的受力情况，选择图 13.17（b）所示情形进行研究。图 13.17（c）为洞库上方铅直裂隙中的裂隙水受力示意图，G 为裂隙水重力，f 为水流阻力（大小等于渗透力，方向相反），p_a 为大气压力，p_g 为原油封存后洞库顶部的油品蒸气压力，P_{cA} 和 P_{cB} 分别为裂隙水端部受到的毛细力。

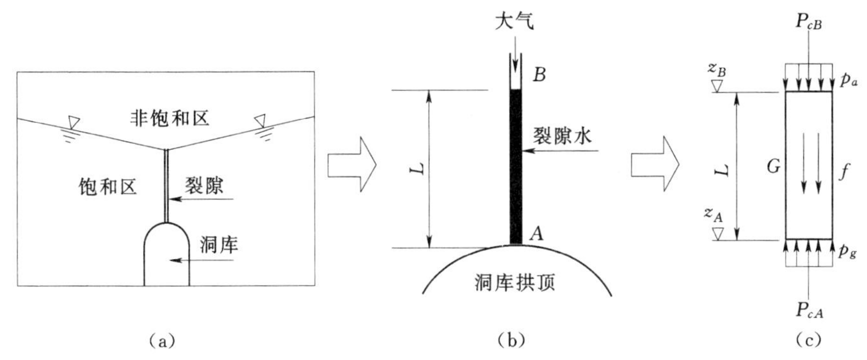

图 13.17　铅直裂隙水受力示意

裂隙水在上述作用力的共同作用下沿裂隙流动或处于静止平衡状态（临界状态）。当洞库中的气压较大，而裂隙水重力和阻力较小时，裂隙水在石油蒸汽压力作用下将向上运动，严重时导致洞库中的石油蒸汽进入大气中，从而污染洞库附近的空气，降低水封效果。为防止油气通过裂隙逃逸进入大气，必须满足下式

$$bp_{cA}+bp_g-bp_a-Lf-\gamma_w bL-bP_{cB}\leqslant 0 \tag{13.8}$$

式中：b 为裂隙宽度；L 为裂隙中水体的长度；γ_w 为水的重度。

式（13.8）就是要保证裂隙水在储油压力作用下，不向上运动。

考虑到毛细力大小与主要气水弯液面的曲率成正比，因此，对于同一宽度的裂隙，可以认为 $p_{cA}=p_{cB}$；同时考虑裂隙水流服从达西定律，其阻力大小等于水流运动产生的拖曳力，即 $f=bi\gamma_w$，当裂隙水在储油压力作用下产生向上运动的趋势时，裂隙岩体对裂隙水的阻力方向向下。于是式（13.8）变为

$$p_g-p_a-Li\gamma_w-\gamma_w L\leqslant 0 \tag{13.9}$$

式（13.9）中的水力梯度可以描述为

$$i=\frac{(z_B+p_a/\gamma_w)-(z_A+p_g/\gamma_w)}{L} \tag{13.10}$$

将式（13.10）代入式（13.9）、同时应用关系式 $L=z_B-z_A$，经整理得

$$2(p_g-p_a)-2\gamma_w L\leqslant 0 \tag{13.11}$$

于是，可得

$$L\geqslant(p_g-p_a)/\gamma_w \tag{13.12}$$

式（13.12）就是为防止洞库油气压力通过铅直裂隙逃逸的水封厚度准则。

由此可见，封存油气压力越大，洞库上方需要的水柱高度越大。当天然地下水位不能满足要求时，就必须设置水幕系统来满足上述准则，否则洞库中聚集的油气就会逃逸进入大气。

2. 裂隙倾斜情况

当洞库上方不存在铅直裂隙时，水封厚度的大小推导过程与铅直裂隙情况相同。图13.18给出了倾斜裂隙水体的受力示意图。

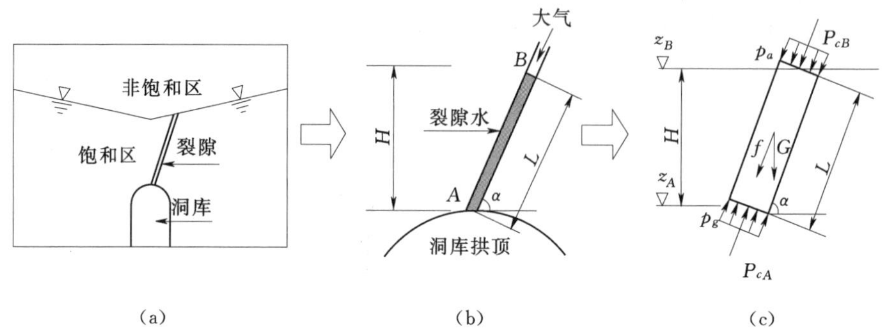

图 13.18 倾斜裂隙水受力示意

同样，为防止油气通过倾斜裂隙逃逸进入大气，必须满足下式

$$bP_{cA}+bp_g-bp_a-Lf-\gamma_w bL\sin\alpha-bP_{cB}\leqslant 0 \tag{13.13}$$

式中：α 为裂隙倾角；其余符号意义同上。

同样，考虑 $P_{cA}=P_{cB}$、$f=bi\gamma_w$，以及水力梯度 i 表达式（13.10），由式（13.13）得

$$2(p_g-p_a)-\gamma_w(z_B-z_A)-\gamma_w L\sin\alpha\leqslant 0 \tag{13.14}$$

因为（z_B-z_A）$=L\sin\alpha$，可得

$$H=(z_B-z_A)\geqslant(p_g-p_a)/\gamma_w \tag{13.15}$$

式中：H 为水体的厚度；当取等号时，H 为临界水封厚度。

式（13.15）表明为了防止油气从倾斜的裂隙中逃逸，倾斜裂隙中的水体在铅直方向上的厚度也必须大于$(p_g-p_a)/\gamma_w$，该条件与油气从铅直裂隙中的逃逸准则得到的结果相同，因此，式（13.15）与式（13.12）一样，可以作为油气水封判别准则。

由此可见，只要洞库上方岩体中的水体厚度满足式（13.15），不管岩体中分布的裂隙形态是铅直，还是倾斜的，积聚在洞库顶拱附近的油气都不会泄漏到大气中。

13.4.3 临界水封厚度与原油渗入关系

当洞库上方存在水盖层或水幕孔注水施工情况下，由于大型水封石油洞库施工期较长，在洞库施工结束后、正式储油前，洞库边墙中仍然有可能产生一定范围的非饱和区。非饱和区的存在，为注入洞库的原油提供了进入岩体的通道。而原油一旦进入到岩体裂隙中，即使在后期地下水压力作用下，也不可能将已经进入到岩体裂隙中的原油全部压回到洞库中。因此，无论是在施工期、还是在运行期，都需要确保洞库边墙岩体中的裂隙始终处于饱水状态。由于水比油重，只要裂隙始终处于饱水状态，边墙岩体裂隙中的水压力就始终会大于洞库相应位置的原油压力，从而将原油封存在洞库中。因此，从水封洞库中原

油渗入岩体角度看，洞库拱顶上方的水盖层厚度只要满足密封油气逃逸的厚度，就能够阻止洞库中的原油渗入岩体中。

13.4.4　合理性讨论

根据式（13.10），不管裂隙中的水柱高度如何取值，如果储油压力 p_g 取 1 个大气压，即 $p_g=p_a$，在岩体中的裂隙为铅直情况下，由式（13.10）可知，水力梯度 i 将恒等于 1，即满足 Aberg 提出的垂直水力梯度准则。

而在实际储油工况，洞库上方的油气压力因原油的挥发等作用会不断增加，而原油挥发形成的油气是不允许直接进入大气层的，因此洞库中的油气压力一定大于大气压力，即 $p_g>p_a$。由式（13.10）可知，裂隙中的水力梯度一定小于 1，即 $i<1$。因此，不满足 Aberg 提出的垂直水力梯度准则。但根据式（13.12）或式（13.15），即使 $i<1$，但只要裂隙中的水柱高度满足式（13.15），油气在裂隙水的重力及裂隙水流阻力作用下，仍然会被有效地封存在洞库中。

根据式（13.15）建议的水封准则，可方便确定出水幕系统的最小设置高度 $H_{\min}=L$ 和最小水封压力 $p_{\min}=p_a$。当水幕孔设置高度 $h<H_{\min}$，为了使得式（13.15）的关系式满足要求，必须要增大裂隙上端水幕孔位置处的水压，即通过增加注水孔内的压力来使得式（13.15）右端的数值降低，从而最终满足不等式（13.15）。

我国现行《地下水封石洞油库设计规范》（GB 50455—2008）借鉴了国外的工程实践经验，要求“洞室拱顶距设计稳定地下水位垂直距离应按下式计算且不宜小于 20m”，即

$$H_w=100p+15 \tag{13.16}$$

式中：H_w 为设计稳定地下水位至洞室拱顶的垂直距离，m；p 为洞室内的气相设计压力，MPa。

如果洞库内气相设计压力取 0.2MPa，那么根据式（13.16）可得水封厚度（设计稳定地下水位至洞室拱顶的垂直距离）为 35m；按照式（13.15）得到的水封厚度为 20m。由此可见，现行规范的做法是合理可行、且具有一定的安全余度的。

油气逃逸准则的水封实质：要么通过足够的天然水体厚度来封存洞库中聚集的油气；要么利用水幕系统通过人为增大裂隙水压力来封存洞库中聚集的油气。

式（13.15）给出的判别关系简单明了、概念清晰，在实际工程中应用时，不用进行复杂的水力梯度计算，便于工程设计人员理解和使用。因此，式（13.15）给出的准则是一个实用性很强的准则。

13.4.5　临界水封厚度的数值验证

为了验证上述水封准则的合理性，本小节采用两相流数值分析方法来验证不同水体厚度条件下的水封能力。

图 13.19 为数值计算的几何模型，图中尺寸单位为 m。计算时，H 为水封水层的厚度，分别取 15m、20m 和 30m 进行对比研究；洞库顶拱油气积聚压力（储油压力）设计值取 0.2MPa；岩体饱和渗透系数取 1×10^{-8}m/s。

图 13.20 为洞库附近气水两相稳定渗流数值计算气体和水流矢量分布图，其中红色箭

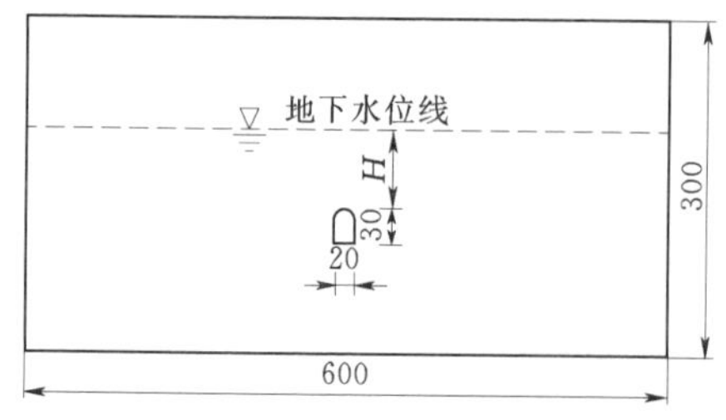

图 13.19 洞库气液两相渗流分析几何模型（单位：m）

头代表气体流速矢量、蓝色箭头代表液态水的流速矢量；图中蓝色虚线代表地下水位线。由前面的理论分析可知，在洞库储油压力为 0.2MPa 条件下，当洞库水封厚度为 15m 时，由于洞库中的气体压力大于洞库上方的水体水封能力，洞库中的气体将推动裂隙水运动向上方和两侧运移，为气体向岩体中迁移提供了的空间，并进入到上方的非饱和区，与大气相连通。当洞库水封厚度等于 20m 时，洞库中积聚的油气部分进入到岩体中，但由于水体厚度较大，油气压力不足以推动上方裂隙水发生大规模的迁移，因而被有效地封存于洞库上方岩体及洞库中。当洞库水封厚度等于 30m 时，由于洞库上方水体厚

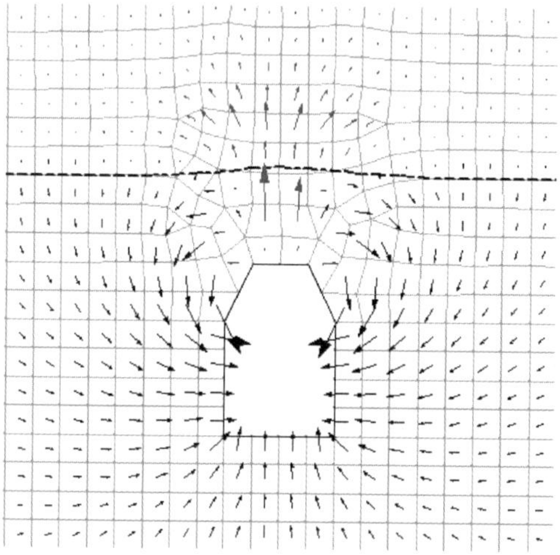

(a) H=15m

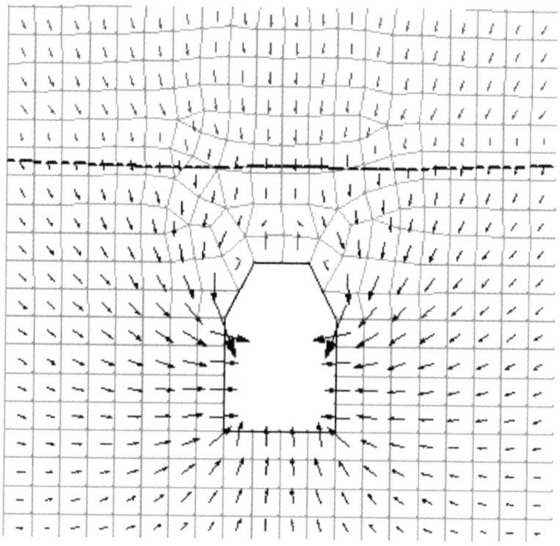

(b) H=20m

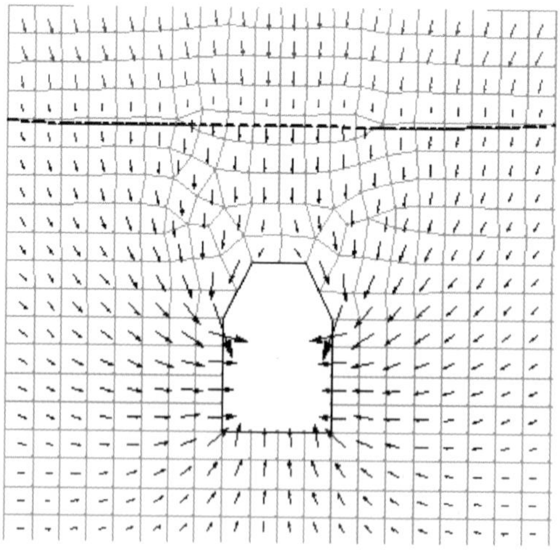

(c) H=30m

图 13.20 气相流和水相流矢量分布

度大，裂隙水在重力和储油压力的共同作用下，始终向洞库中渗漏，洞库中积聚的油气不能进入到岩体中，被很好地封存于洞库中。3 种数值计算结果表明，当洞库储油压力取 0.2MPa 时，洞顶上方水封厚度为 20m 基本可以满足水封要求，但是没有安全余度。当洞库储油压力取 0.2MPa 时，按照本章推荐的式（13.15）计算得到的临界水封厚度为 20m，它实质上给出的是保持气体不推动水体上相上迁移的临界厚度。由此可见，数值解和解析解得到的结果是一致的。

张秀山（1995）通过分析黄岛地下水封石油洞库（试验库）区地下水长期观测结果指出，在长期空库排水条件下，储油洞库拱顶以上还保持了约 30m 的水柱厚度。洞库投油后，在洞周围观测孔取样检测结果表明，洞周围无油品渗漏，洞顶部分在聚集有 245.17kPa 压力的油气条件下无外逸现象发生，这也为水封准则的正确性提供了实证。

上述数值研究结果和实测资料都表明，临界水封厚度完全可以作为油气水封条件的判别准则。同时，数值计算得到临界水封厚度和理论推导得到的解析解结果完全吻合。因此，基于水体厚度大小的水封判断准则是合理的、正确的。

13.5　小结

大型水封石油洞库区地下水位变化受洞库区围岩渗透性大小、洞库开挖方式和运行方式等的影响。洞库区地下水位动态变化特性的研究有助于全面了解洞库区地下水位变化的全过程，合理估计洞顶上方岩体中的水柱厚度，对水封油库设计中是否需要设置水幕系统来阻止运行期洞库中的油气外逸具有十分重要的实际意义。从地下油库水封的对象特点出发，提出了洞库水封的关键在于有效封存洞库上方积聚的油气成分。通过对裂隙岩体中水体运动的受力全面分析，推导了水封临界厚度的解析公式。

（1）当洞库区围岩渗透系数较大时，采用水幕系统补水是必要的；当围岩渗透系数较小时，由于洞库上方存在相当厚度的地下水体，是否设置水幕系统可以通过综合研究确定。

（2）岩体渗透系数的大小是影响洞库区地下位变化的最关键因素，因此建议洞库位置应选在渗透系数小于 1.0×10^{-8}m/s 的区域。

（3）地下水位的变化对涌水量估计影响不可忽视，采用数值分析方法估计涌水量相对更合理。

（4）当洞库上方的水体厚度大于临界水封厚度时，洞库周围的地下水能够同时满足油气及原油的封存要求。

参 考 文 献

[1] 王晓东．渗流力学基础［M］．北京：石油工业出版社，2006.

[2] 孔祥言．高等渗流力学［M］．2版．合肥：中国科技大学出版社，2010.

[3] 刘杰．土石坝渗流控制理论基础及工程经验教训［M］．北京：中国水利水电出版社，2006.

[4] G. A. Fox，M. L. Chu-Agor，R. M. Cancienne，G. V. Wilson. Seepage erosion mechanisms of bank collapse：three-dimensional seepage particle mobilization and undercutting［C］. World Environmental and Water Resources Congress 2008 Ahupua'a，ASCE，2008：1-10.

[5] Tomlinson S，Y. Vaid. Seepage forces and confining pressure effects on piping erosion［J］. Canadian Geotechnical Journal，2000，Vol. 37（1）：1-13.

[6] Kevin S. Richards，Krishna R. Reddy. Experimental Investigation of Piping Potential in Earthen Structure［C］. Geocongress 2008：Geosustainability and geohazard mitigation，ASCE，2008，367-376.

[7] 高正夏，赵海斌．向家坝坝基岩体软弱夹层渗透变形现场试验研究［J］．西安石油大学学报（自然科学版），2007，22（增刊1）：152-153.

[8] 王敬，欧阳海宁，段飞，等．向家坝水电站左岸坝基挤压破碎带原位渗透变形试验报告［R］．中国水电顾问集团中南勘测设计研究院，2009.

[9] 赵海斌，剪波．向家坝水电站左非⑧坝段坝基挤压破碎带钻孔高压渗透变形试验研究［R］．中国水电顾问集团中南勘测设计研究院，2009.

[10] 毛昶熙，段祥宝，蔡金傍，等．堤基渗流管涌发展的理论分析［J］．水利学报，2004（12）：46-50.

[11] 贺如平．溪洛渡水电站坝区岩体层间层内错动带现场渗透及渗透变形特性研究［J］．水电站设计，2003，19（2）：90-92.

[12] 毛昶熙，段祥宝，吴良骥．砂砾土各级颗粒的管涌临界坡降研究［J］．岩土力学，2009，30（12）：3705-3709.

[13] 张志敏，周亮，陈全礼，等．现场钻孔管涌试验流程与应用［J］．土工基础，2004，18（3）：11-13.

[14] 钱家欢，殷宗泽．土工原理与计算［M］．北京：中国水利水电出版社，1995.

[15] 常东升，张利民．土体渗透稳定性判定准则［J］．岩土力学，2011，32（Supp. 1）：253，7.

[16] CHANG D S，ZHANG L M，XU T H. Laboratory investigation of initiation and development of internal erosion in soils under complex stress states［C］. ICSE6 Paris-August 27-31，2012：895-902.

[17] 冯树荣，赵海斌，蒋中明，等．向家坝水电站左岸坝基破碎岩体渗透变形特性试验研究［J］．岩土工程学报，2012，34（4）：600-605.

[18] 刘杰，谢定松．砾石土渗透稳定特性试验研究［J］．岩土力学，2012，33（9）：2632-2638.

[19] 罗玉龙，吴强，詹美礼，等．考虑应力状态的悬挂式防渗墙-砂砾石地基管涌临界坡降试验研究［J］．岩土力学，2012，33（suppl）：73-78.

[20] THURY M. The characteristics of the Opalinus Clay investigated in the Mont Terri underground rock laboratory in Switzerland［J］. Applied physics，2002，3：923-933.

[21] THURY M.，BOSSART P. The Mont Terri rock laboratory，a new international research project

in a Mesozoic shale formation, in Switzerland [J]. Engineering Geology, 1999, 52: 347-359.

[22] OLIVELLA S, GENS A. Double structure THM analyses of a heating test in a fractured tuff incorporating intrinsic permeability variations [J]. International Journal of Rock Mechanics & Mining Sciences, 2005, 42: 667-679.

[23] OLIVIER C, LUC D, EMMANUEL D. From mixture theory to BIOT'S approach for porous media [J]. International journal of solids structure, 1998, 24 (23): 4619-4635.

[24] PHILIPPE C. Mechanics of Porous Media [M]. A. A. Balkema Rotterdam Brookfield, 1995: 289-311.

[25] DELACRE E, DEFER D, DUTHOIT B. HE Experiment thermo-physical characterisation of Opalinus Clay by heat flux measurements [R], Lille, university of Artois, 2000, 45-63.

[26] MARTIN C D, LANYON G W. Measurement of in-situ stress in weak rocks at Mont Terri Rock Laboratory, Switzerland [J]. International Journal of Rock Mechanics & Mining Sciences, 2003, 40: 1077-1088.

[27] 李振海，方亿锋．基于克里金法重力数据插值的研究 [J]. 测绘信息与工程，2010，35 (1)：42-43.

[28] 李君，李少华，等．Kriging 插值中条件数据点个数的选择 [J]. 断块油气田，2010，17 (3)：277-279.

[29] 白树仁，李涛，等．基于 MPI 的并行 Kriging 空间降水插值 [J]. 计算技术与自动化，2011，30 (1)：71-74.

[30] 刘峰．应用 Kriging 算法实现气象资料空间内插 [J]. 气象科技，2004，32 (2)：110-115.

[31] 徐爱萍，胡力，等．空间克里金插值的时空扩展与实现 [J]. 计算机应用，2011，31 (1)：273-276.

[32] 胡小荣．一种考虑权值非负约束的克立格算法 [J]. 地质与勘探，1999，35 (4)：28-32.

[33] 姚凌青，潘懋，等．Kriging 算法在含水量三维属性模型构建中的应用研究 [J]. 计算机应用研究，2008，25 (8)：2554-2560.

[34] 牛文杰，朱大培，等．泛克里金插值法的研究 [J]. 计算机工程与应用，2001，13：73-75.

[35] SL 319—2005 混凝土重力坝设计规范．北京：中国水利水电出版社，2005.

[36] 张景秀．对混凝土坝岩基渗流控制措施的几点认识 [J]. 水力发电，1989 (1)：21-25.

[37] 林耀军．坝基防渗中灌浆帷幕与排水作用的探讨 [J]. 人民珠江，1998 (2)：56-60.

[38] 丁留谦，许国安．帷幕和排水在重力坝坝基渗流控制中的作用及合理设计 [J]. 水利水电技术，1994 (5)：5-10.

[39] 王剑．混凝土重力坝坝基渗流与排水的三维渗流有限元分析 [J]. 贵州水力发电，2002 (2)：43-47.

[40] 毛昶熙．渗流计算分析与控制 [M]. 北京：中国水利水电出版社，2003.

[41] 刘杰，许国安．混凝土坝岩基渗流控制设计标准的研究 [J]. 水力发电，1991，12：14-19.

[42] 刘昌军，耿克勤，等．万家口子水电站拱坝坝基三维渗流场分析及渗控措施研究 [J]. 水利水电技术，2007，03：29-32.

[43] 韩凤禹．高坝附近基岩的一些变位现象 [J]. 大坝与安全，1992，19 (1)：42-51.

[44] 张超萍，王东，沈定斌，等．铜街子水电站右岸大坝抬升原因浅析 [J]. 长江科学院院报，2015，32 (5)：57-60.

[45] Xiaoli Liu, Sijing Wang, Enzhi Wang. A study on the uplift mechanism of Tongjiezi dam using a coupled hydro-mechanical model [J]. Engineering Geology, 2011 (117): 134-150.

[46] 王兰生，金德濂，骆诗栋．江垭大坝山体抬升的形成机制与趋势分析 [J]. 岩石力学与工程学报，2007，26 (6)：1107-1116.

[47] 伍法权，祁生文．江垭水库大坝及近坝山体抬升变形机理［J］．岩土工程学报，2003，25（4）：449－455.

[48] 祁生文，伍法权．江娅水库大坝及近坝山体抬升发展趋势［J］．岩土工程学报，2004，26（2）：259－263.

[49] Fuzhang Yan，Tu Xinbin，Guangchen Li. The uplift mechanism of the rock masses around the Jiangya dam after reservoir inundation，China［J］. Engineering Geology 2004（76）：141－154.

[50] 高兴中．江垭水库坝基温泉对坝区岩体抬升变形的影响［J］．水电自动化与大坝监测，2003，27（3）：68－73.

[51] 张琳．薄板混凝土结构帷幕灌浆抬动变形控制的探讨［J］．水利水电快报，2003，27（17）：1－2.

[52] 郭晓刚．高面板堆石坝趾板基础灌浆抬动控制研究［J］．长江科学院院报，2006，23（3）：25－27.

[53] 唐国进，骆诗栋，杨定华，等．江垭大坝及近坝山体抬升变形研究［J］．水力发电，2003，29（3）：9－13.

[54] 姜允松．广蓄电站砼衬砌式高压岔管模拟试验与定性分析［J］．云南水力发电，1995，39（22）：60－67.

[55] 郭启良，安其美，丁立丰．高水头电站钻孔高压压水的作用和意义［A］// 地壳构造与地壳应力文集13．北京：地震出版社，2000.

[56] Gang Han ，Maurice B. Dusseault. Description of fluid flow around a wellbore with stress－dependent porosity and permeability［J］．Journal of Petroleum Science and Engineering ，2003（40）：1－16.

[57] 殷黎明，杨春和，王贵宾，等．地应力对裂隙岩体渗流特性影响的研究［J］．岩石力学与工程学报，2005，24（17）：3071－3075.

[58] 蒋中明，Dashnor Hoxha，Francoise Homand．核废料地质贮存介质黏土岩的三维各向异性热-水-力耦合数值模拟［J］．岩石力学与工程学报，2007，26（3）：493－500.

[59] SL 31—2003 水利水电工程钻孔压水试验规程［S］．北京：中国水利水电出版社，2003.

[60] 郭启良，王海忠，张志国．小天都水电站气垫调压室洞壁围岩的高压透水性测量研究［J］．水力发电学报，2005，24（1）：102－106.

[61] 张世殊．溪洛渡水电站坝基岩体钻孔常规压水与高压压水试验成果比较［J］．岩石力学与工程学报，2002，21（3）：385－387.

[62] 张有天．岩石水力学与工程［M］．北京：中国水利水电出版社，2005.

[63] 唐中伟，杨雪，庄景春．高压压水试验施工工艺研究与应用［J］．西部探矿工程，2009（1）：36－38.

[64] 孙政，田作印，任向宇．高压压水试验在蒲石河抽水蓄能电站中的应用［J］．东北水利水电，2009（9）：50－52．

[65] 钟作武，刘元坤，艾凯，等．高压压水试验在某抽水蓄能电站中的应用［J］．岩土力学，2003，24（suppl）：250－252.

[66] 郭启良，丁立丰，张志国．压力洞室围岩的高压透水率测试技术与应用研究［J］．岩石力学与工程学报，2005，24（2）：230－235.

[67] 郭启良，王海忠，张志国．小天都水电站气垫调压室洞壁围岩的高压透水性测量研究［J］．水力发电学报，2005 ，24（1）：102－106.

[68] 昝志斌，杨海燕．引黄入晋工程总干线一、二级泵站高压出水岔管区域水力劈裂试验［J］．水利水电工程设计，2000 ，19（3）：48－51.

[69] 陈卫忠，朱维申，罗超文．万家寨引黄工程总干线一、二级泵站水力劈裂试验研究［J］．岩土力

学，2001，22（1）：26－28.

［70］ 刘世明，胡宏磊，陈鼎．天荒坪抽水蓄能电站岔管区域高压渗透试验．岩土工程学报，1996，18（6）：31－38．

［71］ 国家电力公司华东勘测设计研究院杭州华东岩土工程公司．泰安抽水蓄能电站高压钢管 fl0、t25 段断层高压渗透变形试验报告［R］. 1999.

［72］ 刘世明．现场高压渗透试验［J］. 华东水电技术，2003（1）：42－45.

［73］ 张维国．河南南阳抽水蓄能电站高压渗透试验［J］. 水利科技与经济，2009，15（1）：77－78.

［74］ 钟作武，刘元坤，艾凯，等．高压压水试验在某抽水蓄能电站中的应用［J］. 岩土力学，2003，24（suppl）：250－252.

［75］ 杨春璞，李占军，冯宏．对高压压水渗透试验有关问题的探讨［J］. 水利规划与设计，2007，5：34－36.

［76］ 殷黎明，杨春和，王贵宾，等．地应力对裂隙岩体渗流特性影响的研究［J］. 岩石力学与工程学报，2005，24（17）：3071－3075.

［77］ 刘燕锋，宋汉周．某抽水蓄能电站高压渗透试验分析［J］. 勘察科学技术，2006（3）：18－21.

［78］ Louis C. A study of groundwater flow in jointed rock and its influence on stability of rock masses［R］. London：Imperial College，1969.

［79］ 张金才，刘天全，张玉卓．裂隙岩体渗透特征研究［J］. 煤炭学报，1997，22（5）：481－485.

［80］ 盛金昌，赵坚，速宝玉．高水头作用下水工压力隧洞的水力劈裂分析［J］. 岩石力学与工程学报，2005，24（7）：1226－1230.

［81］ 李念军．论钻孔压水试验参数选择及成果计算方法［J］. 云南水力发电，2008，24（1）：25－27.

［82］ 李宗利，任青文，王亚红．岩石与混凝土水力劈裂缝内水压分布的计算［J］. 水利学报，2005，36（6）：656－661.

［83］ 黄润秋，王贤能，陈龙生．深埋隧道涌水过程的水力劈裂作用分析［J］. 岩石力学与工程学报，2000，19（5）：373－576.

［84］ 孙宗颀，饶秋华，王桂尧．剪切断裂韧度（KIIc）确定的研究［J］. 岩石力学与工程学报，2002，21（2）：199－203.

［85］ 姜允松．广蓄电站砼衬砌式高压岔管模拟试验与定性分析［J］. 云南水力发电，1995，39（22）：60－67.

［86］ 张新敏，蒋中明，陈胜宏，等．岩体高压渗透系数计算公式探讨［J］. 水力发电学报，2011，30（1）：155－159.

［87］ 赵海斌，蒯波，王思敬，等．坝基破碎岩体高压渗透变形原位试验［J］. 岩石力学与工程学报，2009，28（11）：2295－2300.

［88］ 蒋中明，冯树荣，陈胜宏．岩体高压压水试验水岩耦合过程数值模拟［J］. 岩土力学，2011，32（8）：2500－2506.

［89］ Zhongming Jiang，Shurong Feng，Sheng Fu. Coupled hydro－mechanical effect of a fractured rock mass under high water pressure［J］. Journal of Rock Mechanics and Geotechnical Engineering. 2012，4（1）：88－96．

［90］ 王玉洲，代云清，安佰燕．地下水封岩洞储油库地下水控制［A］//第二届全国岩土与工程学术大会，2006.

［91］ 王作垣．宁波石浦水封油库设计中的水文动态分析［A］//中国土木工程学会隧道与地下工程学会防排水专业委员会第九次学术交流会，1999：102－107.

［92］ 郭书太．地下储油库工程中地下水的利用和处理［J］，工程地质学报，2008（suppl）：69－72.

［93］ 张秀山．地下油库岩体裂隙处理及水位动态预测［J］. 油气储运，1995，14（4）：24－27.

［94］ 蒋中明．国家石油储备基地惠州地下水封洞库围岩渗流数值分析研究报告［R］. 长沙理工大

学，2010.

[95] 蒋中明．国家石油储备基地湛江地下水封洞库围岩渗流数值分析研究报告［R］．长沙理工大学，2010.

[96] 刘贯群，韩曼，宋涛，等．地下水封石油洞库渗流场的数值分析［J］．中国海洋大学学报，2007，37（5）：819-824.

[97] 巫润建，李国敏，董艳辉，等．锦州某地下水封洞库工程渗流场数值分析［J］．长江科学院院报，2009，26（10）：87-91.

[98] 许建聪，郭书太．地下水封油库围岩地下水渗流量计算［J］．岩土力学，2010，31（4）：1295-1301.

[99] Hyung-Sik Yang，Jae-Gi Kang，Kyung-Su Kim，Chun-Su Kim. Groundwater flow characterization in the vicinity of the underground caverns in fractured rock masses by numerical modeling ［J］. Geosciences Journal，2004，8（4）：401-413.

[100] Chung-In Lee，Jae-Joon Song. Rock engineering in underground energy storage in Korea ［J］. Tunnelling and Underground Space Technology 18（2003）467-483.

[101] 杜华章，毕加宾，张庆征，等．地下水封岩洞原油库油气处理方案的探讨［J］．石油工程建设，2006，32（4）：23-25.

[102] 蒋中明，王为，冯树荣，等．砂砾石土渗透变形特性的应力状态相关性试验研究［J］．水利学报，2013，44（12）：1498-1506.

[103] 蒋中明，王为，冯树荣，等．应力状态下含黏粗粒土渗透变形特性试验研究［J］．岩土工程学报，2014，36（1）：98-105.

[104] 蒋中明，Dashnor HOXHA．基于渗透非线性的黏土岩热-水-力耦合效应研究［J］．岩土工程学报，2009，31（3），361-364 .

[105] 蒋中明，冯树荣，曾铃，等．水封油库地下水位动态变化特性数值研究［J］．岩土工程学报，2011，28（11）：1780-1785.

[106] 蒋中明，Dashnor Hoxha. 核废料贮存库围岩体热响应耦合场研究［J］．岩土工程学报，2006，28（8）：953-956.

[107] 蒋中明，傅胜，李尚高，等．高压引水隧洞陡倾角断层岩体高压压水试验研究［J］．岩石力学与工程学报，2007.26（11）：2318-2322.

[108] 蒋中明，Dashnor Hoxha，Françoise Homand. 核废料地质贮存介质-黏土岩三维各向异性热-水-力耦合数值研究［J］．岩石力学与工程学报，2007，26（3）：493-500.

[109] 冯树荣，蒋中明，陈胜宏，等．正冻多孔介质耦合模型研究，岩石力学与工程学报，2008，27（s1）：2604-2609.

[110] 蒋中明，张新敏，徐卫亚．地下水动态预测的径向基函数法［J］，岩石力学与工程学报，2003，22（9）：1500-1504.

[111] 蒋中明，冯树荣，傅胜，等．某水工隧洞裂隙岩体高水头作用下的渗透性试验研究［J］．岩土力学，2010，31（3）：673-676.

[112] 蒋中明，熊小虎，曾铃．基于 $FLAC^{3D}$ 平台的边坡非饱和降雨入渗分析［J］．岩土力学，2014，35（3）：855-863.

[113] 冯树荣，蒋中明，钟辉亚，等．高渗压条件下岩体变形特征试验研究［J］．水力发电学报，2012，31（4）：189-193.

[114] 蒋中明，曾铃，付宏渊，等．降雨条件下厚覆盖层边坡的渗流特性［J］．中南大学学报（自然科学版），2012，43（7）：2782-2788.

[115] 蒋中明，冯树荣，赵海斌，等．惠州地下水封油库三维非恒定渗流场研究［J］．地下空间与工程学报，2012，8（2）：334-338.

[116] JIANG Zhong - ming, HOXHA Dashnor, HOMAND Françoise, CHEN Yong - gui. 3Simulation of coupled THM process in surrounding rock mass of nuclear waste repository in argillaceous formation [J]. J. Cent. South Univ. (2015) 22: 631 - 637.

[117] 冯树荣，蒋中明，钟辉亚，等．向家坝水电站左岸坝基挤压破碎带变形特性试验研究 [J]. 岩土力学，2015，36 (supp2)：539 - 545.